·乡村规划译丛·

农村规划学

Rural Planning

[日] 千贺裕太郎 · 编

宋贝君 张立 · 译

同济大学出版社
TONGJI UNIVERSITY PRESS

图书在版编目(CIP)数据

农村规划学 /(日)千贺裕太郎编；宋贝君，张立译. —上海：同济大学出版社，2021.8
(乡村规划译丛 / 张立，赵民主编)
ISBN 978-7-5608-9071-5

Ⅰ. ①农… Ⅱ. ①千… ②宋… ③张… Ⅲ. ①乡村规划-日本 Ⅳ. ①TU982.313

中国版本图书馆CIP数据核字(2021)第171600号

乡村规划译丛

农村规划学

[日] 千贺裕太郎 编 宋贝君 张 立 译

出品人 华春荣 责任编辑 冯 慧 责任校对 徐春莲 封面设计 唐思雯

出版发行 同济大学出版社 www.tongjipress.com.cn
(地址：上海市四平路1239号 邮编：200092 电话：021-65985622)
经 销 全国各地新华书店
排版制作 南京展望文化发展有限公司
印 刷 常熟市华顺印刷有限公司
开 本 710mm × 960mm 1/16
印 张 14.5
字 数 290 000
版 次 2021年8月第1版 2021年8月第1次印刷
书 号 ISBN 978-7-5608-9071-5

定 价 88.00元

乡村规划译丛

编　委　会

编辑

千贺裕太郎　东京农工大学

合作编辑

糸长浩司　日本大学

山路永司　东京大学

作者（按汉语译名拼音排序）

白石克孝　龙谷大学

柏雅之　早稻田大学

朝冈幸彦　东京农工大学

大泽启志　日本大学

大冢洋一郎　NPO法人农商工合作支援中心

渡边丰博　都留文科大学

饭岛博　NPO法人荇菜基金

福井隆　东京农工大学（客座教授）

福田惠　东京农工大学

高桥美贵　东京农工大学

关原刚　NPO法人上越结山里粉丝俱乐部

广田纯一　岩手大学

海老泽衷　早稻田大学

弘重穰　神奈川县大矶町役场

吉本哲郎　地元学网络

角道弘文　香川大学

镰田元弘　千叶工业大学

刘鹤烈　韩国忠南发展研究院

千贺裕太郎　东京农工大学

日高正人	太平洋咨询有限公司
三桥伸夫	宇都宫大学
山路永司	东京大学
山浦晴男	情报工房有限公司
上条雄喜	岩手县奥州市役所
神宫字宽	宫城大学
胜野武彦	日本大学
系长浩司	日本大学
藤泽直树	日本大学
田村孝浩	宇都宫大学
土屋俊幸	东京农工大学
梶光一	东京农工大学
小林久	茨城大学
有田博之	前新潟大学
元杉昭男	大成建筑有限公司
曾根原久司	NPO 法人微笑连接
中村好男	东京农业大学
中岛正裕	东京农工大学

总序

2020年第七次人口普查显示，全国人口14.12亿人，城镇化率63.89%，仍有5.10亿人口生活在乡村。乡村对于我国经济社会发展的重要性不言而喻。

2017年，党的十九大提出实施乡村振兴战略；2018年2月，中共中央办公厅、国务院办公厅印发《农村人居环境整治三年行动方案》；自1982年开始，中央发布了23个关于“三农”问题的一号文件……一系列的政策支持和实际行动，正在切实地提升村民的收入水平，改变着我国的乡村面貌。但是，长期以来城乡二元、重城轻村、效率导向的城镇化实践，使得我国的乡村规划、建设和发展总体上呈现出明显的滞后特征，乡村研究方面亦如此。作为根植于土的地域社会，乡村是地域文化的重要载体。经济、物质环境的改善对乡村固然必要，但却远非全部。如何从地方社会变迁和国家政策制度相结合的角度探讨乡村振兴路径，实现从外生扶持转向内生发展的转变，任重而道远。

2013年以来，同济大学团队自访问日本、韩国和中国台湾的乡村起步，陆续走进了法国、德国、美国、澳大利亚、印尼、印度、南非等国家的乡村田野，通过访谈村民、田间调查、走访地方政府和研究机构等方式、方法，深入了解中国大陆以外的乡村，试图探究其乡村特点、运行机理、振兴机制等。在此期间，收获自不必说，但更深刻的体会是，简单的访问考察尚未触及这些国家和地区乡村的深层次运行特点和机制机理。故而，本土学者的研究成果是最好的学习基础。

从发达国家和地区乡村发展的历程来看，基本都经历了工业化、环境污染、社会解体、乡村基础设施建设、乡村土地整理、乡村复兴、乡村社会重构、乡村田园风貌建设等阶段。乡村居民从专职从事农业到城乡兼业、再到城乡通勤居住，乡村的功能亦从农业服务点，向城乡一体化的生活居住职能转化。在这一过程中，政府发挥的作用在不同的国家和地区有所不同，即便在同一国家和地区内部，亦存在很明显的区域差异。不同国家和地区均有一定程度的自下而上的动员机制，但运作成效又各不相同。从欠发达国家来看，其乡村普遍建设滞后，且对村民缺少制度化的生活保障，亦没有类似我国的农村宅基地制度。充斥城市的贫民窟现象一定程度上诠释了欠发达国家乡村政策和制度的缺陷。了解欠发达国家的乡村运行亦可帮助我们更加全方位地理解中国乡村。

“乡村规划译丛”涉及法国、德国、俄罗斯、美国、英国、日本和印度等国家和地区，丛书的内容包括了这些国家和地区的乡村发展政策、乡村景观规划、乡村与城市的关系、乡村社会、乡村生活、乡村农业、乡村空间与文化、乡村变迁、乡村规划、乡村建设等方面。希冀本套丛书的引进出版能够扩展我们对于国外乡村的认识，继而能让我们以更广阔、深邃的视野来审视中国的乡村发展、建设与规划。同时，也欢迎更多的相关译著加入到这个系列中来。

张立　赵民

同济大学建筑与城市规划学院

2021年8月5日

前言

现在的日本农山村地区，在各种不安定因素的复合影响下，看上去非常困惑。但正是这种“困惑”，我觉得反倒可以把它看成是农村地域再生的“胎动”。环境破坏、粮食不足、石油能源枯竭、经济危机、核扩散等全球性“危害”越突出，以及地域间、社会各阶层间的差异扩大和社区崩坏等社会问题越严重，我们就愈发对农村地区寄予更高的重视和期望，寄望能够在农山村地区层面来解决上述危机。

感性丰富的年轻人领先于这一现状，正在逐步深入关心农山村地区的发展。我的学生在毕业选择职业时，不再仅仅聚焦于大型企业，而是越来越多地投入社会色彩浓厚的地方企业、NPO法人（NPO法人：日本民间非营利组织的简称。符合以下4个条件的组织被称作NPO法人：① 民间组织；② 组织举办公益活动又或者是为公益活动提供资助；③ 不以营利为目的；④ 遵照《特定非营利活动促进法》取得法人资格的团体组织。——译注）、乡村政府等各种与农村发展密切相关的职业中。我也在访问农山村的过程中，看到了越来越多的关于地域再生的优秀实践案例。这些所见所闻赋予了我很大的勇气。

原本“农村规划学”这个学科的意图是，在深入了解世界与日本现实的基础上，发掘暗藏在农村地域的丰富潜力，并展望其5年、10年，甚至50年、100年后的愿景。然后，以实现这个愿景为目标，制定制度和政策，提出农村发展的路径。这是一门非常现代的、未来志向型的学问。在日本的历史长河中，日本从没有像现在这样重视农村规划学这门学科。

本书是作为大学课程的农村规划学、地域规划学、地域社会系统规划论、地域活性化实践、农村规划实践等课程的教科书或参考书来策划的。为了让更多的年轻人以及刚入门的学生容易理解和接受，本书在内容编排上是下了工夫的。

本书注重培养关心农村现状及以后建设发展的问题意识，简洁地说明了农村规划是一种什么样的社会行为，在什么样情况下，用什么样的手法，会起到什么样的效果，以及为什么在当下社会农村规划十分重要。本书特别重视关于农村地域活力再生规划的基础原理以及概念的理解，同时介绍丰富的实践案例，培养读者的“规划意识”是本书的目的。因此，本书中详细的规划制度、统计数据等资料与其他书刊相比略显薄弱一些。

另外，本书不仅可以作为大学等高等院校的教科书使用，也推荐身处农村地域前沿的村委会成员、政府职员、农村建设发展相关的非公职人员或者是支援组织的人员，以及制定、执行农业振兴、农村活性化相关制度、政策的相关国家、都道府县等行政人员阅读参考。本书可帮助大家回顾农村规划历程，为今后农村的发展规划，提供更多的启示。

本书制作期间，3・11东日本大地震发生，农山渔村地区受灾尤其严重。在这里向地震灾区的人们致以哀悼，同时希望本书能为受灾农村的振兴出一份力。

我从大学农学部毕业后，作为技术系的行政人员在农林水产省（农林水产省：隶属日本中央省厅，简称农水省，其管辖内容包括农业畜产业、林业、水产业和食物安全、食物稳定供应以及振兴农村，职能与中国的农业农村部相似。——译注）工作了8年，后入大学任教至今。在这四十多年间，我主持参与了滋贺县甲良町、静冈县三岛市、北海道旭川市西神乐町和德国Klein Meckelsen村等众多地区的农村规划项目，在同当地居民、中小企业领导、政府工作人员、农村发展规划负责人，以及大学、农业专科院校的教师和学生的交流过程中，我受益匪浅，是大家给予了我支援农村规划的机会。正是诸如此类的农村地区/教育的实践地，把我培养成了一名农村规划学的学者和教育家。也正是这些农村规划的经验，造就了本书。在此，我向给予我热情帮助的所有人表示衷心的感谢。

最后，我要感谢提供本书出版机会的挚友龟山章名誉教授（东京农工大学），从策划阶段开始给我诸多建议的糸长浩司教授（日本大学）和山路永司教授（东京大学），以及百忙之中提供优质稿件的撰稿人，还有编辑制作本书的朝仓书店编辑部的工作人员，在此向他们致以最衷心的谢意。

千贺裕太郎

2012年4月

目录

1 农村规划的基础

1 农村的定义

1.1 现代/未来社会下的农村

1.1.1 “3·11东北大地震”——未来农村的转折点

时光荏苒，然而某一时点可能会是一次巨大的转折，之后，时空状态仿佛与从前全然不同，人们正在跨越这样的历史性转折。尤其是作为2011年3月11日东日本大地震的生还者，很多人都能切身感受到这一点吧。

东日本地区地震发生后，巨大的海啸来袭。日本列岛仿佛回到“大地动荡的时代”，不禁让我们认识到地震学者预报的准确性[①]。

三陆海岸是这次的海啸受灾地区，在此之前也曾遭受过几次严重的海啸袭击。以前海啸后，大家为了避难，大多会把住宅转移到地势高的地方。但是随着几十年的风平浪静，海岸附近的居住人口不断增加，于是他们遭受了这次海啸的袭击。在为灾难中去世的人哀悼的同时，作为世界屈指可数的多灾国家的日本，相关政治、政府部门高官、专家等十分后悔，为什么没有从“防灾、减灾”的角度来做好充分的预案呢[②]？

与此同时，针对福岛第一核电站发生的严重核爆炸事故，运营商仅以“意料之外”作为回应。从预防措施的欠妥与事故发生后没有及时采取有效措施等情况来看，这起事故与其说是天灾，不如说是人祸。

即使倾尽现代文明孕育的全部科学技术，人类造成的破坏对能够使地壳变动的大自然这位巨人来说，也不过只是半步不到的一个跟头。由此可见，人类力量是多么的渺小。而人类自己从“铀”中释放的原子核爆发的力量都会引起无法控制的后果。相信从中感受到“现代人因精明而自以为是”的不仅仅是我一个人吧。

1995年1月17日发生的阪神淡路大地震，以大城市为主要受灾地区。相对而言，东日本大地震的主要受灾对象为农村地区。因此关于此次受灾地区的复兴，农山村地区的活力再生问题成为主要课题。东日本大地震的复兴可以说是现代“农村规划”的试金石。

经过第二次世界大战后的经济增长期，日本的农村地区一直落后于城市“发展”，给人们一种“落后”的印象。并且在经济国际化的当今社会，很多农山村地区的过疏/高龄

---

① 石橋克彦「大地動乱の時代—地震学者は警告する」(岩波新書，1994).关于此话题作者在「巨大地震—権威16人の警告」(文春新書，2011)中也有论述。

② 伊藤和明「地震と噴火の日本史」(岩波新書，2002).

化（过疏化，指在人口向城市转移后，农村人口数量减少、密度降低的现象；高龄化指人口老龄化的现象。一般这两个现象同时产生，日本经常将两者放在一起，合称“过疏/高龄化”。——译注）都在逐渐加速。

但是当今社会，面对始于明治维新后“文明开化”的“都市型文明”的发展而产生的严重危机，人们开始重新观察农村，并逐渐认识到大城市背后的农村蕴藏着巨大的价值。

在农村，土壤面被水泥等覆盖，但只要阳光、水、空气没有被隔离，或者土壤、水域没有混入污染物质，这片土地就能给包括人类在内的多样的生物提供食物和住所，能满足其持续生存的基本条件。并且近年来，随着最先端的科学技术的运用，农村地区的太阳能、水利、风力、波力、地热、生物量等来自自然的丰富的可再生资源得到利用，取之不尽的绿色能源生产得以实现。①

如此，人类最基本的生存资源可以由消费地（城市）近旁的农村地区来生产、提供。这无论对于城市还是农村，对其地区独立以及国家安全保障，乃至应对全球变暖（产品的碳足迹最小化）来说，都非常有意义。原子力能量的“神话”被打破，再生能源的“现实”决堤而出。以这个“现实”为媒介，人类可以从地球危机中看到解脱的“希望”，从21世纪初的绝望中走出。

正是农村的活力再生，肩负着这样的“希望”，人们对此充满期待。

1.1.2 农村价值的认知

欧洲很早就开始意识到了农村的价值。

例如，在从18世纪后期开始产业革命的英国，伴随着工业化的演进，到19世纪后期城市环境严重恶化。伦敦、伯明翰等大城市的居民“发现”了溪流湖水等美丽的农村景观，在新兴的资产阶级、文化名人包括王侯贵族当中，开始流行在农村地区建造别墅。其中也有以“彼得兔（Peter Rabbit）”而家喻户晓的绘本作家毕翠克丝·波特（Beatrix Potter），她在接手了湖畔农牧场的经营后，随即捐赠了自家的农园，设立了“国民托拉斯（National Trust）（国民托拉斯：可译作“国民托管组织”或“全国托管协会”等，是以保护自然、历史建筑为宗旨的英国民间团体。——译注）”（1895年）。国民托拉斯设立之初以保护

① 飯田哲也「エネルギー進化論—『第 4 の革命』が日本を変える」（ちくま新書，2011），p.212. 饭田先生在本书的p.213—214页写道：“鼓励节能省电使用电总量减少20%这件事并不显眼，但我认为特别重要。……事实上今年（2011年）夏天，东京都的电力需求减少了20%以上，前文所述已经得到实现。”另外，本书也明示了“大力推进自然能源的使用与节能省电，2050年实现无化石燃料且自然能源满足电力需求”的目标。

传统农村风景为目的，接受由农田和农宅等构成的农场的捐赠，并承认捐赠者的居住权，以从城市居民等广泛途径征集来的捐款以及志愿者来进行农场的经营管理。现在，国民托拉斯是英国拥有最大农地面积的团体。

像这样，在先进资本主义国家英国，以19世纪的结束为起点，某种新的农村发展方向产生了。

但是一般来说，20世纪是城市迅速扩张的时代，各个国家都在强力推进以重化工业为原动力的经济增长。在这样的背景下，农村是城市的劳动力、土地、水资源等资源的重要供给源，支撑着城市繁荣。

在德国，早在1960年代初，以工业化闻名的北莱茵-威斯特法伦州（North Rhine-Westphalia）的人口动向就由"农村→城市"变为"城市→农村"。另外，同年代由联邦政府主持的以"我们的美丽村庄"为主题的农村美丽田园风景大赛创立，该赛事一直延续至今。德国在对农村社会价值再评估的议题上，开始得的确实比日本要早。

近年，包括日本在内的很多国家，面临着经济发展带来的自然破坏、城市病等现象，于是这些国家开始修正偏重经济效率的价值观，正在采取措施保护自然、文化，解决城市问题，缩小地域差异。

现在，很多国家都开始重新评估农村地区固有的内在价值，为农村地区的保护与改善进行规划，为相关制度的完善、优化而努力，美丽富饶的农村将会呈现在我们眼前。

1.1.3 农村与城市的共生圈：对农村规划的期待

追根溯源，城市大都诞生于农村，而不是农村诞生于城市。

自古以来，农村自身能提供衣、食、住等人类生存的基础资源，现在也是如此。另外，接触自然可以治愈人类的身心，创造良好的育儿环境，农村温馨的社会群体也在一直继承着历史年轮中形成的传统文化。农村具备以上的诸多因素，也可以说是潜在的"自立地区"[①]。

我们来看大城市的食物自给率（基于热量计算），东京都1%、大阪市2%、名古屋1%，这些城市必须"依赖"于农村的基础供给才能持续存在。如果可再生能源能得到普及，从能源方面来看，城市也可以更多地依靠近邻农村。

另一方面，城市对于农村来说，如今也是不可缺少的存在。城市消化了大量农村生产的食品、木材等资源，也给农村居民提供了工商业岗位，改善了农村居民的经济条件，

---

① 門脇厚司「子どもの社会力」（岩波新書，1999），书中详细说明了儿童从出生开始的成长过程中怎样获得社会能力（社会能力即自己构筑、运营并不断改进社会所必须得资质与能力）。同时，书中也提及了现代城市社会中即将消失的家庭观念、地域社区和自然的重要性。

同时也为其提供了高等教育、医疗、福利、文化设施等现代生活中不可缺少的生活功能。

这样，城市与农村两者本来可以构成一个共同的“共生圈”，如此，城市与近邻农村的相互依存程度越高，两地区的居民的幸福度就越高。而且这对缓解地球危机的贡献度也会越高，地区居民也会更加喜爱自己的居住环境[①]。

当今社会对于未来农村规划的期待很高，在农村规划的制定、实施中，城市与农村相互孤立的状态是万万不可以的，城乡融合、城乡共生是进行农村规划的制定和实施时的基本准则。

（千贺裕太郎）

1.2 农村空间的解读

农村空间并不仅仅是自然空间。从1万年前的原始农业开始，人类通过不断改造自然而生存至今。自然的栽培空间化促成了农业，野生动物的圈养化促成了养殖业。人类为了生存不断改造自然所形成的生产空间、居住空间就是农村。如此解读下，农村空间即是人工空间。然而，与极度人工化的城市空间不同的是，农村空间是人类经过长期的利用/管理自然而形成的二次自然空间。也可以理解为是“自然与人类长期共存下的空间”。

农村空间是人类与自然融洽相处而形成的二次生态系统（ecosystem）空间，这种观点在以环保为主流思想的当下社会是很重要的。比如，槌田敦所提倡的“江户模式”中就提出了以海、村、山环绕农业而生成的循环系统。山上堆积的养分最终流入大海孕育海洋生物，人类又打捞鲱鱼并晒干作为农田的肥料而使用。再比如，鸟来回飞翔时排出粪便作为养料返还给山。或者把鲑鱼逆流而上的产卵行为作为海与陆地的生态循环解说来分析，可以说是由河川维持了海与农山村的联系。希望读者可以这样在错综复杂的生态关系中去解读农村空间。

1.2.1 农村空间的特点

日本农村空间的特点可以简单地总结为以下几点。

（1）森林面积占国土面积的65%以上，河川、海洋与大山近接相连，形成了像瀑布

---

① 内橋克人「もうひとつの日本は可能だ」（光文社，2003），书中提倡“FEC自给圈”，“FEC自给圈”中的F 是food、E是energy、C是care，书中论述了近邻的城市与农村共同形成并运营FEC自给圈，由此将地方“分权”从政治领域扩展到经济领域，确立实质性的地方分权。

一样多种地形交汇浓缩的地形构造，限定了空间/景观构造。

(2) 在地壳变动以及地震、海啸、泥石流等自然灾害的长期影响下形成了丰富的地形，孕育了多样化的生态系统。在这个生态系统中，人类的生活与生产的场所就是农村空间。

(3) 生态系统必然由于地域性的不同而复杂化和多元化。东、西部海洋的水域和中央山脉与季风、偏西风、季风气候等多种复杂因素形成了丰富多样的生态系统。作为对生态系统的活用，人类与自然的风土空间/景观构造的多样性与地域性、乡土性也就随之产生了。

(4) 从绳文时代（日本石器时代后期，约1万年以前到公元前1世纪前后的时期。——译注）开始，经人类孕育形成了风土空间/景观。

(5) 由深山—里山（里山指深山与村庄之间的地域。——译注）—村庄—城镇的土地利用模式而形成了空间构成与景观等级制度。

(6) 空间/景观构造通过自产自销支撑地域循环式的社会、经济体系；能源、各种空间/景观材料具有自营性、乡土性。

1.2.2 聚落（指村落。——译注）空间的特点

农村空间由“自然空间—生产空间—居住空间”三部分构成，并以居住空间为核心，这三部分空间交融在一起就是“聚落空间”。民俗学中，聚落空间则被理解为是由“山—田野—村庄”三个部分构成的。近年来流行使用的“里地里山（处于城市与自然之间的聚落以及与聚落生活相关的农地、水池、草原等地域。——译注）”一词就是从景观视点出发来命名的。作为农村空间核心的“聚落空间”，基于其自身的地理区位、历史文化条件、农林生产条件的差异所呈现的特点也不同，但均有以下共同的特点。

(1) 领域性：居住领域、生产领域、精神领域等方面是历史演变形成的。

(2) 线型构造：由道路、水系等构成的线型连接关系使聚落空间的核心构成明晰化，并有助于聚落空间的骨骼形成。

(3) 个体空间的相似性：宅地空间的相似性；具有相似性的空间构成的宅地集合。

(4) 分化与有机结合：聚落的社会构成中包含有血缘/地缘因素。这些因素一边分化，一边进行有机结合。

(5) 边界明晰化：在聚落空间的出入口存在暗示空间［道祖神（日本的村庄守护神，立在村道旁。——译注）等神的空间］；河川以及聚落背后的山等都可视为聚落的边界。

(6) 共同空间的存在：道路、神社、集体林地（集体海岸）等。

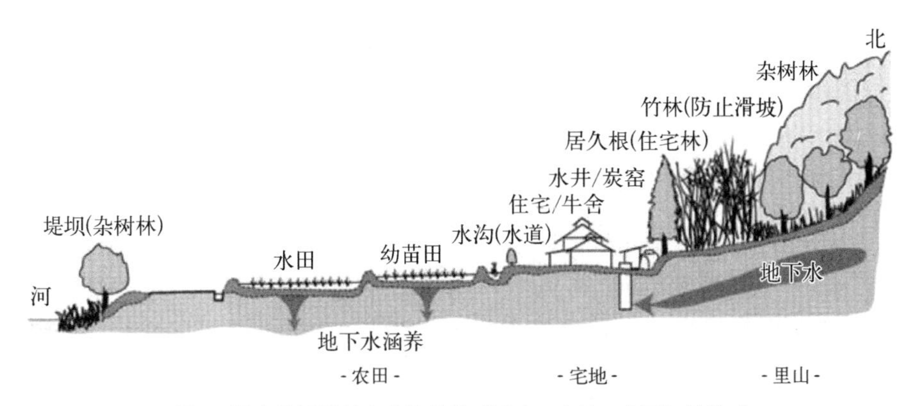

图1 福岛县饭馆村大仓聚落的“里山—宅地—农田”的构成

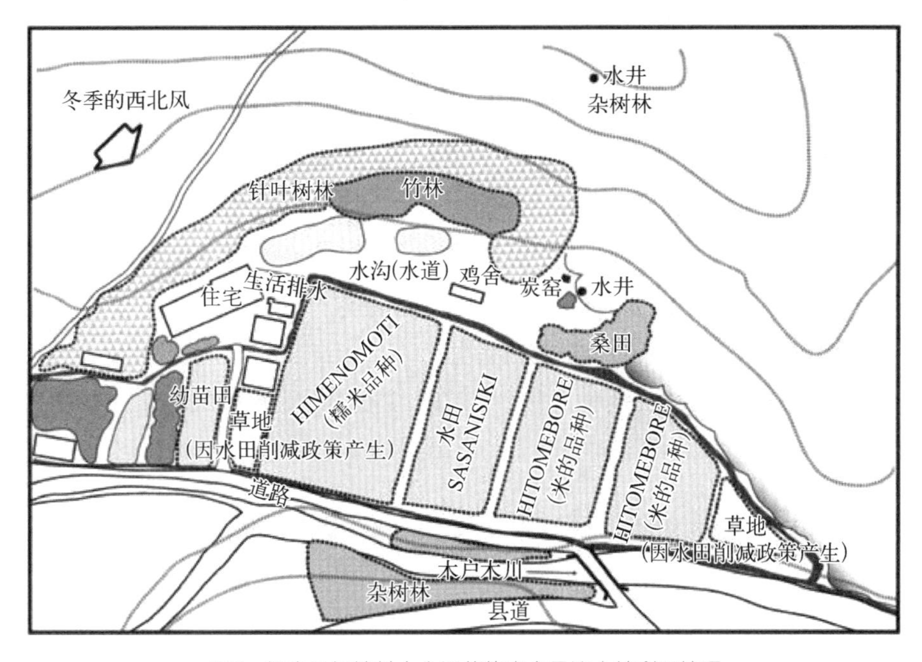

图2 福岛县饭馆村大仓聚落的农舍周边土地利用情况

这些共同空间的构成原理不仅仅是空间意义上的，也包含聚落居民的社会关系、共同体意识、精神等社会层面以及心理层面的保障准则；另外，还有自然与人类协调发展并形成共生空间的准则。

1.2.3 从景观角度解读农村空间

从视觉景观角度来解读农村空间，可分为以下8种景观。

(1) 居住景观：散居、散在、块状集居是因地形/风土、生产形态以及历史因素而形成的，这些形态最终在历史发展下形成了多样形态的居住景观。传统的曲型（L形）茅草农家、长屋门（指的是结合有长屋的门。古时，日本大户人家在自己房子周围建造长屋，用来给家臣等人居住，在长屋中会开一道门作为主人家的出入口。——译注）的农家、设有仓库的农家、树木围绕的农家等多元的形态是地域固有的居住景观的基础要素。这些农家居住形态的共同性、统一性形成了具有特征的聚落景观。一直以来，人们默默地继承着这种居住景观的形成方式。近几年，这些传承崩溃，聚落景观的统一性与特性正在逐渐消失。在继承传统居住景观的同时，创造新型的农村居住景观也是必要的。

（2）农业景观：由农业生产而形成的景观。由于具有面积大、分布广的特点，因而成为农村景观的主要构成部分。农业景观因现代化，机械化而变得单调，“梯田、稻田架晒等代表性的传统农业景观该如何维持”成了当今的大课题。这些景观是因人类生产而形成的，如果人类的生产方式不能得到传承与维持，这些景观也会消失不见。

（3）水系景观：指河川、湖泽等与大自然较接近的景观，以及引水路、排水路等的农业景观。在以管道灌溉为代表的基础生产设施的现代化进程中，农村的水越来越难以见到了。重现与水接触的景观也是必要的。

（4）绿色景观：指山林、平地林、院落防护林、神社镇守林、景观树等由树木构成的景观。远景有群山天际线，近景有防护林形成的绿化带，以及聚落中的院落防护林形成的绿岛景观。这些形成了农村固有的美丽景观。

（5）历史景观：指神社、地藏、古坟、石碑、道祖神、长屋门、老房子等展现着农村的历史文化的景观。

图3 福岛县饭馆村春天的里山风景（2010年5月）

(6) 人文景观：指以祭祀、送虫祭（驱赶害虫的传统活动。——译注）、法会等为代表的由村民共同组织的文化活动形成的景观。这些是动态景观，是农村的盛大景观。

(7) 道路景观：指农用干道、村内生活用道路、旧干道等构成农村线型景观的道路景观。机动车优先的道路建设方式使农村的道路景观显得寂寞又单调。步行者优先，并与周围的田园景观相协调的道路景观建设是必要的。配合自然地形而建的道路形态，道路两侧的道祖神等文化设施的保护，旧干道两侧的街景的保护，这些都是建设有魅力的道路的要求。

(8) 设施景观：包括以集会设施为代表的生活社会化设施，以及以集出荷场（集中对蔬菜进行挑选分类、打包装箱的场所。——译注）和大型稻谷干燥贮藏加工厂为代表的生产社会化设施。这些设施在更新升级时，常常会与周围的景观相冲突。只考虑新颖和便利的设施的修建，往往会破坏农村的景观。为了激活农村的各种机能，今后在农村建设新的公共设施时，希望能够就地取材，合理设计，使设施成为美丽的景观要素。

（糸长浩司）

1.3 农村社会

1.3.1 从“社会”角度研究

近年，农村的危机日显，想为农村做些什么的人也越来越多。对于他们来说熟知农村社会有什么意义呢？如果我们把“社会”比作人的身体，也许就会比较容易理解。为了治好人的病，需要熟知身体的构造；同理，治疗“社会”也需要了解社会的结构。当对这个社会有了充分了解的时候，就会产生去农村实践的想法。

那么，农村的社会结构到底是怎样的呢？说到“社会”，大多会想到在学校学的社会学、在多媒体上看到的政治经济动态等。但是这里所说的“社会”更贴近日常生活[①]。就农村而言，农民每天在做什么？有什么样的人际关系？长时间在乡下居住会有怎样的想法？这样平淡的生活生计，就是我们不能忽视的“社会”。

如果我们用心去观察在农村反复出现的人们的活动模式（行为态度等），人际关系（集体、人际网等），又或者是共同的思想（价值、规范、理念等），会发现看似平淡的农村生活中蕴藏着很多惊人的、精巧的构造（体系、机制）。

---

① ヴェーバー M.，（清水幾太郎訳）：社会学の根本概念，岩波書店，1972

1.3.2 农村聚落中各集团间的相互扶助

在城市长大的人，当接触到农村复杂亲密的人际关系以及独特的行为方式的时候，大多会感到惊讶。有这样的印象，也是理所当然的。为什么这样说呢？因为正如以往的研究所表明的，即使与海外的农村相比，日本的农村也是非常有个性的。这样的特质浓缩在农村最小的单位“聚落”中，所以接下来我们以聚落生活为切入点，来探讨一下日本的农村社会。

在农村聚落中存在着很多支撑村民生活的小团体[①]。比如农业、水利、山林管理等生产组织，氏族、施主等神社寺庙相关的组织，青年会、妇女会、老人会、儿童会等不同年龄的团体，家族/家、本家分家、姻亲关系等血缘组织，干亲（养父母、监护人），互助会（原文为“講”，日本村落的互助组织，以某种信仰或社会性互助为目的而组成。——译注）（经济互助会、宴会），育儿以及以儿童支援为目的的集会（家长会等），兴趣爱好或运动的相关圈子，行政相关组织（福利、交通安全、环境建设、选举等负责团体以及委员会），等等。

各团体的领域涵盖了经济、宗教、教育、文化、政治、行政等，几乎涉及村民生活的全部。不能忽视的是，多数团体有个共同点，那就是肩负着村民间生活相互扶助的作用。

比如，自古以来就有的共同劳动互助组（原文为“結”，指日本农村的共同劳动互助组。——译注）就是一个典型。不仅仅是劳动，资金以及生活物资的流通在各个团体内频繁出现，另外，也常常对处于疾病、灾难中的以及经济上穷困的同伴进行支援、给予帮扶。

互相帮助的行为在世界各地的农村都很常见，但是在日本农村，没有血缘关系的村民之间也会积极地参与并维护这种互助关系。比如，有血缘关系的大家族如果没有继承人，按照惯例会领养没有血缘关系的养子。这一点与中国和韩国（还有冲绳）有很大的不同，这些地区的养子是以有血缘关系为前提的[②]。另外，聚落中的各个农家不论是否有血缘关系，常以空间为单位进行分组（组或者班），各小组成员在生活上互相帮助。特别在葬礼等重要事件发生时，亲族以外的近邻村民（葬礼班子等）会组织起来帮助相关家庭，这在日本的农村是一种根深蒂固的习俗[①③]。

1.3.3 农村聚落的自治与公共性

农村聚落的内部有很多小团体，事实上村庄本身也是一个小团体。作为村庄而言，比什么都重要的是，村民可以自己制定生活中各种事项的自治规则。

---

① 鳥越皓之：家と村の社会学，世界思想社，1985
② 山路勝彦：家族の社会学，世界思想社，1981
③ 細谷　昂：現代と日本農村社会学，東北大学出版会，1998

比如村代表（区长、自治会长等）、官员（副区长、会计等）都是由村民们自主选定，选定方法（选举或者轮流等）是事先定好的。为了实现意见沟通以及决意形成，会定期举行协商会议（聚会、总会、集会等）。另外，村庄有独自的财政系统并进行收支结算。而且村庄的收入不仅仅是国家的补助金，还有大家的集资、共有收益（山林的收益、共有土地的借贷等）、捐款等，村内的主要收入基本都是依靠自主财源。像这样的地域自治运行，可以说是从江户时代初期至今长期孕育而成的地区自治的原型。

村庄自治，是让个人生活得更好的一种私人活动；同时，在日本也具有补充行政机构（市町村等）公共事务的作用。

从村庄的区长或自治会长等处可得知，这些本地代表经常出入市町村政府，汇报各自地区的情况。与此同时，他们从政府听取和学习各种政策思想以及具体的实施方法，并传达给村民。

有时还承担着政治、行政方面的职责，这是聚落的一大特性，这种公私暧昧的情况也曾经遭到过批评。但是现在，由聚落承担公共职责的模式，支撑了国家和自治体财政的基底，同时，有利于民主地达成居民决意这一点也得到了高度评价。另外，对耕地和山林的维护管理，一方面可以看作是为环境保护做贡献的行为，另一方面也是农村社会的共同体特征的体现。

1.3.4 农村社会与外来者的作用

正如聚落社会清楚展示的一样，日本的农村强有力地促成了人的聚集。这样的农村景象，是欧美的理想社会“社区”“共同体”（共同体中也有阻碍个人自立的消极的模型）的非常好的体现，把两者看作一体来研究，并进行国际比较的研究课题越来越多[①②]。

但是，近几年与这样的传统农村模式不同的模式吸引了大家的目光。不是把农村自身看作限定的定住空间，而是把络绎不绝的人口流动以及物品的流通和广域的地域网也纳入考量范围，从俯视的角度来重新审视农村，这样的思潮在不断涌现[③④]。

例如，从历史来看，丁稚奉公（指学徒，进入商店或者工坊学习手艺的孩子。——译注）或外出打工者、进入大城市的次男/三男（家里的第二个儿子及第三个儿子，由于没有

---

① 北原 淳：共同体の思想，世界思想社，1996

② 日本村落研究学会編，鳥越皓之責任編集：むらの社会を研究する，p.140-179，農山漁村文化協会，2007

③ 熊谷苑子：二十一世紀村落研究の視点.年報村落社会研究，39，農山漁村文化協会，2004

④ 日本村落研究学会編，池上甲一責任編集：むらの資源を研究する，農山漁村文化協会，2007

继承家业的负担，所以相对比较自由。——译注）、行商人、旅行者、卖药郎，又或者阿伊努人（居住在北海道的少数民族。——译注）或冲绳人、在日本的朝鲜人或韩国人，渔民或狩猎者等都是流动人口。这些人流和物流被看作是广域间的人员关联网①②。这样的人和资源的移动以及关系网，并没有破坏作为定住社会的村庄以及农村世界，反倒可能与定住村庄并存。不能说村外的人就是农村社会以外的人，实际上他们与村庄内部也有一定的联系。虽说在历史上村外人的存在形态在不断变化，但他们也许对农村社会的形成有着很大的作用。现在日本正在推进中的城乡人口交流（I型移居模式、退休还农、农家民宿、大学生的农村实习、产销挂钩、国际婚姻等），可以说是摸索新的农村社会形式的运动。

如开头所述，了解以上关于“社会”的知识，是能够更好地改善农村的大前提。关于农村改善最后还有一点需要留意。

在这里记述的农村社会的特质，并不是研究者凭空想象的，而是亲赴农村基于自己的所闻所见总结出来的。因此，在农村的最前线，最了解这个体制的，是在那里生活的人们。从这个意义上来说，外来的学生以及志愿者，具有专门知识的政府官员、实践者、研究者，既对乡村建设承担着一定的责任，同时也不能忘记要不断向在农村生活的人们请教、学习。

（福田惠）

1.4 农村的历史

1.4.1 日本“村庄”与“村庄社会”的出现

近代日本列岛的农村景观、农村社会的原型是16世纪后半叶到17世纪间形成的。这个时代的社会主要是由“武士”与武士以外的“百姓”等构成，即“兵农分离”，村庄基本上是只有百姓居住的空间。土地领主（即“大名”，地位类似于中国的“诸侯”。——译注）规定村庄需以“村”为单位缴纳年贡，村庄则由百姓来运营管理［村请制（日本江户时代的制度，即以村整体为单位向领主缴纳年供的制度。——译注）］。

17世纪随着分家（家庭成员从原生家庭独立，这里特指在村庄内获得承认，并且拥有自己

① 伊藤亜人：文化人類学で読む日本の民俗社会，有斐閣，2007
② 川森博司ほか：物と人の交流（日本の民俗 3），吉川弘文館，2008

土地的独立。——译注）以及村内土豪雇佣的长工的自立，村庄内部出现了大量自主经营的小农。为了提高农地产出，村民们把零散的土地用锄头、铁锨深耕，并大量施肥、精心栽培管理（深耕细做），施行集约农业，致力于实现农业的稳定经营。在这一过程中，村内豪强垄断村庄经营的模式也得到了改善。占村民大多数的小农的意愿开始得到重视，他们逐渐地参与到了村庄的经营管理[①]。18世纪后期，一些村民开始收购小农闲置土地，然后租借给佃户，成为新的地主；与此同时，包括普通百姓在内的村庄公共运营模式得以传承下来。

1.4.2　日本农村的传统空间结构

这样形成的村庄通常从空间结构来看，是由"聚落—耕地—山林"这3个要素组成的[①②]。乍一看，土地的私有化特征浓厚，却是在村庄的控制下运作的。比如耕地就是一个很好的例子。

通常在日本的传统村庄中，农家的自营地大多是分散分布的，村民的耕地相邻并交错存在（零细分散错圃制）。不同类型的耕地分散分布，在不同位置种植适合的作物，分散栽培，可减少因气候不调而产生的损失。另外，利用农作物生长的时间差，可把劳动力需求的集中时期分散开来[③]。另一方面，这样的耕地混布，导致村民的农活被"村庄"所束缚。比如水田，为了给相邻/交错存在的耕地浇水，必须几家同时开始进行稻秧种植，也就不能随意进行耕种类型的转换（水田、旱田的相互转换等）以及耕地的买卖等。于是，村庄内产生了与生活生计息息相关的规则，并且需要村民们遵守[①]。

这样的村庄的管制大体包括如下内容：山地的管理使用，农业生产所需的用水配给与管理（蓄水、取水、导水、分水等水利设施的维持与用水的调整），山村地区常见的兽害预防，以及村民共同的生产生活中不可缺的其他要素的安排等。比如，山是村民的生产生活中不可或缺的肥料、燃料、饲料、木材等必需品的承载空间，为了防止对山的过度使用，对于利用时期、利用时长、工具、搬运手段等事项，一般由村庄协调管理。山经常由单个村庄或多个村庄作为公用地使用，即使是个人所有的山，一般也会允许作为村庄以及村民的公用用途来使用。既然它存在于村庄的领地内，那么村庄就会干预它的使用。

通常作为村庄的正式居民，即意味着拥有享受这个村庄资源分配的权利。不只

---

① 渡辺尚志：百姓の力，p.37-41，83-86，234，柏書房，2008
② 福田アジオ：日本村落の民俗的構造，p.54，弘文堂，1982
③ 木村茂光編：日本農業史，p.198，273-284，351，吉川弘文館，2010

是村里的耕地，村庄还通过控制村民对于水、山等资源的利用，来维持村庄的生产环境。也因为此，村庄经常会筹备百姓股，并承认拥有百姓股的人是村里的正式成员[①②]。

1.4.3 近代的日本农村

从明治时代开始到大正时代中期，在以上多种复杂因素影响下建立起来的日本农村的最具有代表性的特征就是地主制度[③]。这个制度的形成契机是明治维新后实施的地租改革运动所催生的近代土地所有制。地租改革运动通过制定地价，赋予了地租承担者近代性所有权[①④]，即土地所有者享有自由使用、处分土地的权利。事实上，由于受“村庄”的各种管制的影响，依法改革地租成为土地所有制度变化的转折点。

日本的地主制度是19世纪末确立的。地主所拥有的土地在地租改革的时候已占到30%左右。而通过明治到大正时代，土地进一步集中到地主手中。特别是明治十年左右（19世纪80年代）政府纸币改革所引起的经济大萧条（松方财政）与日俄战争（1904年）前后的增税等造成的农村疲敝，直接导致了佃户率的急速上升[①⑤]。这种情况持续到第二次世界大战前，约一半的日本耕地变为地主所有的耕户租借式土地。从农家比例来看，约2/3的农家都在地主处租借土地进行耕作，或者是一半自己的土地一半租借地主的土地[③]。在这样的体制下，地主向佃户征收高额租金，以储蓄或者投资股票的形式转化为资本。另一方面，多数的佃户难以仅仅通过耕地维持整个家庭生活，所以这些家庭的成员就成为廉价劳工的供给源。地主制度在造就了近代日本产业资本发达的同时，也成为这个时代最深刻的印记[④]。

农业生产方式也顺应社会体制而改变[④⑥]。19世纪末，伴随着水田的干田化（排水设施良好的水田可作为干田使用）以及马耕（以马为动力的犁耕）的导入，稻米的生产力得以扩大，同时，人们开始在田埂上种植桑树，这使养蚕业飞速发展[⑥]。如此，稻米与蚕茧等成为近代日本的基干作物，稻米作为日本国内主要粮食储备，蚕茧则主要向欧美输出，

---

① 木村茂光編：日本農業史，p.198，273-284，351，吉川弘文館，2010

② 岡光夫，山崎隆三，丹羽邦男：日本経済史—近世から近代へ—，ミネルヴァ書房，p.22，1991

③ 大門正克：明治・大正の農村，岩波ブックレット，p.23-29，1992

④ 飯沼二郎：日本農業の再発見，NHK ブックス，p.140，1975

⑤ 福田アジオ：日本村落の民俗的構造，p.54，弘文堂，1982

⑥ 暉峻衆三編：日本の農業 150 年 1850～2000年，p.43，67，82，105，168，170-171，178，192，199，203，230，232，有斐閣，2003

这些强化了日本的经济与国际竞争力。

1.4.4 “二战”后日本的农业与农村

战败后的日本贯彻实施民主化政策，并且进行了以建立支撑资本主义体制的社会根基为目的的农地改革。这次大改革把不在乡下生活的地主的全部租借土地与村内居住地主的租借土地中的超过持有额度的部分，由国家进行强制收购后，转卖给佃户。通过这次改革，地主制度瓦解，出现了大量的拥有少量土地的农家，日本的农村社会实现了大转变[①]。由此而产生的拥有少量耕地的农工兼业的农家，在“二战”后成为日本农村与农业的支柱。同时也逐步成为“二战”后日本农村社会的典型特征。

事实上昭和三十年代以后，这些农家作为核心力量推进了农业机械化与化学化的发展。这个时代以来，插秧与收割等工序的机械化与耕地基础设施改善同时推进，到昭和四十年代基本确立了水稻种植的中型机械一体化。农业机械化与化学肥料以及农药的导入相辅相成，实现了生产力的飞跃发展。农耕用的牛马也在这个时代从日本的农村消失了。

但是另一方面，这也致使日本的农业与农村产生了种种问题。高速经济增长期以后的日本农村，年轻劳动力从第一产业流出转向其他产业，而拥有1 ha左右少量耕地的农家则维持着农工兼业的状态。农业的机械化、化学化确保了农工兼业模式的实现。一般来说伴随着农地的流转与集中，经营规模将会扩大，生产效能也会提高。但日本农业并没有出现这样的情况，而是农业农村的高龄化与过疏化在不断加剧。另外，农业的机械化、化学化和能源革命[②]导致村庄对林野等的共同利用与管理逐渐衰退，加之以高龄化和过疏化，使得村庄的组织力与活力等渐渐涣散。结果，20世纪80年代以后低价的海外农产品流入日本国内，导致了日本国内粮食自给率低下，同时荒废耕地增加，甚至出现了国土荒废的严峻问题。在这之后的日本农村，以有机农业、聚落农业经营等多种多样的措施，不断探寻着农业农村再生的道路。

（高桥美贵）

---

① 木村茂光編：日本農業史，p.198，273-284，351，吉川弘文館，2010

② 能源革命：迄今为止的主要能源在极短的时间内转变为别的能源，进而致使生产生活等社会构成发生很大的变化。在这里，指的是以“二战”后1960年前后为转折点，伴随着能源从煤炭、木炭到石油的急速转换，产业生活等也发生了巨大的变化。

1.5 农村的经济

1.5.1 经济增长与农业/农村经济

明治时代以后日本的经济发展成就令人称奇（图1）。首先看国民生产总值（GNP）的变化，自1894年甲午战争以后开始增长，1915年到1919年第一次世界大战期间则急速增长。来自欧洲的战争特需停止后，经济发展进入停滞阶段，1929年的大萧条导致GNP有所减少，但自1931年的九一八事变后，日本与中国、美国、英国等相继发生战争（1937年中日战争，1941年太平洋战争），GNP以军需为中心再次急速增长。但是由于太平洋战争末期日本本土遭到毁灭性破坏，自“二战”后到1955年，日本都没能恢复到20世纪30年代的经济规模。在这之后，朝鲜战争的军需供应再次使日本经济开始急速增长，伴随着1960年的“国民所得倍增规划”的启动，到1973年日本迎来了“高速经济增长期”。

明治时代以后到20世纪50年代为止，日本社会的主要产业为农林渔业（图2），第一产业的从业人员比率维持在50%左右。这个比率的急减是在20世纪60年代（更准确说是从20世纪50年代后期）以后，政府根据高速经济增长政策制定了以《农业基本法》（1961年）为主的农业近代化政策，也就是所谓的“基本法农政”得到推进。农业结构改进事业（中大型机械一体化、农田生产建设事业等）在农村广泛实施，实现了稻米增产。

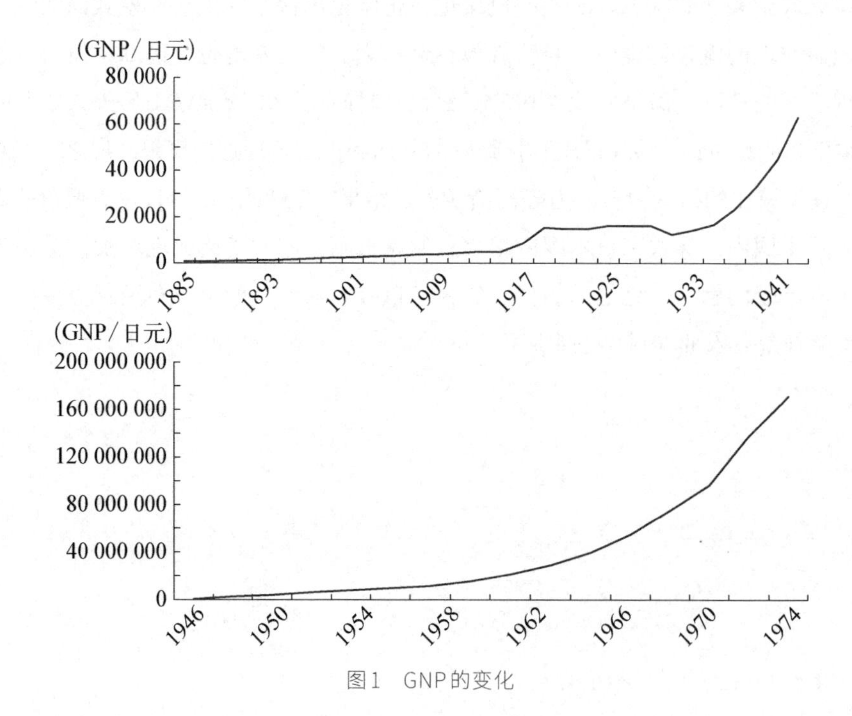

图1 GNP的变化

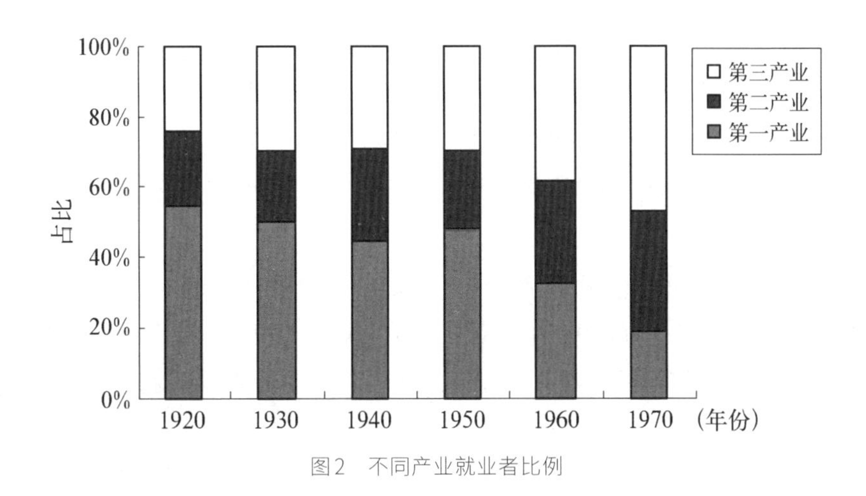

图2　不同产业就业者比例

另一方面，由于国民饮食生活的变化（西化），稻米消费量不断减少，针对这一问题，导入了减反（控制稻米产量的措施）与转作（农作物转化）政策。

1960年以后，总农家数持续减少，曾经的606万户到2005年减少至285万户（减少53%）（图3）。相对于专职农家的减少，呈增长状态的兼业农家也在1970年迎来顶峰后开始不断减少。自此农山村地区的过疏/高龄化也开始加剧。据国势调查显示（2005年），在不同产业的就业人员的高龄化比率中，农业从业人员的51.5%为65岁以上的老

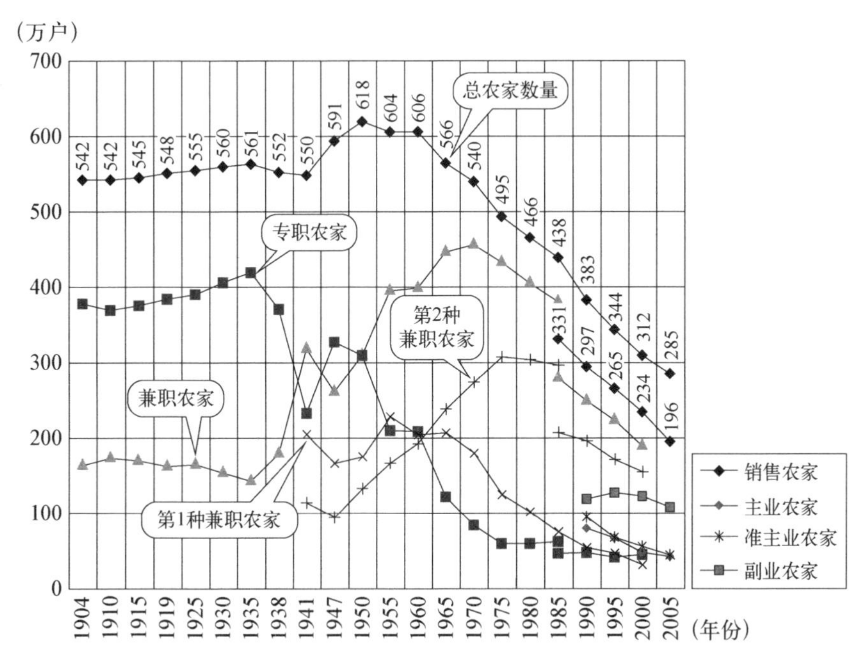

图3　总农家数量及区分专职兼职的农家数量变化（《农业普查统计年鉴》）

人（17.9%为75岁以上），另外日本全国人口的65岁以上的高龄者比例为23.1%（2010年），农业从业人员的高龄者比率是总人口中高龄者比例的两倍，由此可见，与其他产业相比，农业的高龄化加剧尤其明显（图4）。农家数的减少与高龄/过疏化在不断加剧，日本越来越依靠粮食进口（图5）。食物自给率从1965年的70%以上下降到2009年的40%左右。

自此日本政府废除《农业基本法》，制定了《食物/农业/农村基本法》（2009年），强调农地/农业的多功能性，并把国土保护功能（环境保护）也纳入农业政策的范畴。然而，在全球化的影响下我们正在探索具有国际竞争力的农业存续方法（输出型农

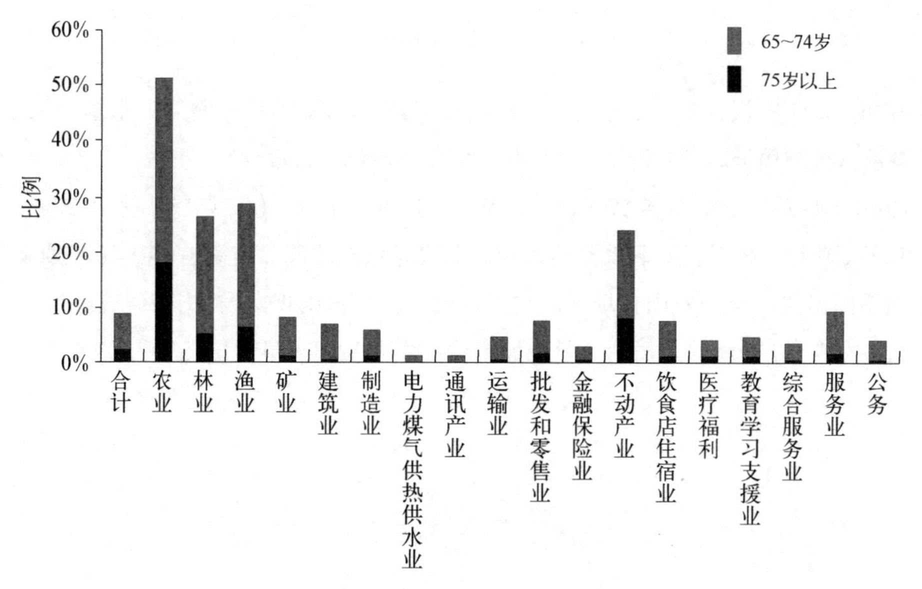

图4　不同产业就业者的高龄化比例

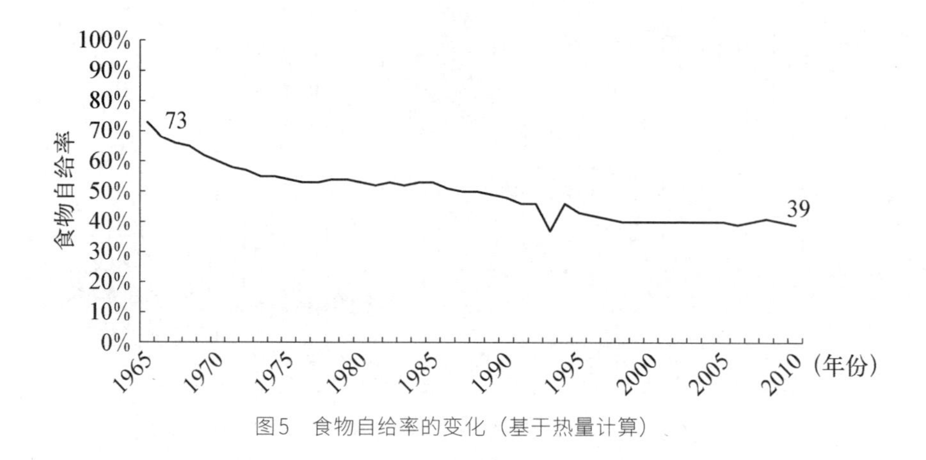

图5　食物自给率的变化（基于热量计算）

业），TPP（Trans-Pacific Partnership，跨太平洋伙伴关系协定。——译注）、EPA（Economic Partnership Agreement，经济合作协定。——译注）以及FTA（Free Trade Agreement，自由贸易协定。——译注）的应对也值得人们关注。从事农林渔业的人员对于贸易自由化有很大的不安与抵触，还必须要考虑国内消费者对于农产品的高安全性的追求。由于需要长期进行东日本大震灾的复兴与核电站爆炸事故的善后，日本的农林渔业政策的走向面临着越来越难的抉择。

1.5.2 农村的农业生产方式摸索

对于日本社会来说，明治维新（1868年）是国家形成近代化与导入作为近代化经济基础的资本主义经济的重要转折点。横跨约240年的江户时代，由于长时间实施闭关锁国政策，促生了以地域内循环为基础的社会经济体制。其中，以被叫作“百姓”的农民为中心的村落共同体发挥了很大的作用。国家/社会的资本主义化，在市场化的潮流中，促进了村落共同体的解体。

为了改变一直以来的劳动密集型农业，最初明治政府积极导入欧美型的农业生产方式。然而，不得不说这是一次失败的尝试。不适合日本的风土，与农民习惯熟知的完全不同的农业生产方式不是那么简单地就可以被接受的。这一时期，明治政府开始关注一种被称为“老农”的在来农法（传统的农业生产方式。——译注）的指导者。可以说这是由自上而下型农业经营指导向自下而上型农业经营管理的转变，由此而产生的农业生产方式被叫作“明治农法”（明治时期，将传统农业技术集成化、体系化后得到的方法的总称，包括用牛马和犁深耕、土地改良、施肥技术改良等。——译注）。

由于第二次世界大战的战败，日本农业出现了新的发展可能性。“一战”后在日本设置的CHQ（联合国军最高司令官总司令部），在1947年命令日本政府实施农地开放政策（农地改革），以消除寄生地主制（日本封建社会末期出现的以地主与佃农关系为基础的农业制度）。日本政府也低价收购了地主所有的土地，转让给耕种的农民。20世纪50年代，（具备下述特点的）新农业发展基础由此产生。

（1）以“自耕农”为基础的高务农意愿下的农业经营。

（2）以农村社会教育（青年、夫人会）为象征的农村民主化。

（3）以耕耘机为代表的小型机械化体系的出现。

在这里，我们也可以认为是“战后（指“二战”后。——译注）农法”代替了“明治农法”。

然而，所谓的高速经济增长与支撑高速成长的产业政策（以及农业政策），推倒了日本农业的内生式发展的基础，可以认为这是把“战后农法”的可能性给破坏了。紧接着实施的以农业结构改革事业等发放的大额补助金为杠杆的、自上而下型的农业基础建设（区划整理、给排水设施建设等）以及农业机械化/化学化，使得被称为“零细分散错圃（指零碎且分散错落的农田，即一个农户拥有的不是一块完整的农田，而是分散在各处的很多小面积农田。——译注）”的日本农业结构问题更为显著，导致了某种意义上的投资过剩和低效率。

在这样困难的状况下，与政府推进的农业近代化政策以及补助事业所期待的大规模农业发展不同，大家开始关注摸索“另外一种农业”的存在方式。比如说，成功栽培无农药苹果的木村秋则先生、使用“杂交鸭农法”的古野隆雄先生、自由放牧的三友盛行先生，从事有机无农药栽培的金子美登先生、栽培有机大米的石井稔先生等，这些敢于与农政背道而驰而成功的农民们，我们期待他们可以成为现代的“老农”，发挥自己的价值。

1.5.3 自然灾害与新式经济的可能性

2011年3月11日，东日本大地震发生。与阪神淡路大地震（1995年）以及新潟县中越地震（2004年）相比，这次地震的受灾程度相当严重，约有两万人因海啸死亡以及下落不明，特别是福岛第一核电站的事故使得更多居民需要避难。前所未有的震级9.0的巨大地震，让生活在地震、火山、台风等大的自然灾害频发的日本国土的我们，深切感受到所面临的危机。

尤其是在考虑被称作“极限聚落”（指50%以上的人口超过65岁，难以维持农村婚嫁葬礼等社会活动的聚落。——译注）的中山间地区（指山地及其周边地区和其他地理条件恶劣农业生产条件较差的地区，主要包括山地地区及坡地地区，占日本国土面积的七成左右。——译注）农山村规划时，要向大规模自然灾害受灾地区的复兴规划学习。对于大的自然灾害，从以救助与救援为主的第一阶段进入复兴与支援的第二阶段的时候，怎样解决受灾地区遭受的“难以恢复的社会灾害”，是一个很大的课题。在中山间地区，则是需要考虑怎样去弥补多次被提到的“提早10年”的过疏/高龄化，才能推进可持续的地域建设。

比起人口减少，我们更应该重视的是由人们创造的社会“关系”消失的深远影响。如果没有地域内的相互扶持，地域复兴是很难实现的，中越地震的震源地新潟县长冈市川口地区（旧川口町），准备开展活用“地域通货”来复原地域间的（社会）“关系”的社会实验。地震灾后复兴的公共事业与官方支援制度是有时限的，这些事业结束后，地域需要摸索自立的方法，在这个过程中应该可以找到同样适用于因过疏/高龄化而困扰的农山村的课题解决方法。

（朝冈幸彦）

2 规划的行为

2.1 什么是规划

2.1.1 “规划”的经验

我们应该都有过“规划旅行”的经验吧。旅行是一种为了达成某种目的而移动到某个地域的行为。这时我们要去的“地域”指的是一个可以和家人一起愉快地度过几天的地方等。展开地图，想象目的地，大家会有一个很形象具体的构想吧。参考旅行社的宣传册等资料来规划旅游行程，不算一件很难的事，而且还可以乐在其中。

然而，如果换成是对自己所居住地域的未来规划，那就不是随随便便一下子就能决定的了。地域是一个人出生的时候就已经存在的，它是被赋予我们的，就好似自己身体的一部分，常年与之相伴，且生活在其中。在这期间，地域是会随着时间而变化的，但到底是什么使地域变化的呢？现在还不得而知。大多数人是没有制订自己居住地域“规划”的经验的，而且我也不认为这是一般居民应该做的事。因此，一般居民很难想象，规划地域的未来这种“异想天开”的工作是可以实现的。

2.1.2 各种“课题”的解决

“地域”为什么是规划对象呢？地域要怎样才能成为规划对象呢？

对于当地居民而言，地域是劳动与生活的场所；而对于本地域外的居民来说，地域也是有一定的存在价值，它可以是劳动的场所，也可以是生活用品的调配场所或者经常前往的场所等。因为某些原因，指定了某些地域课题，而想要解决这些课题的时候，地域就成为规划的对象。规划地域的目的就是为了解决地域的课题。

举例来说，回顾“二战”后的日本，伴随着经济的高速发展，城市劳动者的收入水平持续提高，在城市地域，汽车、供水设施、下水道等逐步普及，城市与农村之间的社会差距逐步拉开，而缩小这种差距的就是“课题”，人们针对这个课题，以改善农村生活条件为主旨，制订和实施了“农村规划”。

而在生产与生活的便利性提高到一定程度以后，新的“课题”也随之产生了。比如，二次自然（经过人为参与的自然）、田园景观、地域文化等农村“多元价值”正在消失、劣化，为阻止并扭转这一趋势，需要设立课题，制订与实施相应的农村规划。

2.1.3 实现农村地域未来前景的综合性规划与土地利用规划

地域内的各个领域都存在着若干课题，并且彼此相互关联，看似解决了很多单个的课题。但是又会有新的课题随之而来，这个课题又会给别的课题带来影响，就像是打鼹鼠游戏一样。

因此，我们需要对地域进行综合性分析，并树立长期的目标。为了实现目标，就有必要对地域进行综合性规划。在这之中，比起针对解决各个部门课题的规划，我们更需要一个能从根本上解决地域发展课题的对策。我们需要仔细斟酌地域的自然以及历史条件，对地域的基础价值进行再发现。然后，在这基础上设计具有地域特色的生活方式，讨论地域经济的基本战略，并综合性规划配套的基础设施。

更重要的是，怎样保证规划效果的持续性。各个领域的发展都是在“土地”上展开的。如果放置不管的话，比如，工业部门的肆意扩张会给生活领域带来噪声以及大气污染，威胁安全富饶的乡村生活。道路两旁大型商业设施的肆意建设会让附近的农地以及住宅背阴，也会损害地域景观的文化价值。

地域的土地利用规划与在这基础上制定的土地利用规范措施要预防地域未来有可能发生的矛盾，并引导地域的总体目标长期慢慢地实现，且保障长期的良好效果。综合目标与多个领域的规划相关，我们需要避免这些规划一起实施时，产生彼此不相融的不良影响，并思考怎样能够取得良好的乘数效应。

农村的土地利用规划与城市相比，其特点是宅地以外的自然地与农林地等土地利用较多。在自然地与农林地上建造建筑物，即“宅地转用”，这种变化几乎是不可逆的，想要还原是非常困难的。土地利用规划/规范可以防止这种难以还原的土地利用转换。

此外，土地利用规划/规范还可以预见性地规范规划范围内土地上建筑物的规模、形状等，避免建筑物的规模与形态给周围的土地利用以及景观带来不良的影响，并引导形成风景优美且富有魅力的地域建设[①]。

2.1.4 规划编制的过程与居民参加

上述的农村规划需要得到在当地居住以及在当地活动的市民的参与和理解。总之，土地利用规划/规范中包含对个人权利的限制。土地所有权是宪法所保障的个人权利中最重要的部分，如果不能得到大多数人的理解，限制土地利用自由的规划和规范是很难得到贯

---

① 千賀裕太郎：複数のビジョンを提示した農村計画の試み.農村計画学会誌，16（3），263-273，1997

彻实施的。因此，土地利用规划的制定过程是需要经过法律认可的，一旦满足一定条件，规划得以确定，那么就可以发挥其效力。像这样附带法律效力的规划，是需要地域居民以及相关人员的充分理解的。

明确农村地域现在所面临的课题，探索地域内产业与生活的愿景，并编制实现此愿景的综合性规划的责任主体是这个地域的居民、企业、政府等所有的相关人员。地域规划的编制正如开头所说的一样，很多人对此并不熟悉，我们需要组建与规划编制相关的学习活动，在谋求地域相关人员的理解的基础上，小心谨慎地推进。

（千贺裕太郎）

2.2 规划的主体

2.2.1 规划编制主体

在农村规划编制过程中，重要的是确定规划主体以及所涉及的相关人员。

可能成为规划主体的有规划对象地区所属的基础自治体（市町村）以及当地的居民组织。如果是前者，市町村在制订计划时需要谋求居民的参加。如果是后者，居民组织则是在市町村的支援下进行规划编制。如果站在“农村规划是地域居民自己的规划”的立场上来考虑，当然是希望规划由后者完成，但是要确保地区内有可以胜任规划编制的人才是非常困难的（图1）。

一直以来，即使形式上是居民组织作为规划主体，但实质上是市町村职员在做规划的例子也不少见。事实上，近几年随着地区内规划编制人才采用制度的建立，规划地区本身成为规划主体的事例也在增加。基于近年来的倾向，在本节中我们以当地居民组织为规划主体来进行叙述。

那么规划编制与谁有关呢？基本上所有受规划影响的利害相关人员都与之有关。一般来说在农村地域可以成为规划主体的大致有以下5种（图1）。

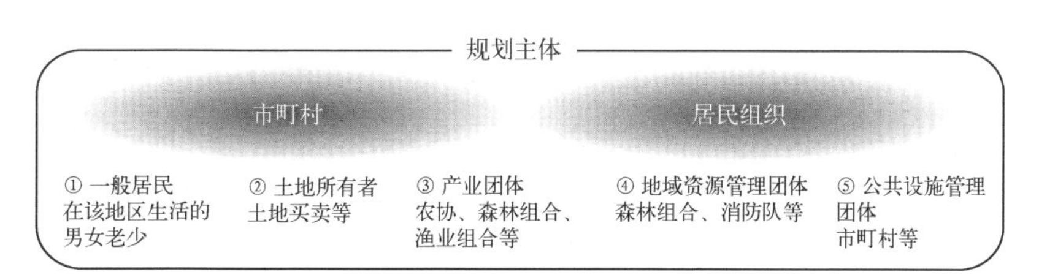

图1 农村规划编制主体

第1种，在当地生活的居民。农村规划与农村生活的方方面面息息相关，由当地居民担任规划主体是理所当然的。居民也分很多种，可以根据居住地域、年龄、性别、职业、居住年数等来分类。

第2种，土地所有者。特别是在规划项目中涉及土地以及建筑物的建设与活用的情况下，土地所有者就是最重要的利害相关者。

第3种，各类产业的相关团体。在农村地区，一般泛指农协、森林组织、渔业组织等与农林水产相关的团体。另外，在农村地区也有一些小规模的工商业，有些地方也有旅游业。像这样的与工商旅游业相关的团体以及企业也是利害相关者。

第4种，地域资源管理的相关团体。比如负责农业水利和农地管理的土地改良组织（以土地改良事业为主的团体）、管理森林的森林组织，还有消防队和防汛防洪组织等防灾组织。另外，如果规划地区内有文化财产以及自然保护地、公园绿地等，那么管理这些的团体组织也属于此类。

第5种，管理公共/公益性土地与设施的团体。市町村以及都道府县、国家、学校、医院、邮局、寺庙等都属于此类。

2.2.2 规划编制组织与体制

前述列举的相关主体具体应该怎样参与规划编制呢？从原则上来说重要的是尽量提供多种多样的参与机会。参加机会大致可分为参与规划编制组织和其他。

1）规划编制组织

规划编制组织通过各种各样的调查以及信息收集来编制规划草案，并向多种主体听取意见进行修改，最终整理总结出规划方案。最终的规划成果由市町村当局以及市町村会议，或者居民组织的全体会议来决定。一般来说会设置由规划对象地区的利害关系者的代表等组成的规划编制委员会。另外，大多会设置一个工作小组来作为执行部门，负责实质的规划立案工作。执行工作小组的成员不一定必须是既存团体组织的代表，要任人唯贤。通过自治体与规划编制委员会的推荐与公开招聘的方式来遴选的情况比较多。

规划编制组织中最重要的部门是担任规划编制工作的主持管理与联络调整的事务局。事务局的工作还包括对执行工作小组制作的规划立案进行最后的总结整理。这里的主持管理工作指的是，制定规划编制工作的日程表，并使编制工作按照日程表进行，并随时做相应的调整，主持管理整个规划的编制工作。联络调整指的是，与相关人员频繁地联系并调整日程表，有时也听取各种相关人员的意见并相应地调整规划意见。如果地域居民中没有合适的人才，会聘用本地域外的人才，或者由市町村职员担任。

2）一般居民的参加

能参加规划编制委员会以及执行工作小组的，只是一部分地域居民，需要保证居民以外的主体参加的机会。参加机会大致分为两个阶段：(1) 编制规划草案时的信息与意见收集阶段；(2) 听取对规划草案的意见与建议的阶段。

阶段（1）——信息收集阶段，包括收集不特定的多数居民的信息/意见的方法与收集特定的少数居民的信息/意见的方法。前者一般多采用居民问卷调查。多询问居民感兴趣的课题、对地域的愿景的设想等。问卷调查的实施方法，有通过町内会与行政区来分发、回收问卷的方法，还有个别邮寄，以及网络在线调查等方法。

对于后者，即收集特定的少数居民的信息/意见的方法，一般是在规划地区内的每个小地域以及有共同的利害关系的居民群体（比如女性、育儿群体、中小学生、高中生、老年人）间举办交流会、意见交换会或者研讨会，通过这些方法可以集中听取这些特定群体的意见。举办交流会以及意见交换会时，比较重要的是创造有助于参加者发言的氛围，所以需要站在居民的立场来考虑会场的地点（本地人比较方便参加的地方）、桌椅的准备（比起让司仪与参加者面对面，口字形、U字形的摆放比较容易引起大家的发言兴趣）、会议的流程安排（不是主办方一味地讲话，而是给参加者充分的发言时间）、说明时的用语与态度（不是威慑性的与官方的，而是有协调性与对话形式的）、分发资料的制作方法（在避免使用专门用语的同时，也要注意多用图表、照片、插画等进行说明）等。如果可以保证适当的中间人，举办研修会形式的集会，其效果更好。

阶段（2）——规划草案的意见听取阶段，方法基本与（1）相同，但在规划草案的展示方法上需要下工夫。除了把规划草案直接展示给大家，听取大家意见的方法以外，对于意见可能产生分歧的、特别重要的话题，可以设置“赞成、在一定条件下赞成、反对、保留”等选择项，更明确地了解居民的意见。另外，对于与规划有特定的利害关系的地域以及各个居民群体，直接针对性地听取他们的意见比较好。比如说，探讨儿童抚育支援对策，就需要举行针对育儿群体的意见交换会。如果要思考地域内老年人福利对策，就需要听取老年人以及照顾老年人的群体的意见。另外，如果探讨公园、绿地、河川以及水路的环境保护问题，那么把这些设施的使用者与附近的居民集中起来开研讨会比较好。

如上所述，规划编制的时候，根据规划课题，使用多样的方法，实现多元主体参与是很重要的。

2.2.3　对规划编制的支援

居民组织作为规划编制主体的情况下，希望可以得到政府、NPO、专家等的支援。

具体有以下几种支援。

1）制定规划草案所需的调查/技术的支援

既存资料的收集整理、问卷调查、访问调查的企划/实施/分析/总结、图表的制作、文章的撰写等工作需要专门的知识与技术但居民并不一定擅长，居民需要这方面的支援。支援者一般多为民间咨询公司、NPO、市町村职员、地域建设以及地域规划相关专家等。

2）达成规划共识的方法的支持

指顺利达成共识所必需的窍门的支持。除了恳谈会、意见交换会、研讨会（原文为“workshop”，日本居民参加规划方法的一种，引导居民发言及讨论，让居民共同探讨问题及其解决方案等。——译注）的企划和运营以外，还包括关于与利害关系者进行协调的方法与时机等的建议，关于通过规划编制整体流程来达成共识的步骤与方法的指导建议。支援者主要包括NPO和地域建设地域规划的专家。

3）与现行法律制度和相关机关等的调整

规划编制过程中，有时必须要确认该规划是否符合现行的法律法规，或者需要根据国家、自治体的其他规划和项目进行协调。但在居民组织中，大多数人甚至不知道必须要进行哪些调整。关于这些，市町村的支援是不可或缺的。

以上的规划编制支援中，通常是市町村作为平台，来组织民间顾问以及NPO、专家等的派遣调整。但是近几年以城区为中心，NPO开始作为中间支援组织发挥越来越大的作用，针对个别规划地区的综合性规划编制支援体系也在组建中。这样的行动与基于多样的主体协作关系的新型公共愿景一致，今后要逐步加强这种类型的支援。

（广田纯一）

2.3 规划的编制

2.3.1 规划编制流程（图1）

在最初的关于规划编制程序的探讨中，主要是对上节中提到的规划编制委员会、执行工作小组、以及事务局的职责与人员构成进行探讨。这部分是由地区自治组织的负责人与市町村的社区负责人来负责，规划编制经验不足的地区应该积极听取外部的地域建设/城镇建设专家的意见。

规划编制程序确定后，正式成立规划编制委员会（包含执行工作小组），并告知当地

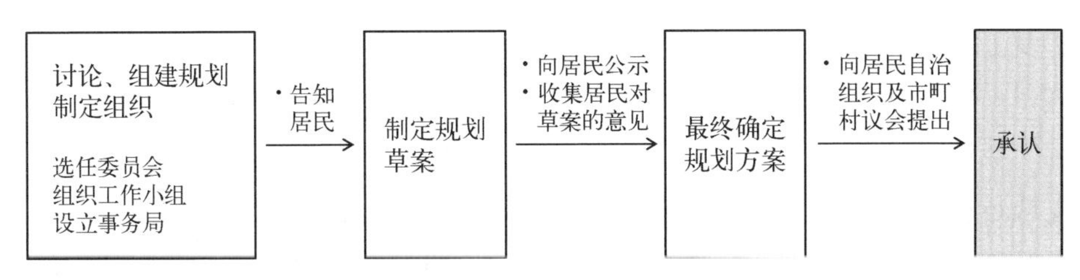

图1　农村规划制定过程

居民。接下来由规划编制委员会牵头开始着手编制规划草案。

编制规划草案时，首先要把握当地的现况与课题，并广泛地听取居民意见。相关的具体工作由事务局与执行工作小组负责，并随时向规划编制委员会报告。如有外部支援、则需要随时与其进行沟通。

规划草案完成后，需向民众公示，并听取民众与利害相关人员的意见。公示的方法有发放市町村的传单、传阅板、印刷资料，在公民馆等集会场所张贴海报，在地方网站上公布，举行说明会等。一般情况下规划草案多会被编制成易懂的简要版进行公布与发放。在这之后会针对规划草案实施问卷调查，在地区内举行小规模的或者是各个不同居民群体的交流会、意见交换会以及研讨会。

规划编制委员会通过以上的方法收集来自各个居民群体的意见并公布，且根据民众的意见对规划草案进行修改，制作规划书。

那么规划方案是由谁来做最终决定的呢？有以下几种情况。

第1种，由居民自治组织的全体会议来决定。采取这种方式的是地区的自主规划，或者是虽由市町村牵头，但规划的影响范围仅停留在该地区的规划。

第2种，需要获得市町村的审批。当规划中有政府负责的项目，其需要取得该市町村的认可。在这种情况下，应该把自治组织负责编制的地区规划（农村规划）置于市町村条例中来评价。

第3种，需要获得市町村议会的审批。采取这种方式的是含有政府负责的项目，并且需要获取相应的预算的规划。自治体的预算审批是由议会全权决定的，所以必须要获得议会的审批。

2.3.2　规划案的制作流程

规划编制是按照掌握现状、整理课题、设定目标、制定政策、讨论方法的流程来进行的。

（1）掌握现状：掌握规划地区的现状并进行系统的整理分析。从当地的地形、地势、气候、交通条件、历史沿革、人口与户数、产业、土地使用、历史文化、民俗习惯、自然环境、地区活动等方面对地区的特点进行整理。为了掌握地区现状通常需要对现有的资料进行收集整理，并听取相关人员的想法。确认现有资料的位置，入手资料并研读需要一定的知识和经验，如果当地居民难以独立完成，那么就需要外部支援。

（2）整理课题：整理地区存在的课题以及需要着手解决的课题。近年来农村地区共同面临的课题有人口减少与老龄化、从事农渔林业的人员及后继者不足、一产的停滞与衰退、耕作的放弃与土地管理的粗放化、聚落功能的低下、学校的废弃与合并、公共设施以及商店的关闭、生活交通的衰退、鸟兽灾害的增加、二次自然的衰退、传统活动的衰退等。特别是对中山间地区来说这些课题尤其严重。在城市近郊除了以上的课题以外，还存在着对城市无序扩张的抑制、本土居民与外来人口的融合等问题。

在整理地区课题时，非常重要的是，要探知当地居民在生活中所面临的课题。为此进行居民问卷调查以及举办意见交流会等，既可以广泛收集地区居民对地区现状的认识和意见，也可以成为居民参与规划编制的机会。

（3）设定目标：展望地区的未来并设定其为要达成的目标。可以把地区的未来构想以广告语的形式来表现，近年来也有把目标以数值的形式来展现的。广告语的例子有“以年轻人想要持续居住的村庄（小镇）为目标”“每个人都可以幸福生活的村庄（小镇）”等广告语，数值目标的例子有U型、I型移居者人数（U型移居指从农村出生的人们移居到城市后，又重新从城市移居到农村；I型移居指从城市出生的人们移居到农村。——译注）、应该保持的儿童数量或交流人口等。

编制委员会以及执行工作小组负责设定目标，但非常重要的是，要把目标设定过程以及结果随时告知当地居民。广告语草案可以向居民征集，或者编制委员会先拿出几个草案，然后以问卷调查的形式征求居民的意见后决定，这样做可以提高居民的积极性。

（4）制定政策：为了解决之前所列举的课题，为实现目标而制定政策。如果是广范围的课题，那么政策也需要涉及多方面。但是，考虑到我们自身解决课题的能力，我们自身能采取的行动是有限的。根据以往的政策汇总，其中大多数规划是政府具体承担的（现在也有这种情况），这样的规划只是简单地把地区的需求进行汇总，缺乏规划的实效性。现在的农村所谋求的是，在借助当地政府以及外部支援者的力量的同时，当地居民自己可以切实实行的规划。制定具有高度的重要性和急迫性并且制定地区可以投身其中的政策是至关重要的。

政策的制定基本是由编制委员会负责，但很重要的一点是，随时告知居民编制进度以及积极听取居民意见。

（5）方法讨论：谁该用怎样的方法来实施政策。一般来说政策的实施方法分为以法令以及协定等来约束，以拨款以及实施方针等来诱导，以规划主体本身来确保项目预算，以向相关人员提供信息等来启发教育，以相关人员间的协议来调节等，针对不同政策而使用不同的方法。这些一般是自治体为了施行政策而常常采用的方法，地区本身也可援用。

2.3.3 达成共识

在规划编制过程中，共识达成的基础在于给利害相关者提供充足的信息以及创造意见交换的环境。设计合适的参加方式，是确保相关利害关系者顺利达成共识的关键。

“设计合适的参加方式”，即思考怎样设计一种自由发言的环境，让与规划有利害关系的主体“可以自由发言，并且在有限的时间内做出决定”。参加方式的设计主要有3个要素，即参加流程的设计，参加方案的设计，参加形态的设计。

（1）参加流程的设计：构想在规划编制流程的各个阶段分别需要创造怎样的参加环境。通过这样的方式，参加者可以知道需要围绕什么来发表自己的想法，并且可以了解自己的意见是怎样在规划中被体现的。

（2）参加方案的设计：探讨各个集会的组织方案。从少数人参加到多数人参加，其规模差异很大；从意见交换到草案形成，其目的各有不同；从座谈会到研讨会等，其参加形式各有不同。需要确定集会的目的与目标、具体的工作内容与步骤、需要的道具与资料、房间桌子等的摆放、工作人员的负责范围等。

另外，对规划编制工作来说，参加体验型的研讨会是比较有效果的。通常的会议是以这样的形式来进行的，即由事务局提前做好方案，然后听取参加者对现有方案的意见。然而这种方法通常事务局的说明时间较长，导致没有充分的提问时间，以至于多数的参加者难以发言（发言者发言的难度增大），仅以发言方与提问方的对话而结束，参加者之间无法深入交流等诸多问题。与此相反，在研讨会中可以将参加者分为几个小组，且每个小组都设有一位主持者来引导大家积极发言以进行意见的交换与总结收集。

（3）参加形态的设计：探讨让谁以怎样的方式来参加。如之前所提到的，设置由利害相关者的代表等组成的规划编制委员会是参加的最基本的形态。关于一般居民，如“规划编制组织外的主体参加的机会”［（指2.2.2之2）一般居民的参加。——译注］中所述，创造多样化的参加环境是很重要的。

经过以上的探讨就可以进入实际的规划编制了。这时重要的是协调人员与主持人员。协调人员主要是促进利害相关者达成共识以确保规划编制顺利进行。通常是由规划编制委员会的委员长或者是外部的专家、规划编制事务局来担任。编制主持人员担任各种集会（会议等）时的各个小组的主持者，在引导参加者发言的同时，也要总结大家关于课题（议题）的讨论成果。

2.3.4 规划主体的成长

农村规划的编制过程中，规划主体的成长是不可缺少的。规划编制的利害相关人员以及政府人员并不是从一开始就具备充分的知识与问题意识。可以说他们是在历经“掌握现状→整理课题→设定目标→制定政策→讨论方法”的规划编制过程中，对地区的现状与课题进行认识，并深入思考解决问题的方案。

规划主体的成长在个人层面可看作是从问题意识到课题意识，再到当事人意识的转变的过程。问题意识是了解地区所面临的课题的存在。“认为这是应该解决的课题”的意识就是课题意识。那么，“认为解决课题与自己有关”的意识就是当事人意识。与规划编制阶段对应来看，在掌握现状阶段要具有问题意识（或者是深入问题认识），在目标设定阶段要强化课题意识，在政策立案/讨论方法阶段要上升到当事人意识。

规划主体的成长，对规划实施来说非常重要。规划是为了实施而编制的，如果熟知规划的背景与内容并有很高热情的人才加入实施阶段，那么会促进规划目标的达成。事实上也有规划阶段与实施阶段分别涉及不同人员的案例，但是我们应该尽量做到使规划阶段所涉及的人员尽可能地参与到实施阶段中。

2.3.5 规划的实施

规划在实施时需要准备规划实施体制，具体有以下3种方法。

第1种，规划编制组织更替为规划施行组织的方法。规划编制委员会改称为规划实施委员会，这实际上是一种继承关系，委员由相同成员来接任最好。但是，当规划地区内的团体的负责人是挂职参加时，那么随着任期的结束，成员也会随之改变。这种情况下希望可以确保挂职参与的成员在离职后也可以继续参与。另外，在规划实施阶段，为了让更多类型的居民参与其中，可以适当增加实施委员的人数。

第2种，把规划的实施委托给规划地区内既存的组织。比如，如果地区的自治组织中设有专门部门，可以把规划中的项目指派给合适的专门部门来负责。假设自治组织设有环境保护部门、地域交流部门、文化振兴部门等专门部门，那么应该把公园绿地保护、城市农村交流、传统文化保护等（都是临时名称）指派给这些部门来实施。

第3种，把一部分规划项目委托给规划地区内的既存组织负责，如果没有合适的委托对象那就创建新的规划实施小组。

具体采用哪种方法要根据规划地区内的既存团体组织的充实度以及实施能力来决定。如果弱的话用第1种方法，强的话一般采用第2种方法。即使既存团体组织很充实，但如果由于规划内容涉及很多方面，且很多对地区来说是都是第一次尝试实施，那么第3种折中的方法最合适。

（广田纯一）

3 规划的实现

3.1 规划的项目化

3.1.1 规划的实现方法

“规划”是对未来该地区的愿景的构想，但是如果该地区的土地使用与建筑物的建造等都放任自由的话，那么规划就很难能实现。在这里，地区的“规划”是需要通过政府的强力控制来实现的。但事实上在民主主义国家，政府是不能违背或无视居民的意愿来强力实施规划的。地方政府、居民、企业等应与“规划”相互尊重，只有为了实现规划构想而协调行动，地区规划才能切实发挥其实效性，规划所谋划的地方愿景才会逐步实现。

规划地区内的土地使用以及建筑物的建造等，既可以依靠居民与企业，也可以依靠国家以及地方政府等公共团体，为了实现规划的目标愿景，必须对这样的行为加以规范，也就需要采取一些措施。

规划中所展望的地区框架具体是由土地使用性质及其建筑物的规模与形态来确保的。所以建筑以及土地利用规制等是必要的，这些规制的内容是由法律或者地方政府的指导纲要等来明示的。这样的规划实现方法叫作“规制性方法”。

公共团体进行的道路等公共设施的建设，以私人的建设行为为前提条件，引导建筑物的适当建设等，对规划的实现起到重要作用。这种实现规划的方法就叫作“开发性方法”（表1）。

表1 农村规划的实现手段

规制性方法	① 对开发行为以及建筑行为的规制
	② 公共项目的强制与费用承担
开发性方法	① 规划主体进行设施建设
	② 对地区居民进行引导

3.1.2 规制性方法

对于规制性方法而言，身为规划主体的市町村除了对建筑物的用途/形态进行规制以外，也会强制当地居民承担一些规划设施建设的经济负担（费用负担、财产权的限制等）。

1）开发建设行为的规制

《城市规划法》中对市街化调整区域内的建筑物以及高尔夫球场等的开发行为有严格

的限制。另外，在第一种低层居住专用区域（该区域内可以建造住宅和占地面积小于50 m^2的商住兼用建筑，比如小杂货店或小公共服务设施。——译注）内，对建筑物的用途以及建筑密度（建筑占地面积/基地面积）、容积率（总建筑面积/基地面积）等形态都有一定限制。对于农村规划而言，如果在城市规划区域内，那么也要受城市规划的限制；即使在城市规划区域外，但如果是《农业振兴地区建设相关法律》（农振法）中的农用地区域，那么农地用途转换将会受到严格的限制。

另外，《城市规划法》中规定，在规划设施建设预备区域内，土地区划的变更以及建筑物等的建设需要取得城市规划项目管理部门的认可承认，以避免对将来规划项目的实施造成阻碍。

2）公共项目实施阶段的强制措施

为了使规划设施的建设顺利进行，也会采取一些措施。除了强制征收道路用地以外，伴随着土地的区划整理所带来的土地产权变更，也产生了强制土地交换的制度。《土地改良法》规定在征得2/3以上的农用地相关受益者的许可后可以强制进行权益交换，但是宅地等非农用地则需要所有者全体同意。所以作为农村规划的实现方法而言，制度还不是十分完善。

3）公共项目的费用承担与开发利益的公共返还

即使是规划中的公共项目建设，也不全部靠税金来实施，公共项目的直接受益者们也需要承担一部分的费用（受益者承担）。在城市规划中主要体现在土地区划整理项目工作，在农村规划中主要体现在土地改良项目工作，在征得2/3以上的土地相关人员同意的情况下，将强制实施土地改良项目工作，并让其承担相关的费用。

还存在与受益者承担相关联的“开发利益的公共返还”问题。由于道路与上下水道等公共基础设施项目的建设，农用地等用地变为宅地后，地价多会上涨。农地的所有者如果转卖土地的话会得到很大的收益（开发利益）。针对这部分收益所得，在德国等地的地域规划法中规定需要缴纳一定的税金。日本在大正时代（1912年7月30日至1926年12月25日。——译注）制定《城市规划法》时，最初的法案中也有“开发利益的公共返还”一项，但是在审议过程中被取消了，直至今日。当下的日本，土地所有者可以获得开发利益，这从社会公正方面来看存在着很大问题，而且会成为破坏公共事业建设的动机。

3.1.3 开发性方法

开发性方法主要分为两种，即市町村等规划主体直接进行设施建设和积极引导地区居民参与规划的实施。

1）规划主体进行设施建设

让市町村自主实施规划的设施建设是积极实现规划的方法。例如市町村自主建设规划道路、水路、公园等并进行管理。不只是新建的设施，对既存的市町村道路等也要进行改良。农村规划中，设立了国家与都道府县对市町村的设施建设进行补助的制度（农村建设项目），对农村规划的实施起到了重要的作用。

2）对地区居民等的引导

为了实现规划，要有相应政策来引导地区居民、民间企业、农业团体等配合建筑物的限制与建设。在农村规划中，修建的农用道路以及农用水路等也可作为生活设施来使用。通常的做法是对土地改良区进行补助，并通过土地改良项目工作来实施规划。在山形县金山町的事例中，地区居民与企业等在新建/改造房屋时，使用町内产的“金山杉”最高可获得30万日元的补助，这对规划中所提倡的林业振兴与农村景观的提升有显著成果。

当居民依照规划来签订地区环境保持/改善协定时，一些市町村会依照法律规定给予一定的支援。建筑基准法中通过建筑协定对建筑物的所占地、位置、构造、用途等进行约束，农振法中对影响周边农用地以及生活环境的设施的位置也有所约束。上述都是由市町村长公告过的协定，即使土地所有者变更，也依然有效。另外市町村也积极与居民、企业建立合作关系，共同实施地域环境改善活动［groundwork（发源于英国，市民、NPO和政府形成伙伴关系，共同进行的环境改善运动。——译注）］。

另外，市町村还通过组织先进地区考察，组织研修会等形式向地区居民提供地区建设信息。向人们展示国土厅实施的农村宜居（amenity）竞赛等活动中的优良事例，也是实现规划的引导手段。

3.1.4 农村规划的实现方法

1）开发性方法的优越性

与城市规划相比，农村规划的规制性方法较少，以开发性方法为主。规制性手段是需要有法律依据的，虽然过去就对《农村规划法》的制定讨论过多次，但政府内部的城市规划部门与农业/农村建设负责部门之间的协调进展困难，所以没有实现。事实上在城市规划区域与农业振兴地域重合的农村，使用的是1987年制定的《聚落地区建设法》中提到的《城市规划法》中的“地区规划”方法。另外，2004年制定的《景观法》规定，农山村的景观规划可以使用规制性方法来编制。

2）规制性方法较少的理由

农村规划中规制性方法较少，除了部门间调整的问题以外，还存在别的原因。

第一，农村地区是农业生产与生活的复合空间，而且农林业在规划中占主要地位。农地法、农振法、《土地改良法》《森林法》等对农林地的规制，直接影响农村地区的整体土地利用规划，对生活环境的改善也起到一定效果。

第二，由于居住密度低且分散，除了部分区域以外，实际的建筑面积与密度显著低于城市，所以形态规制的必要性也小于城市规划。但是对城市近郊的开发行为以及建筑物的用途等的限制是非常必要的。

第三，农业聚落的存在。家家户户因地缘和血缘的关系联结在一起，并且多数情况下作为地区决策者而存在。因居民间的公约效果显著，即使没有政府方面的规制约束，大多村庄也能实现规划。但是在城市移民较多的城市近郊农村，聚落公约约束力较低，这就非常需要政府规制。

3）农村建设事业的实施

修建农用道路以及农用水路等的土地改良项目工作由国家进行资金补助，并以国家或者都道府县、市町村、土地改良区等为项目主体来实施。自20世纪70年代以来生活环境设施的修建、农村综合整治试点项目等国家的补助制度（农村整治项目）逐渐充实。农村整治项目中也包括了土地改良，但不管哪项工作，都重视聚落内部的共识达成，且以自下而上的方式来编制规划，保证了规划的实现（图1是农村规划编制时居民参与的情景）。

从农业基础设施到生活环境设施（以公共设施为主），农村规划设施涉及多方面，而且除市町村外，与土地改良区、农业聚落等实施主体相关。所以，在农村整治项目中，一个项目区域可以有多个项目种类和多个实施主体，可以根据当地情况来选择项目的实施。

图1　居民参与地域规划［提供：(财)日本groudwork协会］

像这样由国家主导的农村整治项目，在近年的地方分权化趋势下，国家的主导作用逐渐减弱，正逐步转变为依靠地方的自主财源以及没有限定用途的国家援助金的地方自治体的独立工作项目。

（元杉昭男）

【参考文献】
1. 島崎一男：80年代の農村計画，p.96–138，創造書房，1981
2. 田中二郎：要説行政法新版，p.264–298，弘文堂，1972
3. 日笠　端：都市計画第2版，共立出版，1986
4. 元杉昭男：農業農村整備の社会的意義，p.208–225，土地改良新聞社，2008

3.2 规划与实施（项目）的螺旋式成长

3.2.1 从规划到实施的过程

在农村规划中，应将项目的实施至于优先的位置。规划也可以称为“预知未来的行为”。思考将来要建设怎样的农村社会并为此制定农村经济战略，然后，将农村社会作为实现这些构想的舞台，想象未来要怎样建设与保全农村空间，这就是农村规划。这个未来展望可以作为故事脚本来呈现，也可以用表、图、模型的形式来表现。为了实现规划需要采取具体的行动，这些行动有需要个人努力实施的，也有通过村民共同努力来实施的；或者是作为公共项目与政府协作，通过政府与居民的共同合作来实施，实施的形态与方法多种多样。

在4.3小节中有对日本的农村空间、环境保护项目的历史解说，特别是在“二战”后以粮食增产为目的的近代化过程中，利用大规模的公共投资多次实施了农业农村建设项目，也因此给很多人造成了农村规划的实施就只靠公共项目的错觉。但事实上在农村生活的人们靠自身努力用劳力以及大家共同集资的方式来编制并实施规划是非常重要的。

传统的农村道路修建与沟渠疏通、公用地（很久以前大家就开始共用的里山等地）的管理等，这些对农村持续发展来说是很重要的实施行动。在传统的共同项目中，从规划到实施的概念比较薄弱，看上去仿佛只是依循旧例，然而理解这种传统活动，并且认识到这种活动的必要性后再予以延续，这就是遵照规划意图的实施行为。这里的关键是，当地居民是充分地理解了一个个传统活动的意义与价值后有计划地在行事。

近几年，为了保护自然、维持环境，农村的居民通过自主的、共同的企划型讨论活动发起合作活动，更加具有规划性意图地开展项目工作。依此而实现的机构以及环境/空间设施，便于农村居民使用与管理。从规划初期开始，居民就积极参与，所以对得来不易的机构与空间、环境充满感情，进而会更加珍惜、更加长久地使用。

随着时间的流逝，实施过的空间以及系统变得陈旧，或者出现了缺陷与漏洞，这时需要再度审视，并进一步规划与实施改良与发展所需要的系统以及环境、空间。“规划—实施—检查—行动（PLAN-DO-CHECK-ACTION）”的PDCA循环模式，对于规划和实施而言是非常重要的（图1）。

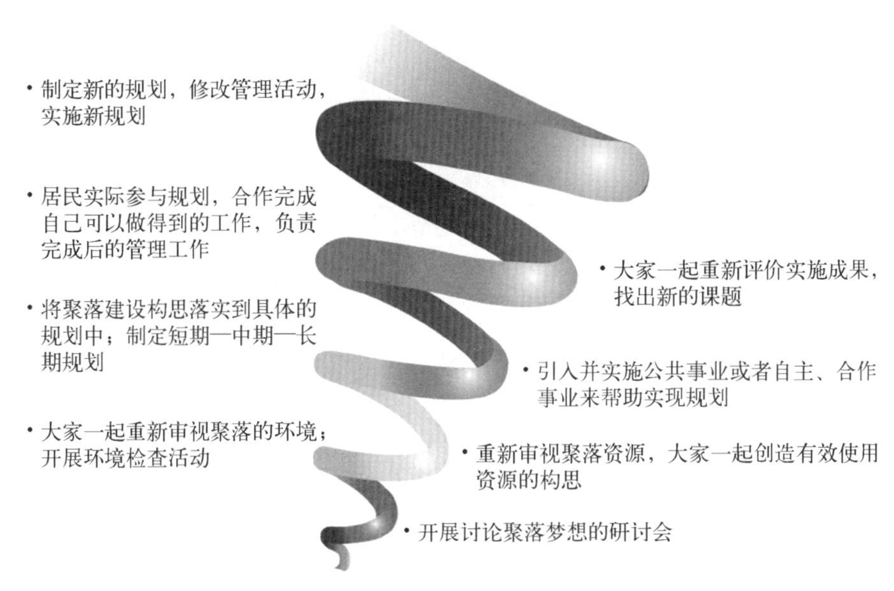

图1　检查—构思—规划到实施（项目）—检查的螺旋式农村规划发展

3.2.2　居民参与从规划到实施的柔软性发展

农村的主人公是生活在农村的人们。他们在这里劳作、抚育后代，在这里度过一生，是农村的主角。农村的规划与实施的主体也基本上都是生活在农村的人们。这些人不仅现在生活在这里，将来也会生活在这里。农村居民自发地为了自己所生活的农村环境而参与，这是非常重要的。参与指的是从规划的阶段就以主体身份参与，这也包括实施以及之后的管理行动。

为了不只是把规划作为一纸空谈，规划的顺利实施关系到很多工作。即使很小的事也要做出成效。从日常生活中的小事开始，规划并付诸实现会让大家更有信心。

在一定情况下，规划需要一定的灵活性，可以尽早评估实施成效，以便于更好地修正规划内容，所以具有机动性、灵活性的规划与实施过程也是必要的。也可以称之为“边做边思考”“灵活的构思”。但是不要轻率地对规划进行修改与变更。修正变更之际，需有地区居民以及相关者的参与和同意。所以从规划与实施的初期阶段开始，居民的主体性与连续性的参加是必要的，而且要逐步让更多人参与，这样的实施方案也是必要的。期待当初的小团体逐步发展成为大团体，一起来规划和实施。

（糸长浩司）

4 日本农村规划的历史

4.1 农村规划的历史观点

农村规划包括居民收入规划和人居环境规划，后者以居住环境以及社会关系为对象。经济发展水平较低时重视以农业振兴为主的收入规划，而近代以前（19世纪以前）则比较重视租税的征收。随着经济发展，农村规划的重点逐步转移到人居环境规划上来了。

农村规划是由政府主持参与的社会性行为，所以农村规划的历史也基本是从近代政府成立之后开始的。但是正如古代的条里制以及江户时代的新田聚落，在近代以前的政治体制下也可以看到农村规划性的措施。

根据以上的观点，可以把江户时代以前看作前史，明治时代以后的农村规划根据经济发展可以分为两个时期，第一时期是以收入规划为主的时期（收入规划重视期），第二时期是以人居环境规划为主的时期（人居环境规划重视期）。接下来，以上述划分来讲解日本农村规划的历史。

4.2 近代的农村规划

4.2.1 中世纪（1192 ~ 1573年。——译注）以前的农村规划

律令制度下的条里制把土地以棋盘格子的形式来划分，首先将土地分割成每边6町（约654 m）的四方形，南北（纵向）为条，东西（横向）为里。因条里制发展起来的条里聚落是日本最早的规划性聚落。道路、水路以棋盘格子状来修建，房屋则聚集，呈块状分散在耕地内（图1）。从奈良时代到平安时代中后期的聚落，一般是由三五个不足1～10户的居民点形成的小村；或者规模稍微大一点的院落散布于耕地之间呈杂乱且有规律的形态。在条里制中，规则的土地划分形态被称为条里划分，而系统性的土地登记方法被称为条里呼称法，条里制主要在这两方面起作用，所以即使之后庄园制度普及，条理制的地域单位以及占领关系的相互调整等机能被延续了下来。

4.2.2 江户时期的农村规划

现在的村落的原型可以追溯到江户时代。当时在丈量土地的同时，对村落的界线进行了划分，实施由村里的负责人征收整个村庄的年供与各类税款的村请制，由领主支配

图1 条里制的遗迹[①]

的末端组织，即行政村形成了。另外由于兵农分离政策的实施，农户成为农村的主体，农民一夫一妻的小家庭成为主流。这个时期，村的范围与构成人员得到了明确。

到江户中期由幕府以及大名领主（指俸禄在一万石以上的领主）的统治而形成的新田开发与新田聚落盛极一时。新田聚落是把耕地与聚落看作一体规划而形成的。在武藏野（东京都、埼玉县），每家每户都井然有序地排列在街道两旁，房屋后边是细长形的旱地与林地，呈路村形态（图2）。儿岛湾干拓地（冈山县）的水田地区也是同样的形态。另外，在砺波平野（富山县），耕地则集中在自家院落周围，呈散居状态。

像这样的规划性农村建设，不只是在新田聚落，也在既存的聚落实施。为了实现以自给自足为主的农村建设，也会规划性地进行农户经济振兴或聚落的再布局。大原幽学（江户时代后期的农政学家、农民指导者。——译注）在下总台地的长部村（旧千叶县干潟町、现旭市）把密集的聚落进行分散后，实施了谷地田、院落、山林一体化的规划性布局。二宫尊德(江户时代后期的经世济民学家、农政学家、思想家。——译注)也在下野国芳贺郡物井、东沼、横田村等地方实践了农村规划。

---

① 農業土木技術研究会：大地へ〇の刻印—水土の礎—，農業農村整備情報総合センター，2005

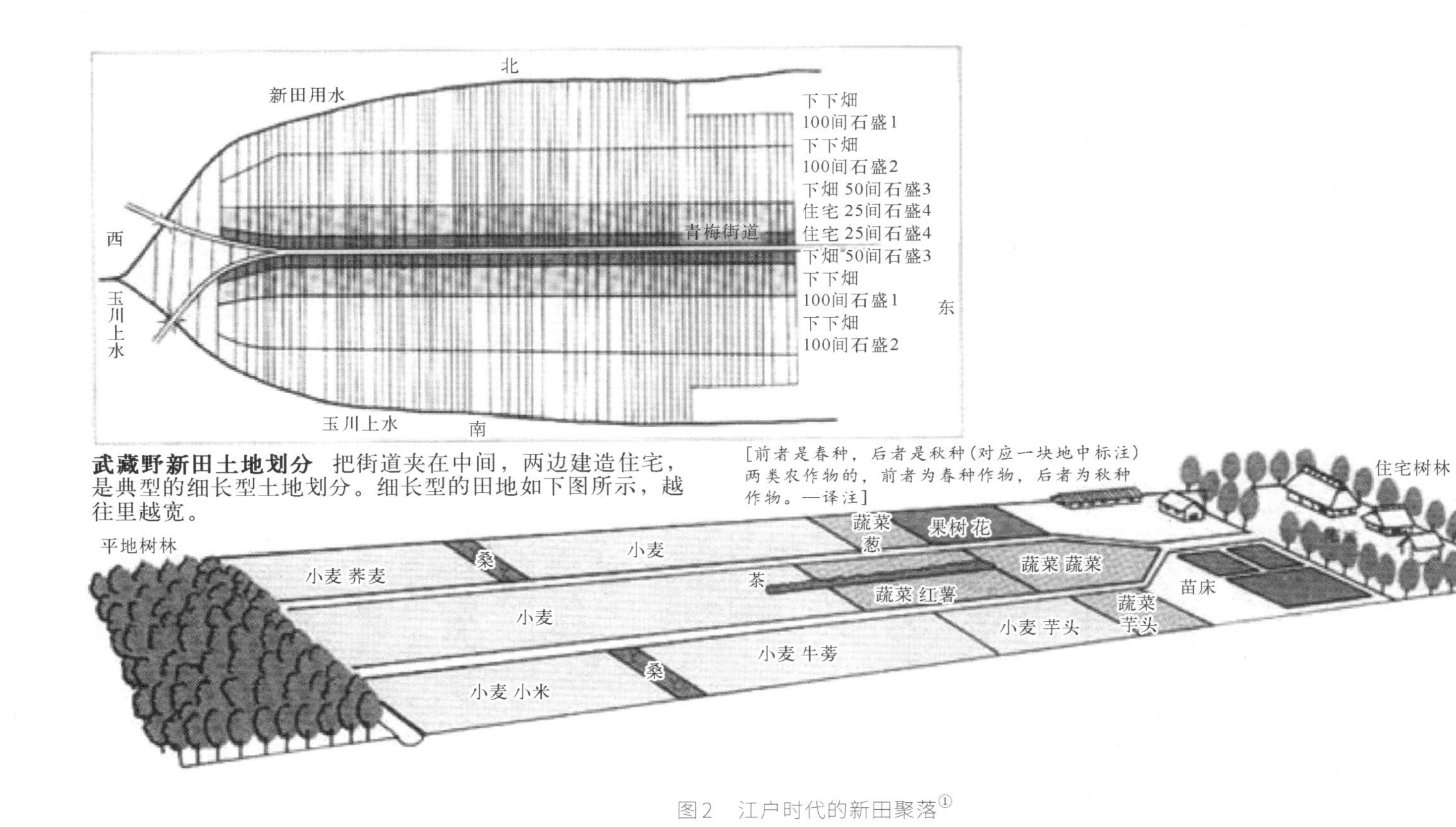

图2 江户时代的新田聚落[1]

① 農業土木技術研究会：大地への刻印—水土の礎—，農業農村整備情報総合センター，2005

4.3 近现代的农村规划

4.3.1 近现代的农村规划的观点

明治时代以后的农村规划，收入规划重视期可以分为以农业税收支持工业发展的前期，和工业化完成后以补助金等来推进农业保护政策实施的后期。另外，1970年代以后的人居环境规划重视期，也可分为两个时期：一是国家以保障居民最低生活水平（national minimum）为目标实施农村建设的前期；二是随着全球化的发展和生活水平的提高，农村地区开始实施多样化政策的后期（表1）。以下将对各个时期进行介绍。

表1 近代的农村规划[①]

时代区分		年代	特色
收入规划重视期	前期	明治时期 大正时期 1868～1922年	① 政府确立农业税收 ② 上层农民、富商、地主等的农业投资 ③ 佃农争议的发生
	后期	“二战”前、“二战”中时期 “二战”后复兴期 农业基本法期 1923～1969年	① 产业调整问题对策及政府的农业保护 ② 疲敝农村的对策 ③ 紧急开发事业的实施 ④ 农民兼业化及农村混住化的发展
居住环境规划重视期	前期	综合农政期 1970～1984年	① 作为最低生活水平保障的农村建设的实施 ② 农村混住化的对策
	后期	国际化对应期 1985～	① 应对全球化和生活水平提高而实施的农村整治 ② 中山间地区问题的对策 ③ 环境问题的对策

4.3.2 重视收入增长时期的农村规划

1）屯田兵村建设/耕地整理项目

明治初期政府把地租改正（1873年）后的农业税收用以促进工业发展，对农村投入相对较少。这个时期的农村建设主要有士族授产（明治新政府为了救济因秩禄处分政策而失业的士族实施的一系列政策，比如推进向农业工业商业的转型以及奖励北海道移居等。——译注）、明治用水（明治时期作为全国先驱开凿水路为爱知县西三河地区西南部的农业、工业提供用水的工程。——译注）（爱知县），以及作为新农村的规划而开展的北海道

① 元杉昭男：農村計画学会誌，21，2005

屯田兵村建设，其以开拓与边境防卫为目的，通常1个兵村由200～240户组成，每户分配约5 ha的土地，士兵院落围绕练兵场、机关办公楼、学校等公共设施，呈规则的排列。

之后随着1899年耕地整理法的施行，在一部分地区尝试了与项目相结合的对既有聚落的重新规划。比如在富山县的舟川新地区（现朝日町），把砺波平野（冲积平原）特有的散居聚落的宅院统一规划到道路的两旁，使聚落的生活空间与生产空间分离，并设置了公共澡堂、公共店铺、消防设施等。在秋田县千畑村（现美乡町）以及京都府云原村（现福知山市）也实施了相似的规划，但并不普遍。

2）町村是

明治中后期开始到昭和初期，因前田正名而被提倡的“村町是”（是：规划的基本方针）是1899年村町制度公布后，由政府主导的农村规划。内容是“以自给自足、勤俭储蓄为基本，掌握各地的现状，促进町村振兴的立案以至规划，开垦农地、改良土地、植树

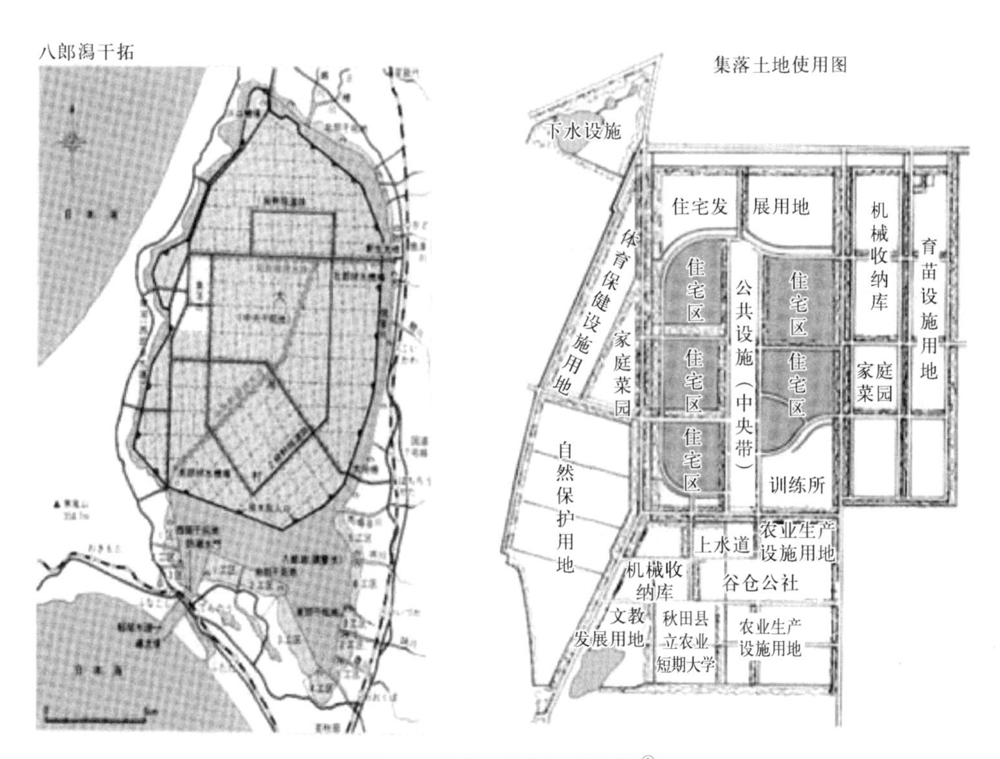

图1　八郎潟干拓新农村建设[①]

① 農業土木技術研究会：大地への刻印—水土の礎—，（社）農業農村整備情報総合センター，2005

造林、修建道路、建设学校、改良生活习惯与风俗，切实贯彻邻保共助（邻里互帮互助）等制定与实施相关规划、规约、公约等”。“村町是”是地方自治体制定的正式的农村规划，但是重点放在了町村的产业振兴上。

3) 农山渔村经济复兴计划

到大正末期，日本的工业化已经完成，也与其他发达国家一样开始出台农村保护措施，国家正式对农业生产的基础设施建设进行补助。在昭和初期农村萧条时，国家实施了以公共项目建设雇佣农民的救农土木项目（指1932年开始实施的救济农村的公共土木建设项目。——译注）以及农产品价格对策/负债整理等农村救济政策。1932年从精神复兴面入手，制定了基础设施以及福利设施建设、经济组织、生活改善、金融/农地关系改善等多方面的农山渔村经济复兴计划。按理说，以农民自力更生的精神，本应该可以把计划付诸实施，但是在还没有显著成效时，战争爆发了。

4) 紧急开垦规划·八郎潟干拓新农村建设

“二战”后的1945年，政府内阁会议通过了紧急开拓项目实施要领，推进开垦·填海造田，并尝试对复员军人与归国人员等进行大规模移居，但大多都以失败告终。之后重心转移到对既存耕地的改良，在农村建设规划（1950～1956年）中，对近200町村制定了开垦人员移居/规模扩大、耕地改良·整理等综合再建规划。

这个时期制定和实施了八郎潟开拓新农村建设（1957～1977年），总面积为15 640 ha，移居农户达到了580户规模之大。另外，积极进行社区规划，这点在当时备受瞩目。将道路/上下水道、绿地等与农业规划相结合，一起进行综合论证。政府机关、学校等公共设施、农户住房、农业用设施等也按照规划进行配备。居民区规划从当初的道路两侧的条状村规划案，到8个或者4个生活圈规划案，最终确定建设综合性中心聚落（图1）。不仅是农业农村工学，城市规划、建筑学的研究者也加入到农村建设中来，使得农村规划学有了历史性的、质的飞跃。

5) 新农村建设项目构想与结构改善项目

从1956年开始，展开了一系列的新农山渔村建设综合对策。到1962年为止，在4 500个地区制定了基于农户公意的，以适地生产为基调的农山渔村振兴规划。与此同时，运用特别资助项目来推进农林地、公共设施、适地适产奖励设施、生活文化研修设施等的修建。1961年，制定了《农业基本法》，但与农村规划相关联的，只有提高农业从业人员的福利，并不包括改善人居环境。紧接着创设了第一次农业结构改善项目（1962～1968年），但其中也不包括农村人居环境改善项目，直到1969年制定的第二次农业结构改善项目中，才开始重视农村人居环境。

4.3.3 人居环境规划重视期的农村规划（前期）

1）农村建设项目的创设背景

1961年后，日本实现了高速的经济增长，重视产业基础设施建设，其所带来的是公害问题、自然破坏以及城市的过度密集与农村的过疏化。1970年，政府制定了“新经济社会发展规划”，公共投资的重心从产业基础设施转移到生活环境，从大都市圈转移到地方城市。

另一方面，农业基本法的目的是缩小农工间的收入差距，农户兼业化的形式使农民收入得以提高，从一定程度上缩小了收入差距，但从生活环境方面来看，城市与农村的差距问题并没有解决。另外，农户的兼业化与农村的（外来人口）混住化带来了诸多问题，包括农道上非农车辆的增加、农用水路的垃圾增加以及家庭污水的混入等。于是政府提出了“消除城乡差距”的口号，把农村定位为农户与非农户的混合居住地，开启了农村规划新的篇章。

2）新城市规划法与农振法的制定

进入高速经济增长期后，随着城市的不断扩大，城市外围农林地的破坏也日益加剧，在此背景下1968年制定了《新城市规划法》。与旧法不同，该法在城市设施建设的基础上，通过制定市街化区域与市街化调整区域的地区划分制度以及开发许可制度，对城市的土地利用进行规划和调整，让城市规划更加完善了。

与之相应地，1969年，制定了《农业振兴地域建设相关法律》（农振法），农业振兴地域建设规划在对土地改良项目等项目进行规划的同时，设定了严格控制农地转用的区域。但是该规划并不包括对农用地区域外的土地（农振白地）的利用规制与调整，也不包括对生活环境的建设。所以，这一时期的农村规划仍然是不完善的，亟须制定《农村规划法》。

3）农村基础设施综合建设领航项目的创设

20世纪60年代后期开始，田圃建设的同时，基于生活环境建设、聚落搬迁·新村建设等设想，1970年，农林省主导实施了农业基础设施综合建设领航调查。以3 000 ha以上的包含农地的区域为对象，拟定了以农业为主的产业振兴、土地利用、生活环境建设等相关的地域综合开发规划。1972年，修订了《土地改良法》，追加了在农地的区划整理区域内创设非农用地以及公共用地等相关的换地制度。

根据这个规划，1972年，创立了农村基础建设综合建设领航项目（总航项目）。当时以旧町村（1953年的村町合并促进法施行前的町村）为项目的主要对象，以都道府县为项目的主体来进行田圃建设、农用地开发，以及灌溉排水设施、农道等农业生产基础设施的修建。同时，对生活环境项目进行了整修，包括村内道路、村内排水设施、饮用水与农用水同时供给的农业经营饮杂用水设施和农村公园、防火水槽等聚落防灾设施。每个地区的项目费平均高达72亿日元（1981年价格），国库补助率也达到60%，可以称之为真正的农村规划。但由于剩余的项目费难以确保，以及工期延迟等诸多问题，1976年，这一补贴计划不得不停止。之后，创立了以聚落为单位的小范围农村基础设施综合建设项目（迷你总航项目）。

总航项目是受了当时德国西部的农村规划的影响，在建设生活环境的同时，灵活运用田圃建设项目等，引导土地利用秩序的形成。总航项目是从农业生产基础设施建设到农村综合建设的转换，与城市规划不同，它反映了农村的独立性，是真正意义上的农村规划。通过这个规划提高了农村规划的技术水平，对后世影响深刻。

4）农村综合建设示范试点项目的创设

1973年，日本正在热议“列岛改造论”，农林省为了申请年度预算，讨论了制定关于农村规划与农村建设项目的相关法律制度。早在1972年修订《土地改良法》中就提及，要把不需要农民申请且不直接增加农民负担的农村生活环境建设项目进行制度化，但是很遗憾，在那次修订中没有实现。1973年的这次提议是这一背景的延续，即尝试制定与《城市规划法》相对应的农村规划制度，以农村的生活环境改造，以及针对农振法中没有包含的农用地区域外的土地（农振白地）利用规制等为主要内容。

然而在申请预算的过程中，制定法律制度的提议夭折了，仅提供预算的农村综合建设示范试点项目（示范试点项目）就此诞生。项目的内容与总航项目基本相同，包含农业生产基础设施建设项目与集会设施等的生活环境建设项目，每个地区有大约15亿日元的项目费，其中国家补助50%。项目制度的特色是居民可以自己选择需要实施的项目，而项目主体是由市町村、土地改良区、农协等多元项目主体共同参加而组成的复合型项目主体。另外，作为项目选择的必要条件，当地有义务制定农村综合建设规划。

农村综合建设规划是以农业振兴地区为对象，集农业生产经营规划、生活环境建设规划、社区规划为一体的整体规划，由各市町村在国土厅的指导下进行编制。规划中不仅有农水省所管辖的项目，也包含各省厅所管辖的项目。

规划重视聚落，且考虑到了农村社会的特殊性，尊重村民的意见一致与自主性，采取了自下而上统一意见的协调方式。虽然没能形成针对土地利用的专门法律法规，但农村综合建设规划可以说是农村规划的一个典型或者是一个里程碑。

4.3.4 人居环境规划重视期的农村规划（后期）

1）全球化的开展与生活水平的提高

广场协议（Plaza Accord）（1985年）的主要内容为美元的逐渐贬值与日德的内需扩大，以此为起点，日本经济开始真正走向全球化，走向成熟。1992年的“生活大国5年规划”指出，应从经济优先转移到重视生活质量，并以成为“与地球社会共存的生活大国”为目标。

随着2000年国土厅的裁撤，农村综合建设规划也终止了。农林水产省的各种农村建设项目都统筹到农村综合建设项目中，项目的前提是需要编制农村振兴基本规划。从农村综合建设规划的各时期的主要方针中可以解读农村规划的变迁（表2）。以下从规划的形式、内容、推进主体等方面来概述农村规划的变化。

表2　农村综合建设规划的推移[①]

项目	第1期对策	第2期对策	第3期对策	第4期对策	第5期对策	第6期对策
规划时间	1974～1976	1977～1981	1982～1987	1988～1992	1993～1997	1998～2000
地区数	430个地区	420个地区	343个地区	130个地区	100个地区	24个地区（其中有9个广域地区）
主题	建设落后于都市的农村环境	左边的内容 根据第三次日本全国综合开发规划定居构思，改造定居条件	左边的内容 在建设定居条件的同时加入地域行动规划，充实实现构思的软性条件	左边的内容 进行符合农村新需求的改造，目标是具有丰富个性的地域建设和地域活性化	左边的内容 注重农村的多面机能，提升农村的综合舒适程度	左边的内容 进行“多自然居住地域的创造”与环境协调的改造，追加广域圈域型规划
关键词	缩小差距	农村定居区	地域行动规划	主题规划	重点课题，土地使用构思	参加与合作，广域圈域规划

2）规划形式的变化

（1）软性规划的重视　在第3期的农村综合建设规划的主题中，追加了建设设施的管理与运营方式，以及以居民自主型地域建设活动为主的地域行动规划。这既是为了提高设施建设水准，也体现了软性规划开始受到重视。

---

① 国土庁地方振興局農村整備課：国土政策と農村整備の歩み，2000

20世纪90年代，受英国启发，静冈县三岛市、滋贺县甲良町、北海道旭川市西神乐等地的居民与企业、政府合作，共同实施了地域环境改善活动，1995年，设立了（一般财团法人）日本groundwork协会。

（2）个别主题规划的展开 1988年开始的第4期规划编制，以重点对应多样化的居民需求与课题为主线。这一时期的规划不再是综合规划，而是以个别主题为方针来编制规划，这侧面反映了建设水准的提高。

另外，在存在交通不便等诸多不利条件的中山间地区，除居住环境规划以外，农村规划更加注重提升农民收入，从而提出了高附加值农业的振兴、绿色乡村游（green tourism）和城市农村交流等方案。1990年后，国家补助金也进一步得到强化。

3）规划内容的变化

（1）舒适环境的创造 国土厅从1986年开始实施了农村人居环境评比，推广在景观的保护与形成、农村文化的保持等方面表现突出的优秀农村规划。第5期规划以提高农村生活便利性为主题，农村规划的重点从生存环境转移到生活环境，再转移到舒适环境的创造。

另外，新的田园空间博物馆构想，把农村地区看作是“露天博物馆”，进行农村设施建设时会考虑传统农业设施与农村景观的保全、复原等（1998～2009年）因素。农村规划从新建、改造转换到了探寻老建筑的历史文化价值，并开展保存复原活动。

2004年制定的《景观法》规定，在农山渔村也需编制景观规划，对建筑物等的形态、色彩、设计等进行规制。另外也可制定景观农业振兴地域建设规划，以确保与梯田、农作物景观地带等景观相协调的良好农业经营条件。

（2）自然环境、地球环境的保护与再生 第6期规划以多自然居住地域的创造为主题。2002年修订的《土地改良法》规定，土地改良项目的实施必须考虑环境的协调。编制田园环境建设总体规划或者农村环境规划，是申请国家补助项目时的重要条件。

同年的《自然再生推进法》指出，为了恢复过去被破坏的自然环境，需全力推进自然环境的保护、再生、创造等自然再生项目。另外，2002年，内阁会议通过了生物能源（biomass）日本综合战略，自此各个市町村开始编制生物能源小镇规划。

4）规划推进主体的变化

（1）城市规划的启发 1987年制定的《聚落地区建设法》规定，编制聚落规划时，在与农振法的农业振兴地区重合的市街化调整区域等分区中，除道路、公园等的建设以外，也可以对建筑物的用途、建筑密度等进行规制。包含了农振白地的土地利用规制等的农村规划，在《城市规划法》的框架中得以实现。另外，1992年以后，由于地区规划制度的导入，城市规划区域内的农村地域得以扩大。

（2）**地方分权与城乡建设条例** 2004年，在推进地方分权的呼声中，设立了“国家干预减少、地方自治权利扩大”的农村建设交付金。在这之后，逐步促生了交付金制度，实现了从以国家补助金为主导的农村规划到地方自治体的自主规划编制的转变。同时，制定包含景观和开发/建筑规制的城乡建设条例的市町村也在增加。

4.3.5 农村规划的展望

日本的农村规划一直以来都重视让在江户时期形成雏形的聚落逐渐适应现代化社会。但是由于全球化迅速发展以及人口减少等社会经济情况的急剧变化，现在我们应该回到原点重新思考。成熟社会的国民需要舒适的居住环境和新的社区模式，也需要应对环境问题等全球化课题，为了让农村能够成为（对应于城市的。——译注）居住地的选项之一，农村规划的内容就需要与国民的需求相匹配。

（元杉昭男）

【参考文献】

1. 大橋欣治：農村整備工学，p.38-67，創造書房，1997
2. 落合重信：条里制（日本歴史叢書新装版），吉川弘文館，1995
3. 改訂農村計画学編集委員会：改訂農村計画学，p.21-26，農業土木学会，2003
4. 金田章裕：古代日本の景観，吉川弘文館，1994
5. 谷野　陽：国土と農村の計画，農林統計協会，1994
6. 土木工学大系編集委員会：ケーススタディ都市および農村計画（土木工学大系 23），p.111-124，彰国社，1979
7. 日本村落史講座編集委員会：総論（日本村落史講座 1），雄山閣，1992
8.「農村整備事業の歴史」研究委員会：豊かな田園の創造，p.23-53，農山漁村文化協会，1999
9. 古島敏雄：土地に刻まれた歴史，岩波書店，1967
10. 元杉昭男：農業農村整備の社会的意義，土地改良新聞社，2008
11. 渡辺尚志：百姓の力，柏書房，2008

2 农村规划的构成

5 空间/环境/景观规划

5.1 规划的综合性

5.1.1 社会/经济/空间的综合化

规划是一种人为的引导未来的行为。这个未来是大家在农村幸福生活的未来，不是一纸空谈，而是一个有人、树木、动物，处处弥漫着新鲜的空气、漂亮的风景的生气勃勃的农村。

农村规划涉及多方面内容，且不是简单的空间规划与空间/设施建设就可以达成其目的的。社会规划、经济规划、空间规划（包含自然环境、农林地、人工设施等）必须成为三位一体的综合性规划。农村规划的基本目标是追求生活在农村空间的人们的幸福，并以创造和谐社会为最终目标。创造和谐社会，需要恰当地构建经济、空间与环境。那么经济优先、以经济增长为中心的近代（日本将1868年江户时代结束到1939年第二次世界大战开始之前这段时间称为近代。——译注）价值观必须得到修正，要把经济看作地域社会的一部分，并寻求能可持续性支撑社会与经济活动的空间规划与环境规划的综合性与连续性。

1992年，在巴西的里约热内卢举行的世界环境会议上，提出了“可持续发展”的概念，强调要以社会/经济/环境的综合性持续发展为世界的目标。不只是空间/环境等硬件的可持续，人类生活所必需的社会经济等“软件”的可持续发展也是非常重要的。在各个地区要依靠当地政府来实现永续发展，这已经成为国际性的公约，地方政府也逐渐能从综合性视角来实施“地方议题（local agenda）”与“地方行动（local action）”。今后在各个农村地区的发展中，我们需要和农村居民一起，谋求农村规划的综合性以及这些活动作为地球性活动的综合性。

5.1.2 农村规划中空间/环境规划的目标

以农村规划的综合性为前提，空间/环境规划有以下5个目标：(1) 与环境的调和（生态系的保护与维持），(2) 安全性，(3) 便利性，(4) 卫生性，(5) 舒适性(amenity)。这些目标不是独立存在的，而是紧密相连且通过均衡调节来实现的。如果只专注达成其中一个目标，会使整体规划走偏，这一点需要注意。

目标 (1) 需要切实把握各个地方的地形气候等自然条件与自然生态系统，然后进行保护与维持。自然与人类的关系可以分为各种不同阶段，并形成生物层。像里山那样的二次自然，是依靠人类的经营来维持的，特别是农林地这种依存于自然生态系统的生产环境，其持续正常的生产行为可以维持农村丰富的二次自然。近年由于农林地荒废不断加剧，自然生态系统较以前相对贫乏，并相继有生物灭绝。虽然“农业生物”这种概念在生物学中也开始被使用，但在农林业的正常经营的基础上，不能忽略对各个农村空间的自然环境的保护与维持。

关于目标（2）安全性、东日本大地震给日本农村带来了重大课题。面对自然灾害，创造一种可以让人安心的环境是非常必要的，但仅以人造建筑物对抗巨大的自然之力是非常困难的。因此，有必要巧妙地化解、避开自然的凶猛，制定可以灵活对应巨大自然之力的安全策略，包括逃跑、化解等的综合性安全策略在农村也同样重要，这些智慧作为继承下来的当地固有的传统智慧，也应当纳入农村规划中。

受海啸迫害，防潮林被冲毁，农地也遭受了盐碱化灾害，另外，由东京电力福岛第一核电站爆炸事故引起的放射能污染，长期影响了农林地和农村空间、致使生产生活都不能继续。不仅是自然的威胁，重新评估不能人为控制的核能生产供给结构，也成为当务之急。从被强行导入以支撑大城市庞大电力的核能发电中脱离，采用地域分散供给系统，运用当地的自然能源以及可再生能源，开发并实施安全放心的农村能源系统规划，这些对农村而言尤为重要。

目标（3）的便利性追求的是交通系统等便利设施环境的建设。但是要注意便利性往往会造成能源浪费，我们需要避免这一点追求平衡。不是移动越快就一定越好，缓慢移动能更好地欣赏农村的环境与风景，所以并不推崇只追求速度与便利性的规划。

目标（4）的卫生性在农村的现代化中相协调。脏乱的环境会引起疾病以及死亡，所以必须改善卫生环境。但是，过度的无菌状态的农村空间是不自然的。人类是自然演变而来的生物，而且与多样的细菌处于共生状态，人类的抗性也是在与细菌共生中逐步获得的。生态系统中细菌有分解功能，可以生成有机土壤。与城市不同，农村作为与细菌共生的空间，在改善卫生环境时，需要注意控制生态平衡。

目标（5）的舒适性在近年多用“amenity”一词来表现，也可以说是综合的舒适性。当环境管理和维持得好，人会因为处于这个空间，或者说因为与这个环境有接触，而产生“舒适惬意”的感觉，那么这样的环境就可以说是舒适性高的环境。虽说每个人的感受与感觉都不同，但是综合来看，所谓舒适的环境，就是在农村维持或者说创造一种被保护的自然，充满新鲜空气与阳光，让人感到幸福的环境，也可以说是有视觉美的景观构造，或者是可以享受四季变换的香气与声音的状态。

（糸长浩司）

5.2 生活圈/聚落空间的规划

5.2.1 拘于地形/风土/历史文化的空间结构特性

日本的农村地区是在地形、土壤、植被、气候等复杂多样的自然条件下，历经长久的历史而形成的聚落，是社会与空间单位的集合。聚落就是居住的集合，又因其区位和产业形态，可区分为农村、山村和渔村。聚落在地理学中亦称为村落，根据其形态特征也可区分为集村与散村等。聚落的空间结构乃至农村地区的空间结构是根据自然条件、社会・经济条件以及历史文化条件来决定的。

这个观点用以下几个事例来说明。第一个例子是遵循古代条里制而修建的条里村，其是大化改新（645年）后律令国家的基础建设形式，以1町（约109 m）的正方形为耕地的基本尺寸，把6町（约654 m）的四方形划分为棋盘格子状，称作“里”，由50户组成的村落就是条里村。在奈良盆地与琵琶湖东岸等平坦地区，古时依据条里制开发修建的聚落比较多。进入17世纪江户时代以后，新田开发盛行，比如根据加贺藩的开拓政策开垦了砺波平野（富山县）的散村（也叫作散居），其在平缓的扇状地上铺设了密集的水路网，护宅林围绕呈点状分布的农宅。明治时代以后日本迈向近代国家。北海道以欧美式农业为理念，开发了以300间（约546 m）为间距的道路网为单位，每100间×150间的5町（约5 ha）配备1户农家的屯田兵村（北海道殖民地的区划设施规程）。

不仅是这些被写进历史的农村，在不同地域的自然条件以及各个时代的社会/经济条件下，聚落以农业生产和生活的兼顾发展为目标，不断地被规划/开发，历经一代又一代慢慢地形成了现在的乡村景象。

5.2.2 生活圈的扩展与规划

在明治时期以后的近代国家形成过程中，有多种多样历史背景的农村地区被纳入新的行政体制，开始了地方自治。农村地区在这个过程中形成了以聚落为中心的多重同心圆叠加的生活圈。这种模式反映了行政/地方自治体制的变迁（图1）。接下来通过分析新潟县长冈市小国町太郎丸的具体事例，来向大家进一步说明。据推测，太郎丸聚落形成于镰仓时代中期。到明治初期为止，作为独立聚落存在的大字太郎丸在明治二十二年合并为结成野村（存在了12年），明治三十年合并为上小国村（存在了55年），昭和三十一年合并为小国町（存在了49年），就这样直到平成十七年并入长冈市至今。由于小学的整合，旧结成野村的整体轮廓已经彻底消失了，但是旧上小国村（现小学校区）、旧小国町（现中学校区）等因为是学校、政府、警察局、消防局、邮局、农协等公共设施、服务设施等的所在地，其在各个生

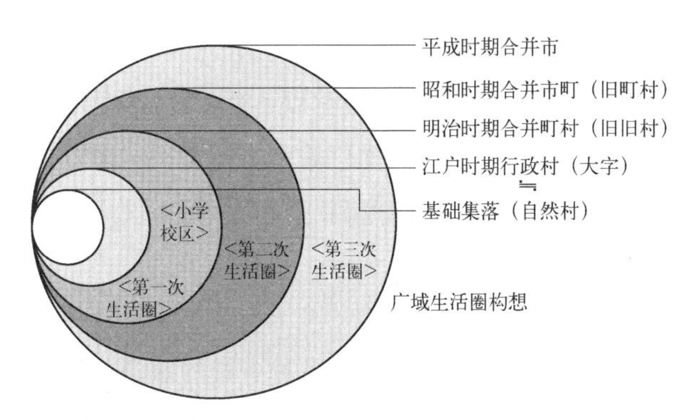

图1　基于市町村合并历史的行政 · 自治圈的多层构造①

活圈的扩展中还存有遗留。另一方面由中小学形成的人际关系的影响也比较大。

与这样的行政/自治圈不同的是，人们日常生活的扩展被称为生活行动圈。广域化形成的途径之一可以追溯到从农林业到其他产业的就业转移以及家用车的普及等。比如，长冈市小国地区居民的生活行为的所在地（1978～1998年，20年间的变化），如图2所

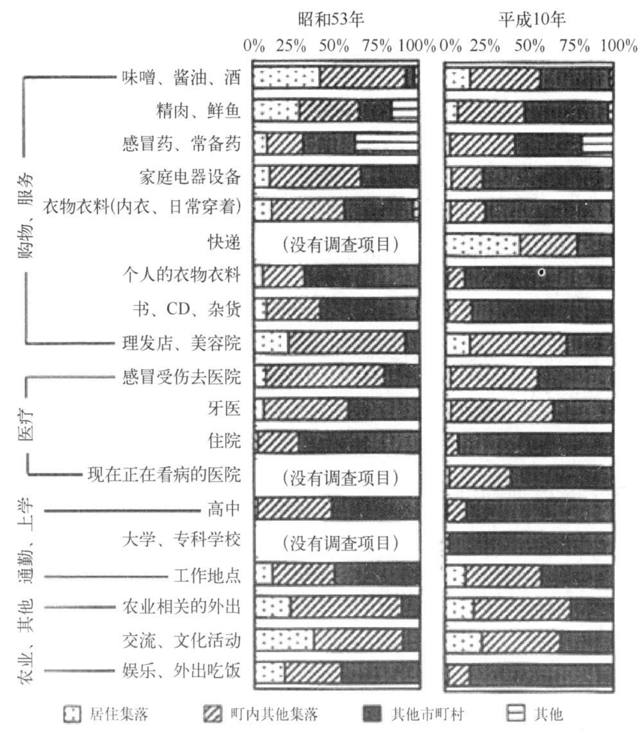

图2　生活行为的所在地变化

① 2009 年度農村計画学会春期大会シンポジウム

示，从整体来看，前往其他地区（其他市町村）活动的比例比较高，另外向地区外的移动频率也同样很高。这是地区内的公共设施退化以及商店减少等相互作用的结果。

今后在展望超高龄社会时，针对行政的广域化，需要充实地方自治组织；针对生活圈的扩展，需要采取通过广域性的对应手段来提供高度且专门的行政服务的措施。

5.2.3 生活环境建设规划

与城市同样，村民长久生活在农村，需要各种各样的服务，涉及学习教育、社会培训、保健/医疗/福利、信息/通信、交通、文化/集会、防灾/保安等多个领域。特别是就业（通勤）、就学、就医、购物等是日常生活的必需活动，满足这些需求的设施就形成了生活环境的基础。从实物方面来说的话，毫无疑问，生活环境建设就是在地域内配置满足居民需求的、作为生活上共同消费财产的地域公共设施。

另一方面，与城市不同的是，农村地区的居住密度普遍较低，所以地域设施的利用距离通常较远，交通在生活环境中占了重要比重。但现实是，过疏化的加剧致使公共交通服务衰退，市町村合并也相应地导致其他诸多服务有衰退倾向。考虑如何在农村地区构建之前提到过的生活圈，需要与近邻城市（地区）等合作共同建设。

特别是在高龄化日益严峻的情况下，要为在日常生活圈中不能享受私家车便利的居民构建形成自力持续的生活环境，以此为目标的措施很重要。在福利方面，有小规模多功能设施的事例，开发以它为蓝本的整合多领域末端功能的新设施，运用IT等先进技术提供服务自然要在考虑中。从社会方面来看，政府与社区、企业，以及NPO等联合协作开展活动也是十分必要的。在自治活动停滞的地区，通过重新整合启动原有的自治组织，组建新的地域组织、NPO等，使居民自治得以维持，这些相关措施也是生活环境建设的一部分。

5.2.4 公共空间规划的理念

以学校为首的公共设施、公园等公共空间今后应该如何配置？基于日本农村现有的诸多条件，可以举出3点：高龄社会应对，防灾社会应对，循环型社会应对。以下针对这3点的主旨进行说明。

（1）高龄社会应对：据预测，农村地区会先于全国进入超高龄社会，需要推进老年人可以放心出行的交通手段的建设、公共设施的无障碍化（修建斜坡、扶手等解决台阶问题）、高福利化（舒适的空间尺寸以及空间温湿度环境）。此外，还包括居民区内步车共存的道路交通系统、干线车道与居民区的分离、防滑铺装、街灯·高空掉落防护栏的设置、高龄家庭紧急通报系统的配备、社区等地区自治体制的充实、远距离分住保健医疗系统（通常一个家庭只发放一张医疗保险证，由于工作读书等原因，家族远距离分开居住，这种情况下通过申请可以拿到特别保险证。——译注）的导入等。

（2）防灾社会应对：基于地球变暖引起的气候异常现象以及地震多发倾向，有必要规划针对高龄化社会的灾害应对系统。地区的紧急通报系统、灾害时紧急避难以及孤立地区的应急储备等地域防灾规划的策定、由自主防灾组织进行日常检查等一系列措施也是必要的。另外，在中山间地区，鸟兽害防护网的建设也不能欠缺。

（3）循环型社会应对：作为远离核电/低碳社会构建的部分措施，以农村地区遍地的自然能源、生物量能源的有效利用为首，构筑节能型生活范式是必要的。另外，传统的环境能源技术的活用，如降雪地区的融雪池、泉水利用（横井等）、蓄水利用等也是非常重要的。还需要推进包含了宅地内物质循环的生态系统维护，在修建以及改造住宅、地区公共设施建设时，多使用当地产材与自然资源等。

另外在人口减少的社会中，也有必要灵活运用寺庙神社等传统空间，来重新构筑热闹的集会空间、祝祭空间、地区象征空间等。

5.2.5 农村建筑的设计

作为农村地区共通的设计方法，首先想到的是与自然的调和和生态系统设计。农村地区的生产生活是一体进行的，包含农业生产生活的营生与大自然紧密相连。所以农村的自然是人类介入后的二次自然，是通过农业被管理的自然。已经证实，农村的生活与生计有助于生物多样性的维持。承载农村生活的建筑绝不能对这个机制造成阻碍与损害。

所以在考虑拥有多样地域性特征的农村建筑设计时，需要解读当地的设计准则，然后应用到建筑中去。所谓设计准则就是各个地区在长久的演变中针对生活需要而形成的建筑形式，也称为地区特有的空间使用方法，比如，茅草屋林立、护宅林培植、石砌的房屋与水田旱地的划分等。换种说法，也就是这个地域与其他地域不同的空间、景观特点。在考虑了设计准则的基础上，建筑与地域空间以及景观的调和就变得越来越自然，对使用者来说，这样的建筑是亲切可爱且受欢迎的。

虽然建筑技术迎合建设低碳社会的需要，在材料与建筑方法、设备等方面正在实现技术进步，但是在运用先进技术的同时，也应该继承传统的环境共生的智慧与文化。

5.2.6 田园居住地的设计

农村聚落的居住形态如前所述，有聚居（集村）或散居（散村）等，这与其所处的地形气候条件以及聚落的开发背景等密切相关。但是不管是哪种形态，聚落整体都是由道路连接宅院构成的。由于水（饮用灌溉水等）、绿（护宅林等）、农田、神社等共同设施介于聚落间，我们也可以将其看作是一个具有机能、环境功能，乃至社会、文化功能的系统。换句话说，由于这些共同设施的存在，使这个居住社区更加内化（图3）。

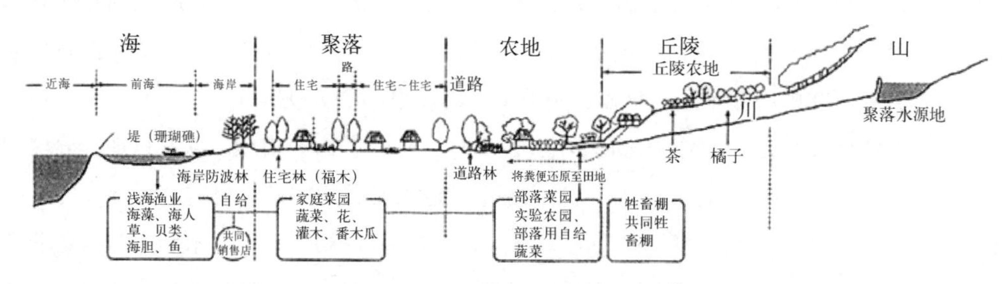

图3 水系生活环境单位的规划模型①

具体来说在机能方面，可以举出很多例子，诸如日常生活、务农、家家户户间的社会性交流的便利性与效率性等。在环境方面，随着气候条件趋好，可以看到太阳能、气流等自然能源的利用，环保生物量能源的利用等。在社会文化方面，居住者的空间认知的表现都被映射在聚落系统中，比如构成聚落的家家户户间的亲族关系、聚落居住地的出入口以及宅院的划分、主要道路、神社等包含精神特性的聚落的中心等。

所以，居住地的设计需要理解居住社区的结构并传承下去。要让土地利用以及宅院布局等区域性规划设计、单个的宅院以及设施的布点设计、道路与水路以及绿篱等线性网络设计等一系列设计有机地融合，并作为一个整体与居住地的自然条件相调和。

构建低碳社会、循环型社会，尽可能减少地球环境负荷。面对如上趋势，需要深入讨论人类居住的方式。农村地区的居住地设计需要继承先人留下的环境创造的智慧与文化，并把这些传承与新的环境共生科学技术相融合。

5.2.7 地域景观的评价与保护

地域景观是人类对地球作用结果的总和，是人类与自然相互作用后所呈现的景象。在农村地域，除了地形、植被、气候等自然条件以外，农林业等的土地利用、住宅以及生产设施、寺社等的建筑物、道路、水路、农田以及农道等基础设施都极大地左右着地域

---

① 重村 力：水系生活環境単位の計画モデル．図説集落—その空間と計画（日本建築学会編），p.85，1989

景观。另外，祭祀以及运动会等传统的地域活动习惯，也成为景观的点缀。

地域景观保持得是否良好，与农林业等地域产业是否兴旺，建筑物等设施建设是否与自然条件以及历史文化条件相融合有很大的关系。景观是产业经济等地域活力、教育、健康、福利、文化等居民生活质量高低的写照。

保护地域景观也是保护在这里生活的人们的精神世界。因为地域景观不仅仅是物理上眼睛所看到的一切，也与人们的记忆与精神相关联，是人们喜爱这个地域并感到骄傲的身份认同感的源泉。因此，地域景观的评价应该尊重居民的意向，并且必须包含眼睛看不到的历史文化的景观评价视点。当然，因为是在追求建设持续性环境和循环型社会的时代，需要在确保生物多样性的基础上灵活运用2004年制定的《景观法》，在各个地区（自治体）制定景观规划，明确应该守护培育的地区景观，并制定相应策略。

图4　农村景观（农林水产省：《农村景观形成指导》，2003）

（三桥伸夫）

【参考文献】

1. 青木志郎編著：農村計画論，農山漁村文化協会，1984
2. 小国町町史編纂委員会編：小国町史・本文編，1976
3. 長岡市小国町太郎丸区編：集落活動計画（3），2010
4. 日本建築学会農村計画委員会編：図説集落—その空間と計画—，都市文化社，1989

5. 農村開発企画委員会編：集落空間の計画学（農村工学研究 35），1983
6. 農村景観計画研究会編著：景観づくりむらづくり，ぎょうせい，1994
7. 農林水産省：美の里づくりガイドライン，pp.128-141，2004
8. 三橋伸夫：農村地域における生活行為依存先の変化—新潟県小国町における生活圏の 20 年間の変化に関する研究 その 1 —.日本建築学会計画系論文集，560，179-184，2002
9. 三橋伸夫：圏域論からみた広域地方計画.農村計画学会誌，28（2），78-83，2009
10. 山崎寿一：集落のエコロジカルデザイン.地域環境デザインと継承，日本建築学会編，2004

5.3 生产空间的规划

5.3.1 农村的生产空间的特质

1) 农村的空间布局

农村是以农业（广义上来说是农林渔业）为主要产业的空间。农业生产需要确保一定的面积。另外，在广域的交通手段发达前，靠“通勤”来从事农业是不可能的，所以生产与生活必须是相邻近或者一体的。另一方面，为了高品质作物的高产，也需要精心的栽培与管理。所以生产空间与生活空间是需要相邻近的。

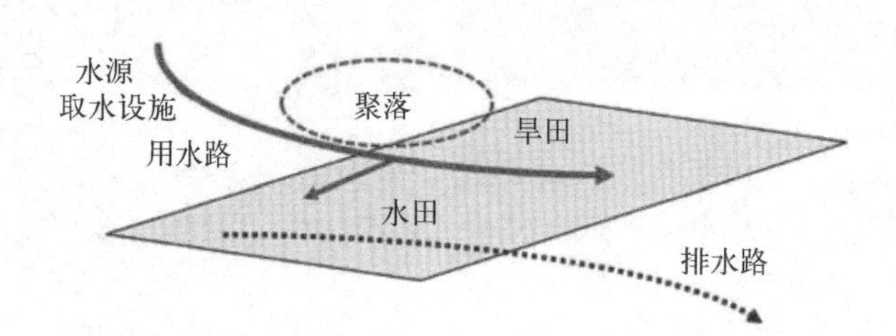

图1 平坦地区的生产空间和生活空间布局

在日本，稻米是主要作物，农地多以水田为主。在这里，蓄水设施、取水设施、干线水路等灌溉设施是必不可少的，这些需要聚落主体共同维持管理。因此灌溉设施作为共通设施的同时，也是社区活动的发生场所。

平野地区的典型农村空间布局如图1所示。从河川以及蓄水池作等农业用水的取水源取水，经用水路运送到聚落的农地。聚落坐落在农地的上部或者中央，多数农业用水也作生活用水使用。

聚落以及农地的排水经由排水路流到下游，汇到河川或是成为下游用水的水源。

2) 生产空间的危机

像这样农地与聚落为一体的土地利用，长年累月地持续到现在。但是在20世纪

60～70年代的高速经济增长期，特别是城市近郊农村迎来了危机。其原因是城市扩张导致的无序农地转用（sprawl）。农业生产的现代化需要新的土地，但是大量无节制地进行非农业用途的农用地转用，给农田生产造成了严重的障碍。

图2是这种典型案例之一，依据条里制持续了上千年的规划性土地利用，在短期间内发生了翻天覆地的变化。聚落本身没有发生实质性变化，但由于北部的城市化压力，建造了大规模住宅团地，国道与铁道的建设把农地不规则地划分开，也出现了大量的工厂。

另外，弃耕地现象从1980年以后开始显现，到2000年以后加速扩展，这使农业生产空间逐渐恶化。放弃耕地不仅使当地的农业生产停止，其所滋生的杂草以及害虫也扩展到周边。随着弃耕农户的出现，现有农户的用水管理负担加大，甚至弃耕地也对相邻农地的生产性以及生产意愿产生了影响。如此，陷入了恶性循环。

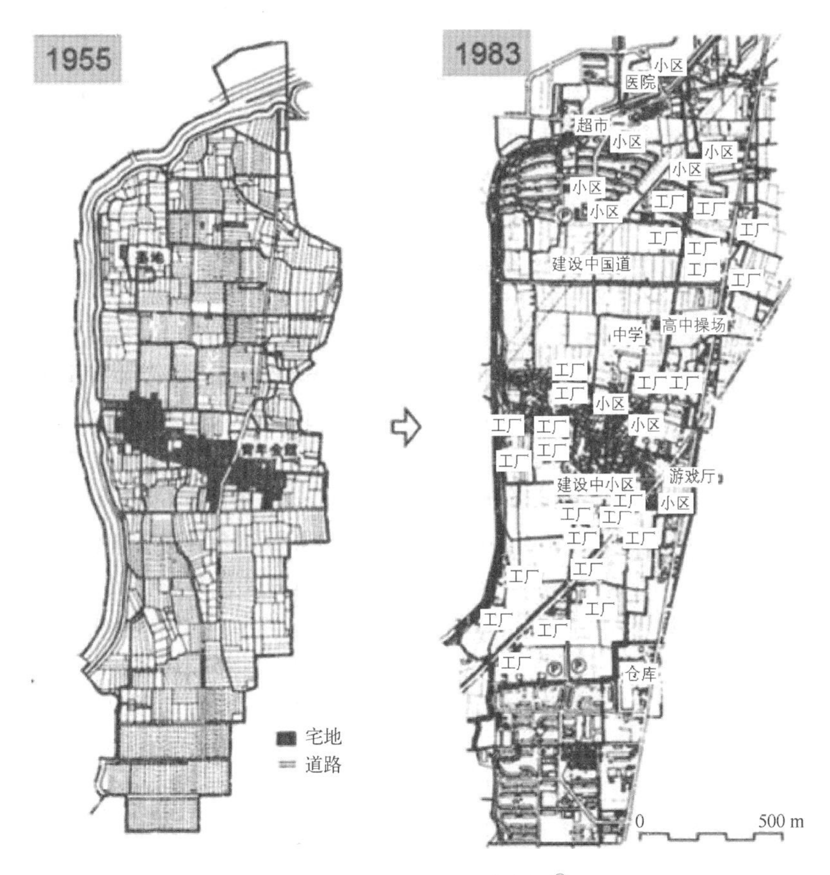

图2　农用地无序转用的案例[①]

① 中村民也ほか：集落空間の計画学—農村集落のかたち—．農村工学研究，35，104，1983

5.3.2 农地·用排水路·道路的建设规划

1) 田圃建设带来的生产性提升

为了增强农地的生产性，地区的务农者对农地进行了建设，在这里叫作“田圃建设”。田圃建设的目的是以区划规模扩大、形状改变（整形化）、用排水路建设、道路建设、土质改良等手段来加强农地的生产性以及便利性。这些也就是所谓的硬件建设。另外，他们还进行了被称作农地集体化的软件建设。

图3是1960年左右的建设事例，对微地形所特有的不规则农地（全部是水田）进行扩大，并修建成长方形。还把1户农户所持有的分散水田集中到一起并集体化。因为这使土地的所有权发生了改变，所以需要法律来约束，这个过程叫作“换地处理”。

在这个时期的建设中，把1个区划（也叫作耕区）的标准大小定为54 m×18 m（0.1 ha）。1963年以后，伴随着农业机械的大型化，标准大小改为100 m×30 m（0.3 ha）。1990年以后，推行1 ha以上的区划，耕区的规模进一步地大型化（也叫作大区划化）。

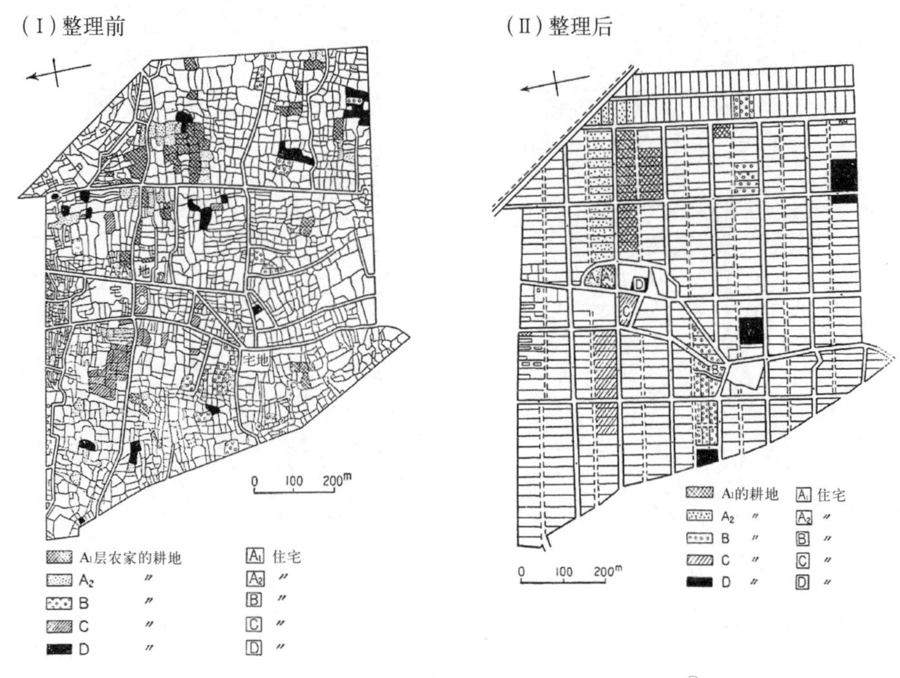

图3 通过田圃建设来整理区划形状并集体化农地[①]

① 新澤嘉芽統，小出進：耕地の区画整理，p.202-203，岩波書店，1963

2）田圃建设的事例与效果

第二次世界大战后，农地改革的结果是几乎所有农地的耕作者与所有者为同一人。因此，持有农地所有权的耕作者作为自耕农而致力于农业生产。但高速经济增长期的到来致使小规模自耕的收入不足，甚至入不敷出。

这时以田圃建设为契机，收集小规模自耕农户手中的土地进行集中生产，被叫作“大规模佃农”的新机制由此而生。图4为当时的整改事例，粗线的范围（最大7 ha）为耕作单位，细线部分为各所有者的农地。而且这种方式并不是租借双方一对一的交易，而是由全体务农者组成农业组合，土地出租者把土地借给农业组合，再由农业组合向农户出租农地。

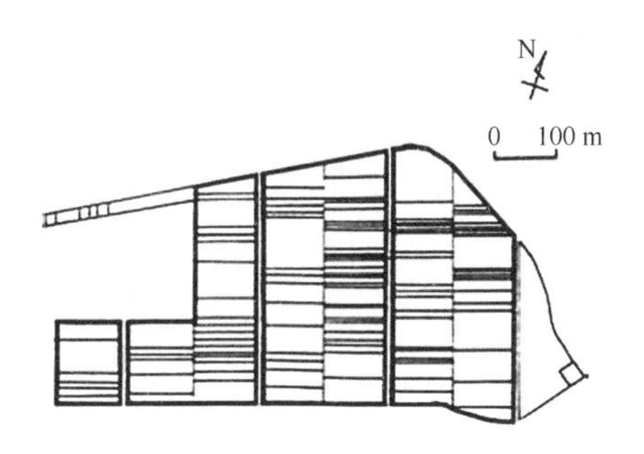

图4 土地使用聚集的巨大区域划分

如此，积极调动了农地租户的劳动生产性，也可以支付比通常更高的租地费用，这对于出租者来说也是很有利的。

3）用排水路与道路

给水田送水的水路分为明渠与管道水路（pipeline）。若采用管道水路，不需要占地且可减少水分流失，但是设施的建设费用稍高，加压送水的情况下也需花费运转费用。具体选用哪种方式需根据地方的实情而定。

水田的排水方式大多是明渠。也有个别的管道水路排水事例。图4的地区，由于采用了管道水路，塌陷地减少，农业机械进出水田也较便利。

生活空间中的生活道路，原则上来说是需要铺装的，但生产道路则不是必须铺装的。另外，一般路面与田圃面的高低差越小，生产性与安全性就越高，所以有些地方也会进行这样的改造。

5.3.3 地域农业生产改善规划

1）收获后的设施

关于改善农地本身，在上节已经简单介绍过，收获后的加工以及保存设施也都是必要的。蔬菜水果需要有实施收集、甄选、低温保存、装箱、出货等工序的设施，大米等谷物等则需要实施干燥、加工、储藏等工序的设施。

为了修建这些设施需要新的用地，但这部分用地可以在田圃建设事业实施时通过创设换地来提供。

2）创设换地

田圃建设事业中为了使土地集体化，需要进行换地处理，这时由全员每人提供一部分土地，或者是由申请者提供大量的土地，如何处理这两种方式筹措的土地，在田圃建设事业规划中有规定（表1）。运用这种制度可以提升生产环境以及生产性能，甚至可以提供提高农村生活环境的设施建设用地。如此，田圃建设事业也可以促进地域活性化。

表1　可能通过创设换地产生的土地

通过全员共同减少土地实现的创设换地
1）土地改良设施（农业用道路、水路等）
2）大部分务农者能使用的设施
① 农业聚落排水设施
② 农产物的生产、集中发货、储存设施
③ 农业生产资材的储存、保管设施
④ 集会设施、农村公园等
通过申请者减少土地、不换地实现的创设换地
3）生活或是农业经营上必需的设施
4）公用/公共设施（河川、道路、公园用地等）
5）其他（工厂、住宅用地等）

5.3.4　农地景观的评价与保护

1）农地景观的特质

图5　能缓慢吸收高低差的梯田

由于水田是耕区的一个个水平面，邻接耕区的高低差需要用道路以及田埂来吸收。而这种吸收方式创造了景观。

倾斜地区的水田一般多依据地形缓慢地用曲线来吸收高低差，这种方式所呈现的景观受到了较高的称许（图5）。但是活用地形的这种方式，一般不会进行大规模的改造。这种方式接受了机械作业效率低下的现实，牺牲了劳动生产性。

平坦地区的水田基本上没有高低差，那么也就不存在吸收高低差的斜面与石墙，这种情况创造景观的要素在于树木与道路水路的布局。

另一方面，旱田则不需要地面保持水平，甚至为了方便排水，稍微倾斜的田地更佳。这种情况下，田圃面本身作为景观构成要素决定了景观。

2）农地景观的保全

旱田以及平地的水田地区，其景观的形成受到圃场面的管理情况，树木以及道水路的布局影响。比如，波浪起伏的麦田，插秧后的旱苗，随风沙沙作响的绿叶构成了良好的景观。而杂草丛生的田地无论从生产面还是景观面来看都是不好的。

农地景观的好坏，景观构成要素也很重要，但最根本的取决于管理的状态。因此持续务农是关键，那么提高土地生产性与劳动生产性的田圃建设是必不可少的。

（山路永司）

【参考文献】

1. 広田純一：農業生産環境の整備と土地利用.改訂農村計画学（農業土木学会編），pp.76-87，2003
2. 山路永司：農業基盤整備における景観的配慮.農村計画学会誌，10（4），41-46，1992

5.4 自然空间的规划

5.4.1 二次自然的特性与保护

1）自然空间的区分

在支撑地域生态系统的同时，农村的自然空间也给当地居民带来各种好处，是人们健康生活所必不可少的。自然空间可分为人为影响较模糊的“原生自然”与人为影响显著的“二次自然”。二次自然中又可分为两种，一是以城市空间利用为主的“城市自然”，二是普通农村地域的二次自然。这种自然生态特征不显著，城市人为特征也不突出，人为与自然特征持平衡状态的地域就是“农村的二次自然”，近年也叫作“半自然”。包含农地与山林等意思的“里山”这个词，在大多情况下也象征着“二次自然”。

2）二次自然的结构特性

二次自然的结构特性与丘陵地、台地、低地、天然堤等地形的起伏等密切相关，从空间上划分了农业、林业或者是畜牧业/水产业等土地用途（聚落、农地、牧草地、树林地等）。土地用途是地上植物覆盖的状态，反映了该土地上生长的植物，地形与土地用途对应起来，形成了植被的镶嵌性。植被的镶嵌性根据所处地域的干湿条件以及农业活动的干扰强度等，大致可分为：(1) 湿性草地（水田、休耕地、水塘、水路等）；(2) 干性草地（旱田、田埂、牧草地、护坡、平茬地、植树地等）；(3) 树林地（杂木林、人工林、竹林、护宅林、社寺林等）。根据倾斜度以及土壤/干湿/环境干扰强度等当地地理条件，并考虑如何防止表土流失与斜坡塌陷，以使土地可持续发展后选择最能够提高生产性的土地用途，由此形成的就是由植被的镶嵌性构成的地域景观。根据聚落通达性与农作物经济性的变化，还有劳动力的集约化与投入可能量的变化等，土地用途的形态随着时代而变化。伴随着这些，植被的镶嵌状态也会发生变化。总之，某个地域的二次自然的状态和变迁，可以清晰地反映当地人类活动的历史。

3）二次自然的机能特性与“第二危机”

二次自然的机能特性是在传统的土地用途以及农耕方法下所形成的丰富的生物相。在这种“机能发现机制”下，根据地形的起伏等地理条件的多样化和各类土地用途中的人为干扰的内容、强度、频度等，可以生成多样的植物群与野生生物生息空间（群落生境）。此外，根据前述的植被镶嵌性，不同环境相接的部分会生成各种各样的生态交错带（生态过渡带）。比如，水域（湿性草地）与树林地以及草地，或是树林地与草地等。此外还需指明，植被的镶嵌性也使如两栖类的在不同环境中穿梭生活的生物的生息空间得以扩充。而且，由于在大多时候，这些植物群与野生生物生息空间在生物移动・分散可能的距离内存在，于是各种生物的个体供给网络形成了。

但是由于近代大力推广以生产性为优先的土地用途和农耕方法，外加弃耕、弃管等人为干预的减少与消失，上述所提的“机能发现机制”崩溃，相继出现了生物种群薄弱的地域。近年人们从生物多样性的角度出发开始关注二次自然，这是因为日本的濒临灭绝物种的五成都分布在二次自然地区，特别是因为人们已经明确地发现随着人类对二次自然干扰的减少，生物多样性也随之减少。这就是生物多样性国家战略[①]中明示的“第二危机”，换言之，也就是在里地里山等地域由人类活动减少造成的危机。

4）二次自然的保护

保护二次自然，首先要把握地域自然环境相关的各种要素的空间分布和特性，并绘制成图。这些图包括土地利用图、地形/地质图、现存植被图、群落生境图、法令规定的保护区域分布图、热点（hot spot）（生物多样性丰富但濒临消失的地区）的分布图等。在群落生境地图中，要标出虽然很小但在生态上很重要的景观要素（比如悬崖上翠鸟的巢，作为水生生物越冬地的水田边的储水道等），对土地进行包含地形・植被与动物群的生态环境的分类，并明

---

① 環境省：生物多様性国家戦略 2010，2010

示阻碍生物移动的要素（比如，缓解河川和水路落差的堰和落差工程阻碍生物的竖直方向移动，垂直护岸则阻碍生物的横向移动等）。整理这些地域的“自然环境情报图”，并以此为基础编制地域规划以及自然环境保护・修复规划。编制规划时最好预先制定保护区域、开发控制区域、环境保护区域、环境修复（创出）区域等的保护水准/指南及其适用范围。另外，对于移动阻害要因，可以通过设置坡面、小台阶、地下通道、桥等生态工程学手段来处理。

另一方面，如“第二危机”所示，在保护二次自然时，作用在土地用途上的、适当的人为干扰的持续与其负责人的存在是必不可少的。事实上现今以中山间地区为中心的农村人口持续减少，可以适当并且持久管理的土地范围有限。因此，有必要以地域社区为单位，共同讨论并分享未来地域自然空间的存在方式，找准需要管理的地方以及范围，制定一套容易持久运行管理的方法。在这个过程中，与居民自身对地域自然环境的检查相结合，发掘过去的风景以及生活方式、娱乐方式、生物资源利用等，并对其进行评价，然后选出代表地域的象征性生物（比如萤火虫、鹳等），这样可以使地区的未来景象更加具体化且容易分享，也可以成为以后环境管理活动以及自然环境检测/环境学习活动的原动力（图1）。

图1　居民对地域自然环境及自然资源的检查、挖掘和对于未来蓝图的分享

5）自然保护・再生规划论的探索

像这样，在农村的自然空间规划中，我们要把孕育了生物多样性的农村社会与地域生态系看作是不可分割的[①]，并以此来探索对应地域特性的保护・再生规划论（表1）。关于这些课题，与日本同样技术先进的德国，已经从20世纪80年代开始积极开展农村的野生生物生息空间（群落生境）的保护与再生，并在探索生息期间与繁殖期间的用途限制与维持管理的方法・频度的合理化等，相关的收入补偿政策也在推进[②]。其中最新的措施之

① 大澤啓志，大久保悟，楠本良延，嶺田拓也：これからの農村計画における新しい「生物多様性保全」の捉え方.農村計画学会誌，27（1），14-19，2008

② 勝野武彦：農村における自然環境保全.造園雑誌，52（3），215-221，1989

一是“窗口作战”，就是在特定的野生鸟类（凤头麦鸡、云雀等）的繁殖期，把一定面积的土地不作他用，维持裸地状态。

表1　有关农村生物多样性的保护・再生的规划论探索方向[①]

	山间地区	中山间地区	平　地	都市近郊
食物提供 [全体国民]	有效使用丰富的生物相，构建粗放且有高附加值的生产活动（包括林产资源、山里的资源）	有效使用土地景观的多样性及其间的关联性，开展多品种、多种类的生产活动	从环境负担大的生产性优先农业向重视生物多向性的环境保护性农业转型，确立并深化生产性与环境保护机能平衡的生产体系	实践满足都市居民需求的环境保护型农业，以及都市居民在食物提供中的参与
多元化机能（特别是在保护生物学方面的作用）[国民—农村居民]	重新定义农村区域与自然区域的边界性质，应对往返于自然领域与农村领域间的动物（尤其是防止兽害和管理动物生息数）	创造农村（田园、里山等）特有的特征，认识并且保护地域特有的生物多样性	恢复多元景观要素网络以恢复地域生物相，保护高度依存于平地农耕的生物	强化剩余农地作为避难场所的功能，提出农村都市边界的生物相保护、有效使用的模式
生活圈创造（农村居民的土地利用秩序化） [农村居民・希望迁入农村的人]	① 促进人为放弃的农地恢复自然，并且努力保护自然区域的生物相 ② 在分离(decoupling）政策产生的粗放管理下，维持农村地域的生物多样性	① 维持、恢复土地使用的镶嵌性，确保多元生物的生息空间 ② 摸索新的农业生活圈设想，有效使用农村的高生物多样性	① 抑制城市化，引导恰当的土地使用以维持农业景观 ② 开展能够增加土地景观多样性并且有效使用广域区位的绿地规划、群落生境规划等	① 建成有效使用混住性的绿化景观优美的优质生活环境、生活社区 ② 设立恰当的目标（恢复地域的生物相），创造绿化环境
共生空间的地域管理（考虑生物多样性的都市—农村交流） [农村居民・都市居民]	鼓励都市居民成为管理主体，尤其是有效使用自然区域生物资源的旅游活动	开展有效使用土地景观多样性及农业相关特征（包括价值观）的旅游活动	开展能够见识到食物提供及有机物循环的旅游活动，确立多元的管理主体，并且合作	都市居民推进农地、里山的管理活动，启发都市居民农村是缓冲、改善都市负荷的场所
文化生态价值 [国民—农村居民]	重新认识农村的生物多样性是与农村社会不可分割的地域资源 （挖掘、恢复及重构传统的生物资源使用、饮食文化、风俗习惯、居民自豪等）			

注：[　]内是关注该条项目的主体。

① 大澤啓志，大久保悟，楠本良延，嶺田拓也：これからの農村計画における新しい「生物多様性保全」の捉え方.農村計画学会誌，27（1），14-19，2008

5.4.2 水田生态系/半自然草地生态系/杂木林生态系

在构成农村自然空间的湿性草地、干性草地、树林地中，它们各自的代表性环境划分为水田生态系、半自然草地生态系、杂木林生态系。接下来对这些生态系的特性与空间规划上的要点做详细说明。

1）水田生态系

在位于东亚季风性气候地带的日本农村，水田生态系的存在很普遍，它们由稻米的栽培而形成。从春天到初夏，通过耕地/灌水生成营养丰富且具有生物群特色的开放的浅静水域。事实上，栖息在水田的生物不只是把生活空间封闭在水田内，在周围环境中来回穿梭的生物也不在少数。特别是在水田与水路、储水池、河川等水系网中，以鱼类为中心的生态占重要比例，需要确保生物能够连续性地在其间穿行移动。另外，湿性地域和干性地域在非灌溉时期的水分条件差异很大，一般来说生物相也相差甚多。特别是在原本从湿地开垦而来的湿田，多数情况下会残存有湿地特有的生物相。现在伴随着田圃建设，日本全国正在推进旱田化，也是为了这种耕作能够继续维持，即使只有很小的规模，也希望能够在各个地域湿田进行保护/再生（比如，“冬季水田”，水稻收割后在水田里放满水，一直留到春天等）。

2）半自然草地生态系

半自然草地生态系是由割草、烧荒、放牧维持的草地空间生成的，过去，这类半自然的草地占了日本国土的广阔面积。虽然是粗放式的，但由于每年农耕干扰的介入，阻碍了植被往树林地渗透，变为灌木混杂的高低不齐的草原状植被。不仅仅是阿苏以及秋吉台等地的广阔草原，水田与树林地的交界边缘部分、梯田的斜面等小规模生态系在农村的各个地方都能看到。秋之七草（秋天开花的7种具有代表性的草花：胡枝子、芒、葛、石竹、败酱、佩兰、桔梗。——译注）等花比较突出的野草类繁育得比较多，另外，蜂斗菜、巢菜等春季的山菜等野草类也很多。在这个空间中，居民能直接感受到生物的多样性，这个空间有潜力能被积极地复原与活用。

3）杂木林生态系

杂木林生态系过去的采伐周期为10～20年，后经过反复萌芽、更新，现在形成了以阔叶林为主的二次林。在这里，萌芽更新后的数年间，需要割草以及采集木柴，另外，树木生长树冠繁茂后需要有人拾取落叶，为了获得木柴与木材等各种各样的资源，需要进行森林地表管理（人为干扰）。日本西南部的低标高地也有常绿树，但大多数高大乔木还是由落叶林构成的。所以，在春天生叶前，利用可以照到树林底部的光，猪牙花等春季植物大量繁育。另外，生叶后树林内相对明亮，所以林内的低木和地表植被很丰富。但是如果不对森林地表进行管理的话，竹类等特定的物种会变得繁茂，高大乔木也会变为常绿树，容易造成生物相贫乏。这里不能只是获得作为生物量的木材、落叶、落枝、落叶等资源的场所。包括活用植物、动物、菌类等杂木林的丰富生物相的崭新的生物资源利用，或者是娱乐林以及作业体验林等现代式的空间使用等，像这样能够使管理（人为干扰）继承、复活或是创新的利用法的提案是重要的课题。

在构成农村自然空间的其他景观要素的保护/复原中，在规模复原、创新或植被管理时，需要依循的也不只是现时状态，还有利用形式的变迁、潜在的地理条件、自然/人为干扰的内容与持续可能性、物种需求可能性等，以及与以后居民的关联等。

（大泽启志　胜野武彦）

5.5　农村空间的综合设计

5.5.1　地球环境时代风土造法的综合设计

为了生存下去，人类会对周围的环境进行设计。设计对人类来说是环境的综合性秩序化，就是充分地理解形成环境的构成要素间的相互关系，然后，合理地布局这些要素并构建机制。设计，就是“正确地配置物品，不浪费能源，活用自然之力来驱动系统”。综合设计，是依据并协调生态系统和自然迁移来生产人类生活的必需品，并建设舒适环境的方法，是在地形以及气象、植被等自然条件下，把人类所必需的建筑物、农林地、生产设施、交通设施和自然空间进行合理布局的方法。其目的是形成对生态系统来说是健全的并让人赏心悦目的高度宜居的环境。

日本的农村空间是由以山川为代表的自然环境、农林业生产环境、传统的聚落居住地构成的，这些环境要素与地区固有的关系网络相结合构成了整体的农村景象。它们保持着相互关系，在历史的演变中持续存在，构筑了地域固有的美丽的农村景观、风土景观。风土景观也可称为“大气与大地的境界间由人类创造出的景象”。这个风土景观是由地域固有的“风土造法”来保持的。但在现代化过程中这种风土造法的部分方法已经失传，继承风土造法的年轻人也在不断减少，风土景观荒废加剧，让人惋惜。在这里需要重新评估风土固有的风格，并以综合视点来重新设计组建农村空间。

从景观的视点来解读风土造法。(1) 阳与阴：太阳的方向是阳面，在阳面可以灵活运用太阳能；(2) 聚落深处：聚落深处有神社等空间，是环境保护的核心部分；(3) 边缘的模糊与明确：聚落的阳面多开拓田地，与水田界限相对模糊，背后是树林/里山，界限相对明确；(4) 水网：水系交织呈网状，分布在聚落中；(5) 均质的集住性："沿街的护宅林—住屋—护宅林—田地—平地林"等景观构成要素是连续的；(6) 分散的完整性：拥有护宅林的散居聚落等；(7) 共同维持的集约性聚落景观：水系管理、里山管理、公共用地的管理等由聚落整体共同管理；(8) 人类/群落生境：宅院中有水/植物/动物/岛等群落生境共生。

在重新评估风土造法时，需要具备生态学、工学、农林渔业、社会文化等方面的综合知识。有必要以包含传统智慧的综合知识为基础，来编制应对新型农村社会需求和地球环境课题的综合设计。

5.5.2 农村空间设计的范式转换

农村规划/建设的历史是以粮食增产为目的，通过推进经济合理性、农业/农村的现代化而逐步演化而来。然而，当今的地球环境时代，谋求着新的范式，且近年也正逐渐向肯定农村多面机能的综合性设计转换。农村空间设计的范式转换如表1所示。

表1 农村空间综合设计的范式转换（paradigm shift）

	近代合理性（经济发展路线）	环境/综合设计
农村普遍的解决方法	• 食物生产空间 • 相比于都市的后来发展性 • 封建制 • 落后于时代 • 保守性 • 不卫生	• 生物资源空间 • 可再生能源 • 国土保护空间 • 生物生息空间 • 多面机能空间 • 农村固有的多样性的评价 • 传统性、传统智慧的重新评价 • 艺术性、景观美 • 传统文化、活动的重新评价 • 与自然接触 • 国民的舒适空间
规划・设计的目标	• 生产合理性（生产的效率化） • 只重视农业生产的单一机能 • 大型、机械化农业振兴 • 生活近代化 • 都市化（追赶都市） • 空间治理的均一化、标准化 • 空间利用简单化 • 强调便利性、安全性、卫生性 • 重视功能性 • 管理的简便、合理性	• 与自然环境协调的生产环境 • 环境保护型农法 • 生产可再生能源 • 生态（ecological）设计 • 维持、创造空间的多面机能 • 尊重生活个性化、地区固有化 • 全球变暖对策 • 复活、保全、重新创造农村文化 • 混合、连接多元要素 • 重视综合的舒适性

（续表）

	近代合理性（经济发展路线）	环境/综合设计
规划 · 设计的目标	• 农村的完整性	• 景观保护和景观创造 • 居民参加共同管理 • 与城市的交流、联系 • 重视与生态区的联系
实施 · 治理方法	• 机械的 • 工学技术的人工改变 • 线型的形态 • 疑似自然 • 自上而下 • 短期完成型	• 生物的、生态的、有机的 • 重视生态系统，与自然融合（生态科技） • 创造与生物共同生存的环境 • 循环型、圆环型 • 自然的再生、自然素材的活用 • 重视居民参与（自下而上） • 多元的主体、利益相关者的参与 • 长期完成型、蓝图型

（1）从近代合理型到环境调和型：从对自然征服型的近代合理主义中脱离，人类也作为自然的一部分，需要在与自然调和的过程中重新构筑与自然的关系。

（2）从粮食生产空间到多样的环境资源空间以及国土保护空间：农村不只是生产农产品的空间，也是富含多样生物资源、环境资源的空间，需要保持其多样性。通过持续性的农林业生产活动，可以充实农村作为保护水源等的国土保护空间的机能。

（3）从重视生产效率性到可持续的农业：从靠机械化和大力投入化学肥料追求农业的生产效率，到基于生物环境、国土保护等视点重视生态系统的可持续性，致力于向与野生动物共生的生态农业的转换。

（4）从生活环境的城市化现代化到农村固有的充裕丰富：迄今为止的基本战略是让农村生活环境追上城市水平，但是城市化有诸多矛盾，过于依赖化石资源的都市生活有很大的局限性，所以不能盲目追求城市水准，需要重新考虑如何形成农村固有的生活环境，创造丰富多彩的农村。

（5）从线型/人工改变到循环/自然融合型环境创造：近代的田圃建设重视效率性，通过矩形化以及农业生活用水路的三面水泥整修等工程实现直线型设计。为了提高一定的生产性，这些工程也是必要的。但是也应该适当使用生态系技术，追求沿着自然的等高线建设的田圃形态，着眼于农村生态系统的循环性。

（6）从封闭型农村到开放型农村带来的活性化：农村不只是对生活在农村的人们有环境价值，也有作为学习空间的价值，比如，城市居民到农村进行农业体验，与自然的接触体验，农村文化、生态生活体验等。像绿色生态旅游以及生态博物馆这样的包含农村固有的自然、农业、历史文化的复合型城市农村交流，对农村的活性化有一定效果。

（7）从自上而下到自下而上型主体的培养：公共事业的实施主体一直是政府部门，并采用自上而下的事业设计方法，但采用居民参加型的自下而上的方法，设计/建设/管理的持续性机制构建与主体的形成越来越重要。

5.5.3 永续农业文化设计

接下来介绍作为综合设计方法之一的永续农业文化（以下简称为“PC”），PC是永恒（permanent）与农业（agriculture）、文化（culture）的合成语，是以身边的长久存在的农业为基础，持续创造与自然共生的生活空间的方法。这不是征服自然，而是与自然一起向生态系统学习，创建多样性、关联性、循环性的系统。相对于单一作物的生产系统，它是以“可以吃的森林”为形象的“混在与统合设计”（图1）。

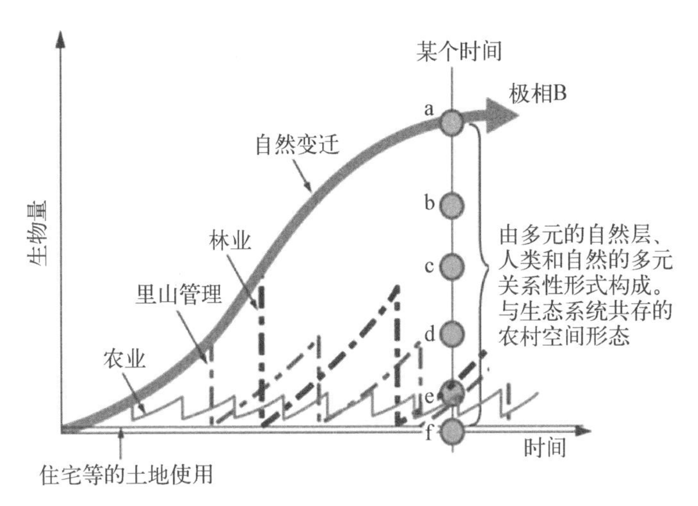

图1　与永续农业文化设计中的自然变迁共生的农村空间的多层设计

永续农业文化的设计原理有以下几条：（1）为了构筑“某物品的生产成为其他物品的输入”的循环，需要确保其关联性（把关联性强的要素就近布局，避免能源浪费）；（2）一个要素的多机能性；（3）重要的机能是由多个构成要素来支撑的（水与粮食等生活下去的重要要素，需要用复数方法来确保）；（4）高效率的土地利用规划（人类的劳动频率创造出的菜园与畜舍的布局以及风、水的流动、太阳能的高效率利用等，活用自然能源的流动）；（5）生物资源的活用（在粮食、燃料、肥料、防风等方面活用动植物）；（6）地域内的能源再循环（不只是物，信息的循环也很重要）；（7）适当的技术（使用地域素材开发地域可以自主管理的技术）；（8）自然变迁的活用（在自然的演替中培育植物、收获粮食，一年生植物种与先锋种、过渡种混在的系统）;(9）边缘的最大化（海岸、山麓、池塘、河川的水边等边缘部集结了能源，具有多样性，是生产性很高的场所）等。基于以上9点设计原理，在设计前重视观察设计对象的自然特性的过程，这样可以把各个自然特性不浪费地吸收到设计之中。

5.5.4 生态区的流域综合设计

美国的环境运动所提倡的流域综合设计思想中有“生态区”（bioregion）一说，也可译为生命地域或生态地域。这一思想的目标是在流域地带建设超越行政划分，包括人类的生物・生命共生共存的关联性强的环境，是一体式的综合性的环境创造思想。生态区并不是仅由人类定义的地域的交界线，而是根据自然的特性把一个集中拥有多样生物群体的地域定义为生态区。动物群、植物群、地形、土壤以及根据这些自然特性形成的人类社会与文化的特质等，是决定生态区的重要因素。

由这些要素形成的生态区，可以是一条河川流域，或者是几个流域的组合，可以把以生命之源——水为基础形成的地域环境范围，作为地域规划的基本范围来考虑（图2)。

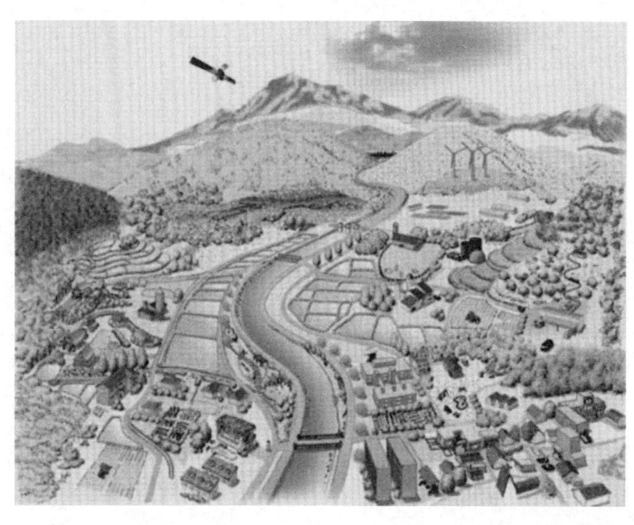

图2 流域中山、农村、都市相互联系的全景（摘自日本大学生物环境工学科手册）

生态区有以下几种含义：自然生态系的连锁，社会经济的连锁，历史文化的连锁和政治性连锁。超越政治行政划分，把自然生态系看作是骨骼，来决定地域环境的保护与活用范围，那么在这个范围内实施的规划以及事业行为，可以理解为是生态区的流域综合设计。

日本的行政区划原型是江户时期的藩域。相较来而言，藩域更拥有流域性，所以，比较容易把藩域设想为生态区的区域。但是由于现代化以陆上交通建设来振兴经济，流域生活圈的关联变得越来越薄弱。在道路网的建设带来的超越流域的生活圈、经济圈的扩大中，由历史因素所形成的具有生态区特征的范围也越来越小。不过气候、风土、传统的农山村文化的遗产，在流域范围中还明显存在。

有这样一句标语“森林是大海的恋人”，其寓意是河流上下游是命运共同体。东北的气仙沼的牡蛎养殖户发现，牡蛎的产量不足是由于上流的森林荒废，于是，人们开始投身于健全森林创建支援活动。之后，在日本全国的这类流域地区，相继开始了市民自发的保护活动，这些是以河流之水为媒介的新共同体的创造。

（糸长浩司）

6 社会和社区规划

6.1 农村的生活与社区规划

6.1.1 农村的生活

日本的农村如第1篇1.5节所描述的那样，不只是停留在1960年以后的巨变，现在，农村的中坚人口也在持续减少。

在这样的情况下，日本“农村”（农业聚落）生活上的便利性与整体性在逐渐消失。比如，从村庄到市中心所需要的时间来看［各个农业聚落到DID（Densely Inhabited District，人口集中地区。——译注）所需要的时间］，“以居住者日常生活中使用的交通手段为基准来衡量，所需要的时间”不足15分钟的占27.6%，15～30分钟的占39.9%，30分钟～1小时的占25.3%，1小时以上的占7.2%。从农山村地区类型来看，以“过疏地区＞振兴山村地区＞特定农山村地区＞一般农山村”的顺序，到市中心的距离依次渐远（图1）。中山间地区的过疏化和市町村的合并，并不仅仅使到市中心的距离越来越远，而且随着公共交通的取消，以及没有私家车的高龄者的增加，从聚落到市区的出行越来越不方便。另外，村民的集会次数出现了两极化的情况。我们来看过去1年间的村民集会的次数，11.7%的聚落举办了6.1次以上，15.2%举办了5～6次，13.5%举办了3～4次，10.8%举办了1～2次。可以想象在劳动力与人口都在减少的村庄中，高龄者艰难而快乐地“相互扶持”劳动生活的样子。

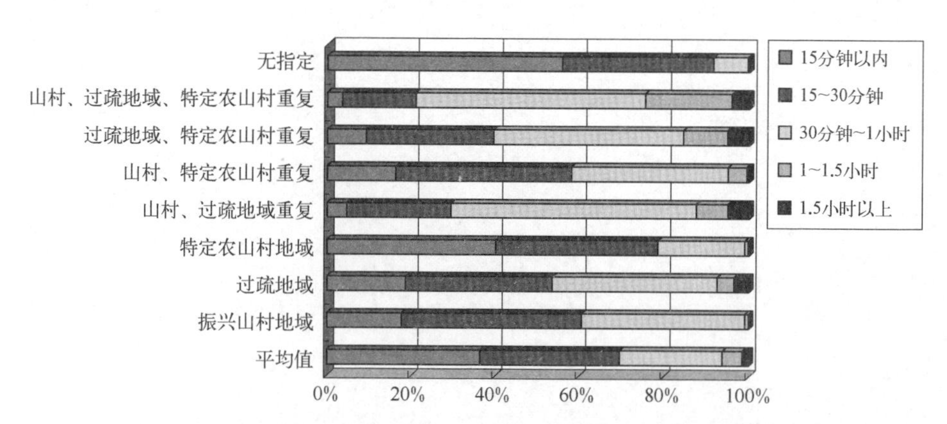

图1 不同类型的农山村地域到DID所需要的时间及聚落数（2005年）[①]

① 農林水産省：2010年度世界農林業センサス結果の概要（確定値）.2011年2月1日現在（3月24日公表）

6.1.2 农村“地缘网络”的变化

过去，在日本农村普遍存在的“互依”“互助”关系在加速消逝。哲学家内山节在书中提到“日本传统的共同体在历经“二战”后的经济高速成长后，到20世纪末期可以说基本上已经解体了”[①]。《农业基本法》与1960年代的农业结构改善事业等一系列基本法农政的实施，很大程度上改变了传统的日本共同体（家与村落）的结构框架，其中，包含了日本的农业生产方式以及农村景观、农民间人际关系等。

高速经济增长期（20世纪60～70年代初期）中，在农村也消失了的“地缘网络”，不仅是人与人、人与地区间的相互关系，也是人与自然的相互关系。关于人与狐狸的关系，内山讲述了一件很有意思的事实，“尽管关于被狐狸所骗的传说有成千上万，但以1965年，也就是昭和四十年左右为分割线，此后，就再也没有新的故事了”。[②]内山指出，在高速经济发展期中各式各样的“地缘网络”在消失，即（1）被非经济性事物包围的心感的丧失；（2）对一切不能用科学解释的事物的否定；（3）从大自然中读取信息的能力衰退；（4）升学率的上升导致“知”的弱化；（5）传统“自然”心感的丧失；（6）采伐与植林导致的狐类生息环境的变化，等等。

考虑到日本农村“共同体”的存在意义，这种“被狐所骗”的心感（原文直译应为“感觉”，但不能体现作者的用意。——译注）还反映了另一个重要的事实。“狐灵附身”（附体）的说法[③]以及供奉狐狸的稻荷神社[④]，都是这种心感之一。然而，在日本人们认为有“天生具有附体能力的血统”（供奉狐灵的家庭），并“以此来解释疾病、灾祸、不幸等，且维持村落的秩序”，这也是事实[⑤]。某种意义上，村民们把村里的贫民以及暴富者贴上“被狐灵附身”的标签来加以区别，且不希望与他们产生作祟与被作祟的关系，可以理解为，是这种心理抑制作用，使村庄的秩序得以维持。由共同体所产生的“地缘网络”具有两面性，在这样的共同体的自治中，互助・支援与支配・统治难舍难分地联系在一起。像这样以人与狐的关系为媒介的“狐灵附体与灵体体质的关系”也明确体现了这一点。

在“二战”后的日本农村，伴随着农业现代化，怎样消除农村社会的封建观念成为一大课题。“二战”后，与农村青年团体活动和农村的民主化相伴，由农业合作组合（农

① 内山　節：共同体の基礎理論，p.156，農山漁村文化協会，2010
② 内山　節：日本人はなぜキツネにだまされなくなったのか，p.11，講談社現代新書，2007
③ 高橋紳吾：きつねつきの科学，p.14-27，講談社ブルーバックス，1993
④ 松村　潔：日本人はなぜ狐を信仰するのか，p.8-9，講談社現代新書，2006
⑤ 吉田禎吾：日本の憑きもの，p.175，190，中公新書，1999

协）主导开展了相对独立的农村规划建设。茨城县的玉川村青年会的活动可以作为其中的典型，藤冈贞彦在文中写道："玉川青年不屈，在至今仍保有浓厚的封建性观念的古老村庄，农民祭祀活动已经举行了47年，挂起写着'应该庆祝的不是神灵，而是我们人类'横幅，有刚毅的精神。……尤其能打动人心的是，他们早在《灯》的创刊号（1971年1月）中的《明天的我们就是农村》一文中借'做梦的男子'绘制了一幅乌托邦的蓝图……'明天农村'的梦想变成了农民祭祀的全景，朝着'玉川村农村规划'不断具体深入。……这一过程的最终成果就是玉川农协的经营规划制定。"①可以说，正是玉川村青年会的活动作为"玉川农协的前史"，在《农业基本法》之前，作为原动力推动了玉川农协独自制定了"农业经营形态确定规划"。

大分县的下乡农协恐怕是日本（现存）最小的农协，它的根基是"由农民自己进行农业经营的农协"，反对地主和当地权势的地方控制②。其早期通过有机农产品的直销和城市的消费者相联系，推进农产品生产、牛奶加工和独立品牌打造，除此之外，还建立农协诊所和日间看护中心。这些行动展示了农协作为农村规划的主体有很大的潜力。这样，在"二战"后的日本农村社会就产生了一种新运动，人们开始探寻与旧共同体的"关系"不同，与农业现代化政策下的"关系"解体也不同的"另一种关系"。

6.1.3 农村（村落）的传统活动

被称作"村落"的农村单元，是从江户时代延续至今的自然村庄。"明治大合并"（明治二十一年，即1888年）之前日本有71 314个町村，根据"教育、税收、土木、救济、户籍统计"等行政目的，实施了300～500户规模的标准町村制度，进而，对原有村町进行整编。整编后约是之前的1/5，即15 859个市町村。另外，由于二战后"新制中学的设置管理、市町村消防以及自治体警察的创设事务、社会福利、保健卫生相关的新事务"都归市町村所管（1947年，地方自治法的施行），于是，编制实施了以"大约有8 000人以上的居民"规模为标准的町村合并促进法（1953年施行）以及新市町村建设促进法（1956年施行），市町村数由10 520（1945年）减少到3 472（1961年，昭和大合并），约是之前的1/3。这之后，为促进地方分权启动了相关立法工作（2000年，地方分权推进综合法的实施），"平成大合并"得以推进，迄今为止（2011年4月），全国有1 727个市町村。行政上的自治单位的规模远远大于"村落"，在各个自治体中该怎样对

① 池上昭編：青年が村を変える，農山漁村文化協会，1986
② 奥　登，矢吹紀人：新下郷農協物語，シーアンドシー出版，1996

过疏・高龄化加剧的农村进行定位是农村发展的重要课题。

新潟县上越市是由13个市町村合并（2005年）而来的自治体，其中9个町村被定为“过疏地区”。这样的过疏地区中包含“极限聚落”，为了掌握这些地区的聚落机能等实际情况，我们对65岁以上居民人口比重超50%的55个聚落中的53个进行了调查。其中68%的聚落总户数减少到全盛时期的一半以下，25%以上的聚落总户数减少到1/4以下。主要原因包括原有农林业不能维持生计为了养家糊口不得不搬走，交通不便出行困难，易受雪灾等自然灾害影响，教育难等，总的来说是由于聚落机能低下。

但是，笔者更想让大家关注的是，虽然聚落机能一直在衰退，但聚落的传统祭祀以及艺术却流传了下来（表1）。79.2%的聚落延续着春祭、秋祭等祭祀活动。

表1　现在聚落举行的活动①

	符合的聚落数	构 成 比 例
聚落的节日（春祭、秋祭等）	42	79.2%
道祖神	25	47.2%
盆舞	5	9.4%
神乐、雅乐、春驹等传统文艺	2	3.8%
什么活动都不举行	6	11.3%

注：由于本题是多选题，所以总数和调查样本村落数不一致。

据说日本有大约8万座神社，其中，自古有之的产土型神社，是农村共同体为了供奉土地守护神而修建的②。这种神社在明治时期有18万余座。在农村生活的人们向神灵祈祷农作物丰收，同时一起畅饮欢庆，并从中获得生活的动力。至今，神社与祭祀活动与村民们的生活生计仍密不可分。综上所述，我们可知，尽管人口减少与高龄化致使聚落机能低下，但仍有相当部分的聚落地区延续着祭祀等活动。

像这样的地区祭祀活动，其目的可以说是在“向神灵许愿”的同时也“维系人与人之间的关联”。粕本等在书中写道，祭祀的机能是“在地区交流与祭祀空间的关系中，作为主体的居民以祭祀为媒介对公共的生活空间直接产生作用，进而产生主体间的相互接触与交流”；还可以理解为“日常的公共空间转变为祭祀空间，是由于主体对空间的使用而产生的，

---

① 上越市：高齢化が進んでいる集落における集落機能の実態に関する現地調査結果報告書，2007
② 武光誠：日本人なら知っておきたい神道，河出書房新社，2003

通过这一机制的周期性循环，交流进一步强化”[①]。事实上本次调查的聚落居民们，是为了维持与守护“人与人的交流与居民间的相互扶持互助精神”而举行祭祀等活动的。为了举行祭祀，人与人需要产生直接接触，所以维持祭祀活动也就等同于维持了人与人的交流。

6.1.4 为了农山村的社区规划

有大量所谓的“极限聚落”的中山间地区活性化的目的，也不完全是创造新兴产业以增加地区人口。比如，有一个100人生活的村子在10年乃至20年后仍然能维持100人生活所必要的条件，也可以看作是“活性化”吧。为此，首先需要开展应对高龄化的村落建设，使平均年龄上涨10～20岁时也可以继续在村里生活。

当然，为了补充自然减少的人口，吸引新的人口迁入以及建设定居环境是必要的。另外，必须确保能为迁入人口提供就业机会。最终还是回到“缺乏产业”这个问题上。当然，依赖国家与自治体的公共事业的岗位并不能解决所有人的就业问题。那么，没有大型工厂或大型开发项目的村庄就没有维持人口的办法了吗？换个角度来看，其实村庄也是“有产业”的。村里有丰富的山林，曾经在山顶附近都开垦了田地，还有水量丰富的河川。村里曾经的支柱产业农林水产业持续衰退，依靠这些不能维持生计，才导致年轻人和劳动力相继离开了家乡。那么，是不是可以通过复苏第一产业，来实现村庄“活性化”呢？

丘陵等山区的村庄由于地形因素，不能发展大规模的机械化农林业，那么就必须摸索高效小规模农林业的发展道路。在林业方面，被称为“自伐林家”（从种植到采伐输出都以家庭为单位来完成的模式。——译注）的家族经营型模式重新受到肯定。农业中利用冷暖气候差来从事有机农业（的模式）也备受关注。再加上“冬山夏里”（在机械伐草困难的地区所使用的一种养殖方式——夏季在草地放牧挤奶，冬季在牛舍内饲养乳牛。——译注）传统养殖作为副业，这个村落是不是就可以维持100人生活下去呢。现代的副业是指福利与旅游等服务业吧。“幸运的是”，村里有很多老年人，在村里生活需要不少人的支援。不管对哪个村来说，老年人都是“宝”。只要有老年人生活在这里，村里就能得到一定金额的退休金，如果这些退休金不流向村外的话，可以支付给村里的工作人员一定的报酬。这样以粮食（Food）—能源（Energy）—福利与教育（Care）的自给为基础的农山村再生方案，可以看作是农村社区规划的未来吧。

（朝冈幸彦）

---

① 粕本桂孝，重村　力，新谷雅樹：祭りを媒介としたコミュニティのあり方について.日本建築学会大会学術講演概要集，1990

6.2 聚落的活性化规划

6.2.1 与城市的交流，城市居民迁入的前景

近年，城市居民对农业/农村的关注持续升温。内阁府在2005年实施的民意调查中，针对“城市与农山渔村的共生/对流”这一项，有52.3%的人回答“关心”[①]。这种动向对农村来说是一个地区活性化的机会。期待城市与农村间通过人/物/钱/智慧的交流，可以实现包含社会/经济/文化的综合性地区活性化。

1）城市居民对农村的关注

（1）U/I型移居，两地区居住 城市居民迁往农村居住的类型有U/I型移居与两地区居住。U型移居是指农村籍贯的人搬去城市居住后又搬回老家。I型移居是指城市籍贯的人搬去农村生活。两地区居住是指在城市与农村都有房子，根据生活状况两地往返的形态。比如周一到周五在城市的家生活，周末到农村的家居住。

城市居民迁往农村居住存在着多种问题。第一是构建邻里关系，适应当地的风俗习惯。比如，农村的道路清扫、丧礼协助、消防活动等各种各样的共同作业都需要参加。另外，在这些往来中很多是城市没有的农村传统习俗，这些习俗都是在农村生活中所必需参与的，所以需要很好地适应并融入进去。第二是住房的供应，农村有很多空置房，但是这些房屋的所有人由于“偶尔居住”“供奉佛龛”等理由并不积极卖出或租赁房屋，所以确保住房的供应也并不容易。对于新的务农人员来说，除了住房以外还需要获得农地、农业机械、农用仓库、农业技术等，特别是作为“外来人”的城市居民从当地居民手中租借农地时，需要与当地构筑互信关系。

（2）绿色旅游（green tourism） 根据农林水产省的定义，绿色旅游是指“在农山渔村，享受与自然、文化、当地居民的交流的住宿型休闲活动”。具体来说，绿色旅游就是指城市居民到农山渔村进行务农体验、农产品加工体验、农村文化体验，在农家民宿以及交流设施居住，购买新鲜便宜的农产品，或通过这些行为与当地农家进行交流。另外，近几年来很多人往来于城市与农村，以往的价值观中休闲娱乐范畴外的活动正逐步被纳入休闲娱乐活动范畴内。比如，对于当地农民家来说是“重活儿”的旅游休闲农地的再开垦劳动等，城市居民则将其作为脑力劳动的切换来参加。像这样，城市居民以休闲娱乐为目的在农村逗留的需求，呈现多样化趋势。

---

① 内閣府：都市と農山漁村の共生・対流に関する世論調査，http://www8.cao.go.jp/survey/h17/h17-city/index.html（2011年11月閲覧），2005

由绿色旅游带来的地区活性化效果，可以举出以下几点：一是经济效果，作为地区的经济活动，在农业生产上加入旅游业，可以产生新的收入来源；二是通过对地区资源的合理开发可以实现对其的保护；三是针对城市居民的旅游需求而进行的软、硬件设施建设，也可提高当地居民的生活环境。另外，作为间接效果，也可以提高城市居民对农村的关心与价值认识，进而加深国民对农村环境保护的理解，甚至也可成为城市居民移居农村的一个契机。

（3）参加地区活动 也有城市居民虽然居住在城市，但常往来于与其没有地缘/血缘的农村参加地区活动。至今为止，这样的案例多是大学/研究所的专家作为地区建设顾问来参与的，不过，近几年也有“普通人”把地区活动作为市民活动来看待，并自发地参与其中。这样的案例大致可以分为以下两种形态：一种是临时作为志愿者来参与，农村的过疏/高龄化加剧导致人手不足，并致使地区环境的维持以及地区文化的传承变得越来越困难，比如，志愿者帮忙清理农用水路淤泥以及参与盂兰盆会的会场筹备，等等；另一种形态是作为地区活性化的核心人员，长期持续地参与，比如建立村落建设的NPO，并作为组织成员参与。

城市居民的此类参与不仅填补了农村人口的不足，也可创造新的地区价值。仅靠地区居民做不到的事也变成了可能。但是，也发生过过度地把城市居民的价值观施加到农村，压制了地方特性的事例。为了避免此类事情的发生，如何构筑合理地利用城市与农村双方的力量的关系，就变得非常重要（详细请参照第3篇第15章“外来人员参与规划的优点与课题”）。

（4）迁出者对地区建设的支持 迁出者是指从出生地搬迁到其他地区居住的人。迁出者中也有在搬迁到出生地附近的城市后，定期回老家探访亲友的。这些人支援家乡亲友的生活以及家乡建设，比如，定期去看望年迈的双亲，照顾其生活，做农活，定期接送父母去医院检查等。另外，在地区建设上，他们也积极参加运营祭祀活动等，这些活动因过疏/高龄化导致的劳动力不足而难以持续。

迁出者与当地的居民原本就有良好的人际关系，并且对家乡的风俗习惯等也都熟识。因此，比起与当地没有地缘/血缘关系的城市居民而言，迁出者在参与当地社区建设中所面临的障碍相对要少一点。然而，迁出者并不能肩负与当地居民相同的角色。虽说有些迁出者就在家乡附近，但也是住在外地。在地区的过疏/高龄化过程中，如果迁出者也能积极参与到出生地的管理运营中去，那么，当地政府就需要在与迁出者合作的过程中，找出一种新的管理运营方式。

2）“与城市交流”和“城市居民迁入”的前景

在实施“与城市交流”和“城市居民迁入”的过程中，相连城市与农村的协调人是非常重要的。“城市与农村相连”是指在城市与农村间创建人脉、货物与金钱往来以及信息网。所以协调人应满足以下条件：正确地掌握城市居民与农村居民的需求，并从质与量两方面来掌握农村地区存在的资源，进而在保护资源的同时合理开发利用资源，以此来满足城市与农村居民的需求。

比如，在推进U/I型移居时，首先，要具体掌握双方的需求，即城市方的“想要在乡村生活”与农村方的“需要抑制人口持续减少”。然后，为了匹配双方需求，需要掌握农村地区的闲置房与闲散农地等可利用资源的状态，以及具体数量与位置等，以便为移居意愿者提供合适的信息与资源。其次，要寻找或者是创建出方便有农村移居意愿的城市居民集会的地方，使用有效的媒体对农村居住进行有效的宣传。另外，在有效利用农村资源的实际操作中，协调人需要与当地居民建立良好的人脉与互信关系，充分理解并尊重当地的风俗习惯。

在推进上述的“城市与农村相连”的实践中，利用农村居民与城市居民各自的优点，以分担任务以及协作的形式来确保协调人的角色发挥，这种实例是存在的。这时，农村方的协调人在与当地居民建立人脉与信赖关系，充分理解与尊重当地风俗习惯上具有优势；而城市方的协调人的优势是可以在日常生活中近身感知进而准确把握城市居民的需求，也方便在日常生活中创建对农村移居感兴趣的人脉网，进而更有效地宣传农村促进移居的相关信息。

迄今为止，上述的协调人多由政府方面的人来担任，但是近几年也相继出现由NPO以及社会型企业家来担任的案例。像这样培养新型协调人，扩大其范围，对今后促进城市与农村的交流是非常重要的。

6.2.2 兽害对策

1）兽害应对措施现状

近年，由野生动物（猴子、鹿、野猪、果子狸等）造成的农业损害在全国蔓延，很多原本没有兽害的地区也相继出现不同程度的农业损失。

关于兽害问题，当下的农村规划陷入了无计可施的窘境。原因是，资料显示，[①②③]作为农村地区的兽害对策，仅靠捕捉野生动物已经不能有效地杜绝农业损害，必须要从地区空间的建设与管理、地区社会的创造以及共识达成、活力向上等农村规划的视点来考

① 江口祐輔：イノシシから田畑を守る，農山漁村文化協会，2003
② 井上雅央：山の畑をサルから守る，農山漁村文化協会，2002
③ 井上雅央・金森弘樹：山と田畑をシカから守る，農山漁村文化協会，2006

虑对策。另外，如果农村规划中不涉及兽害对策，那农村规划不仅对解决兽害无益，反而有可能加大兽害程度。

2）以停止“喂食”的观点来实施兽害对策

为了让大家理解为什么农村规划与兽害对策的关联是重要的，我们先阐述兽害对策的基本想法。

据“兽害对策第一人”井上雅央（2008年）的观点，进入聚落范围的野兽增多的原因有：为动物准备了食物，动物习惯了人类的存在。总而言之，就是人类做了与“喂食”相似的行为。所以，停止“喂食”是杜绝兽害的关键[①]。

在聚落内有很多东西可以成为动物的饵料，这些都是人类在无意识中生产出来并任由动物食用的。比如，稻子的萌蘖。根据滋贺县的研究实验结果，10a（0.1 ha）的稻田大约生产40 kg的米粒。这样的话，无论动物吃多少都在人类可承受的范围内。还有扔在田地里的包菜和白菜的外叶，没能全部采摘而烂熟掉到田里的小西红柿等，都可成为动物的饵料。杂草亦可为食物，也许大家不知道猴子与野猪也吃杂草。如果稍微留意一点的话就会发现，冬天田埂间杂草丛生，而这时山间则食物贫乏，于是这些野草都成了野生动物生存下去的饵料。如果田埂的杂草在秋天不割除，冬天就会枯萎。但是稻子秋收后人们会进行除草，于是，到了冬天杂草就会发芽，这也可以说是人为地为动物生产饵料。

这样的饵料，对人类来说即使被动物吃了也没太大影响，甚至很多时候即使看到动物在吃也不会驱赶，就这样从旁边走过。如此长期下来，本来胆小且小心翼翼地靠近聚落的动物，会认为“人类不可怕”。不仅猴子是公认的高智商动物，其实野猪的学习能力也很强。如此，动物就习惯了与人类共存。另外，聚落内如果有放弃耕种的土地以及草丛等地方可作为动物的隐蔽所的话，那么动物会更加大胆地来到聚落中。

像这样为动物准备饵料并让动物习惯人类的行为，结果就是招致大量的动物。于是一年之中动物都可以吃到好的饵料，把身体养得很强壮，进而繁殖更多的后代。如今的兽害就是这样形成的。所以，如果因为“喂食”而来的动物不断增加，那么不管怎样驱除，野生动物都不会减少。所以，停止“喂食”，对杜绝兽害来说非常重要。

3）兽害对策与农村规划

基于上述对兽害对策的基本想法，接下来具体阐述兽害对策与农村规划的联系。

（1）地区学习活动、地区全范围对策　近年兽害对策的研究取得了一定的进展，在技

---

① 井上雅央：これならできる獣害対策，農山漁村文化協会，2008

术上防止兽害是不可能的。对策以停止“喂食”为基本，但并不是说由政府或者指定谁来推进就可以，需要的是整个地区全体居民共同实施。地区全体指的是农户、非农户、男女老少所有人。大家一起有意识地停止生产动物饵料这种行为，见到野生动物就进行驱逐，保护好自家的农作物，向动物零入侵的目标努力。为此，需要对地区全体进行知识与技术的普及。并且需要政府以及专门机构等对居民的学习活动进行支援。所谓的支援不只是简单地提供信息，需要组织策划一些引导居民积极参与学习和对策实施的知识技术普及活动。首先实施学习活动，推进以居民为主体的防护对策。如果还是不能有效地杜绝兽害，再实施以政府和捕猎者为主的捕猎，以及大规模设置栅栏防护网，按此顺序实施对策是重要的。这是因为如果从捕猎以及大规模设置栅栏防护网开始的话，一般居民就会形成“有别人来实施兽害对策”这种思维，居民自身就不会积极主动加入兽害对策的实施中去[①]。

(2) 地区空间的建设与管理　在实施地区空间的建设与管理的时候，需要确认规划“是否会创造出一个给野生动物提供饵食的环境”。比如上述的“认真的”田埂除草也是引诱动物进入聚落的一种行为。另外，在建设道路与公园时，会在坡面散播寒地型牧草的种子，这会在一年四季，包括山中食物很少的冬季，给野生动物提供牧草这种营养价值很高的饲料。

另外，对空间进行必要的防御兽害建设，这也是有效的。比如在“田圃建设”时，在农道与用水路两侧设置障碍，防止动物入侵，或者是在田圃周围设置铁管并打洞，以便随时装防护栏[②]。

(3) 弃耕地对策、聚落内的农地调整　弃耕地里野草丛生，可做动物的隐蔽所。需要特别注意耕种地与弃耕地的混布区域，这种情况下动物可以隐藏在耕种地附近轻易地偷食农作物，所以弃耕地的消除也是兽害对策的一种。但是在过疏/高龄化加剧的农村，想要减少弃耕地并不容易。在这里我们可以不改变弃耕地的总量，把弃耕地统一调整到树林一边，改善弃耕地与耕种地混布的状态，这样也可以达到阻止动物偷食农作物的效果[②]。在日本，由于农户经营、所有的土地分散在多个小耕种区（分散错圃），所以需要在聚落内进行农地的重新规划。

(4) 地区活性化、老龄化对策　如果兽害对策单是停留在杜绝兽害这种负面手段的话，那么对策很难长久地持续下去。这是因为在过疏/高龄化以及农业明显不增收的地区，对策的实施会给人们带来压力。所以我们要以兽害对策为契机给当地带来新的气象，

---

① 井上雅央：これならできる獣害対策，農山漁村文化協会，2008
② 江口祐輔：イノシシから田畑を守る，農山漁村文化協会，2003

策划实施一些可以给地区带来活力的兽害对策。比如，在过疏・高龄化加剧的岛根县美乡町吾乡地区，以兽害对策为契机对弃耕地进行再开垦，开设农产品直销店，积极开展妇女会活动等[①]，美乡町的兽害对策具有将提高农民务农技术以及引进老年人也能掌握的务农技术与兽害对策相关联的特点。比如，为了便于在田地设置栅栏，把南瓜的藤蔓放在外围采取立体式栽培，把高的柿子树剪低等。这样做的好处还有，在干农活时不用弯低腰和使用梯凳，对老年人来说比较方便。类似的务农技术的提高也可以激发人们对农业生产的兴趣，兽害防止对策与地区活性化效果是并存的。

（弘重穰）

① 中央農業総合研究センター:「営農管理的アプローチによる鳥獣害防止技術の開発」成果報告書，http://narc.naro.affrc.go.jp/kouchi/chougai/wildlife/hokoku_final.pdf（2011年11月閲覧），2010

7. 经济规划

7.1 内生式活性化

7.1.1 日本农村地区的内生式发展

"内生式发展（endogenous development）"这个词用于概括20世纪70年代以后的发展中国家的发展模式，它与在欧美诸国产生的现代化论述不同。以经济增长为主的单一性发展的现代化论带来了全球层面的公害、自然/环境破坏、资源/能源问题、发展中国家的饥饿/贫困等问题。为了解决这些问题，内生式发展在发展中国家以地区为单位，尊重彼此不同的宗教、文化、生态系统，以多样价值观寻求社会多元化发展[①]。

在日本，鹤见和子[②]、宫本宪一[③]、保母武彦等人从各自的专业视角，对内生式发展进行定义，并论述了在高速经济增长期由于优先产业效率主义而衰退的农山村的发展模式与前景。其中保母武彦就日本农村地区的内生式发展进行了如下的总结："以活用地区内的资源、技术、产业、人才等寻求产业文化振兴、景观形成等的自主发展为基本，但并不是说要封闭在地区内发展。……特别是中山间地区的发展，以自力更生为基础，且带有与城市融合发展的必然性，那么如何以内生式观点使其顺利发展，这是非常重要的"[④]。

像这样，"内生式"包含了地区居民，重新审视并活用潜藏在当地的丰富资源而实现自主发展的意思，且这一系列行为并不是封闭的，也不仅限于依靠自主努力。也就是，在追随时代潮流的同时保持独特性，并与地区外的各种主体合作，从而实现综合性社会/经济/文化发展。

日本农村地区的内生式发展的必要性已经呼吁很久了，全国很多地方都可以看到内生式发展的成功事例。但是时至今日，"依赖政府、丧失自主性"依然是很多农村地区的问题。所以，并不能说已经实现了靠内生式发展使农村地区活性化。

7.1.2 "依赖政府与丧失自主性"阶段的农村地区历史变迁

"二战"后，从20世纪50年代后期，日本的经济开始高速增长，期间重化工业政策促进了史无前例的快速城市化。另一方面，现代化推崇的产业效率主义进一步给农村

① 保母武彦：内発的発展論と日本の農村，p.122-123，岩波書店，1999
② 鶴見和子：内発的発展論の展開，p.9-10，筑摩書房，2003
③ 宮本憲一：環境経済学，p.294，岩波書店，1998
④ 保母，前掲書，p.145

带来了冲击。在这样的背景下，1961年制定了《农业基本法》，开始了与农地改革时隔15年的新一轮农政改革。为了缩小“工业与农业”乃至“城市与农村”的差距，在全国的农村地区开展了农业结构改善事业（1962年～）和农村综合建设事业（1970年～）。以这些事业为基础，还进行了田圃建设以及聚落排水与公共交流设施的建设等，从生产性与生活性两方面改善了环境。进入20世纪90年代，作为乌拉圭回合（1986年9月在乌拉圭的埃斯特角城举行了关贸总协定部长级会议，决定进行一场旨在全面改革多边贸易体制的新一轮谈判，故命名为“乌拉圭回合”谈判。这是迄今为止最大的一次贸易谈判，历时7年半，于1994年4月在摩洛哥的马拉喀什结束。——译注）关税与贸易总协定农业协议的相关对策，不仅增大了此类事业费的额度，国家也开始投入补助金大力推进农村旅游的发展。

另一方面，在地方城市的产业振兴与国民经济的均衡发展方面，于1987年制定了《度假综合休养地区建设法》（度假地法），实施了地方债的发行、招商引资的一些纳税优待措施以及土地使用的限制放松等政策。在当时的泡沫经济背景下，各界对大型度假酒店以及娱乐设施的建设等外生式发展（exogenous develoment）寄予厚望。

如上所述，基于国库辅助事业的实施以及法制上的限制放松，在基础设施建设层面给农村发展带来了一定的效果。然而“依赖政府与丧失自主性”这种弊病也是在这种时代背景下形成的。另外，度假地法也带来了一些问题，比如外部资本的大规模单一性开发不仅没有推动地区发展，还造成了环境破坏以及当地自主财政的漏洞，这成为地区衰退的导火线。

7.1.3 内生式地区建设支援方法论

到20世纪90年代后期，中央集权式的单一的发展政策的局限，以及依靠公共事业与招商引资的地区经济结构的局限都显现出来了。回顾这20年的农村建设变迁，诸如20世纪80年代后期到90年代的城市农村交流、近来的资源循环型社会等，都有各自的时代背景。前者是“度假地法的失败”以及“城市居民对农村看法的转变”，后者是“温室效应问题”以及“减量，再利用，循环（Reduce，Reuse，Recycle）”，这些都是国家政策的实照。都是在国家补助事业的支援下，顺应时代“主流”实践地区建设。

但是，这里的问题是，顺应时代“主流”的地区建设，并不一定能应对各个农村地区固有的多样复杂的问题。不是把“事业”本身，而是把居民自己通过日常生活以及生产活动感受到的对地区未来的不满与希望作为地区的问题；然后，再把问题的对策（idea）分为“当地居民可以做到的”与“需要国家与自治体支援的”，在这样的分析基础上，由居民自己决定地区建设的方向。

这样的地区内生式发展需要相应的支援方法。在这里为大家简单介绍一个笔者参与过的开发案例——“支援农村地区的内生式发展的研讨会（WS）方法”[①]。这个WS方法的特点（图1）是，它不以征求民众对由政府主导编制的事业规划的认同与理解为目的，而是为居民自主地承担地区建设的责任提供“学习的舞台”。

参加WS的居民需要绘画以及实地拍照，然后主要体验以下3种活动：(1) 直面当地的课题与危机；(2) 重新解读地区的特点与课题（图2）；(3) 思考地区活性化的办法并对这些

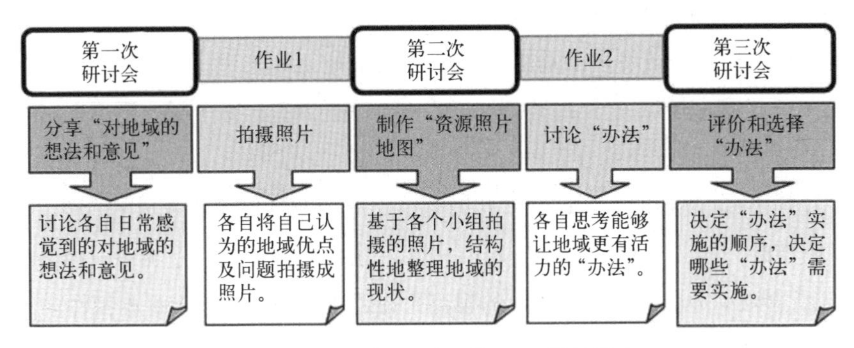

图1　支援农村地域自主发展的WS方法的顺序

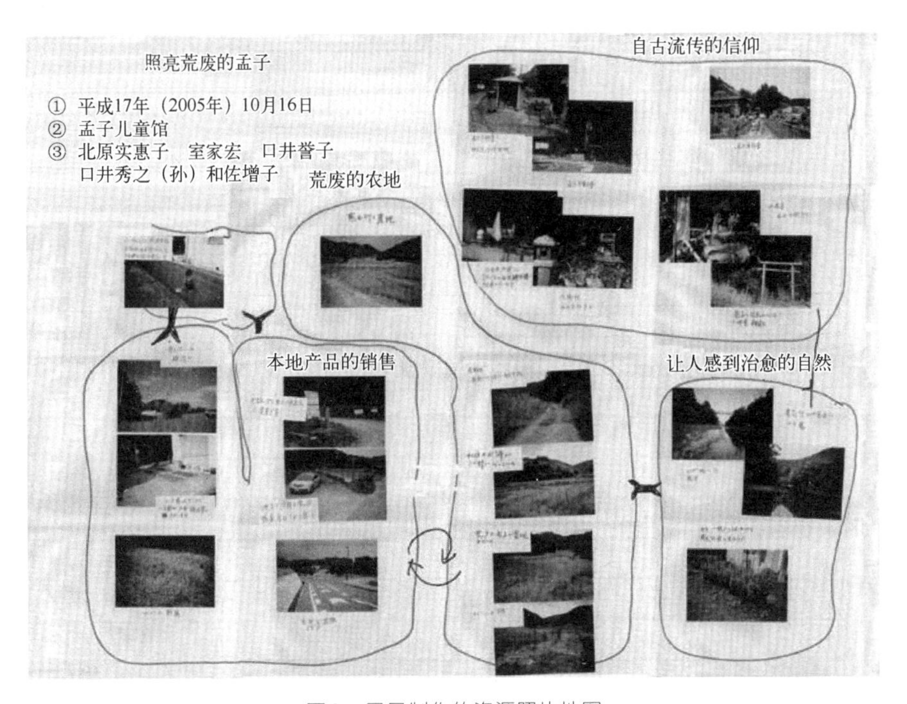

图2　居民制作的资源照片地图

① 中島正裕・山浦晴男・福井隆：農村地域の自律的発展を支援するワークショップ手法の構築—和歌山県10市町村を事例として—.農業農村工学会論文集，251，535-544，2007

办法进行评价与选择。通过这一系列的活动，参加研讨会的居民能体验到地区建设的“乐趣”与“辛苦”，并以“准备就绪”的状态面对内发式发展。在实际的办法实现过程中，先就难易度与紧急度进行排序，然后明确哪些是居民可以做到的，哪些是需要政府以及大学专家支援的，并根据需要组建推进小组。

7.1.4 内生式乡村旅游资源的特性

依赖政府以及外生式发展的局限使得依靠国家补助金来进行设施建设以及特产开发的乡村旅游已经到了需要转型的阶段。内生式发展的必要条件之一是“农村与城市合作”，乡村旅游就是促使两者合作的有效手段。“到农村去体验乡村旅游的人追求的是什么？”当地居民与政府必须正面这个本质问题才能成功实现城市与农村的合作。在这里引用在乡村旅游的范例——群马县水上町的“匠人之乡”实施的问卷调查（游客意识）结果[①]，从“游客吸引力”与“收益性”的观点来论述乡村旅游的旅游资源特性。

在“匠人之乡”的游客满意度调查中，“匠人的家[②]”（64.1%）、“聚落景观[③]”（52.6%）、“野佛巡游[④]”（48.7%）的满意度最高，可以说是游客吸引力强的资源。另一方面，“农产品直营店”以及“丰乐馆[⑤]”等收益性较高的资源，其地区活性化效果虽然显著，但是游客的满意度相对来说比较低。结合上述调查结果来总结旅游资源的特性（图3），可以认为，“游客吸引力高的资源”与“收益性高的资源”不一定一致。

		游客吸引力	
		高满足度	低满足度
收益性	高收益	“匠人的家”	“丰乐馆”“农产品直营店”
	低收益	“聚落景观”“野佛巡游”	

图3 从游客吸引力和收益性来看旅游资源的特征

接下来我们对游客对旅游资源的满足模式进行分类（表1），各个类型里一定会含有“匠人的家”“聚落景观”“野佛巡游”中的一个，或者多个都为高评价。也就是说，这些旅游资源对所有的游客而言，都是使其满足的重要资源。另外，类型A与B的游客对“农

① 中島正裕・劉鶴烈・千賀裕太郎：来訪者の意識・行動からみた農村地域の観光資源の特性—都市農村交流による農村地域活性化の計画づくりに関する研究 その１—.農村生活研究，50，(1)，31-40，2006

② 在专家指导下活用地域传统文化的工艺体验设施（22家）。

③ 宿场町是连接江户和越后的古代三国街道，保留了宿场町场景（茅草屋顶，白墙）的景色。

④ 可以一边欣赏村落景观一边游览9个分散的野外佛像和2个寺庙神社的散步路线（9 km）。

⑤ 提供闲暇活动信息、贩卖农作物加工品及土特产的都市农村交流设施。

产品直营店”与“丰乐馆”的满意度也很高，类型C～E的游客不管是否满意都会在这些地方吃午饭、购买特产等。换言之，虽然“游客吸引力高的资源”与“收益性高的资源”不一定一致，但是这两类资源在乡村旅游发展的过程中呈相互依存的关系。

表1　根据数量化Ⅲ类分析来访者对于旅游资源的满足模式

问卷项目		全体平均	A类型 购物中心型	B类型 多目的型	C类型 工艺体验、 聚落散步型	D类型 工艺体验、 聚落景观型	E类型 聚落景观、 交流型
满足度	野佛巡游	48.7	45.5	56.8	61.6*	52.5	17.5**
	匠人的家	64.1	15.9**	67.6	98.6**	90.0**	25.0**
满足度	农产品直营店	34.6	70.5**	89.2**	23.3*	0.0**	0.0**
	丰乐馆	32.9	11.4**	75.7**	39.7	22.5	15.0*
	个人的小餐馆	32.1	20.5	70.3**	28.8	15.0*	32.5
	聚落景观	52.6	27.3**	83.8**	21.9**	97.5**	62.5
	与地域居民的交流	28.6	4.5**	67.6**	11.0**	32.5	47.5**
	费用方面	64.1	86.4**	73.0	43.8**	97.5**	35.0**

**：1%有意，*：5%有意。
注：原著中，D类型为“工芸体験·集落散策型”，经译者核正，应为：工艺体验、聚落景观型。

难以换算成货币价值的要素（景观、传统文化、传统技术、人与人之间交流等）正是乡村旅游的重要资源，但很难正确认识与评估其特性与价值。实际上，对当地居民实施与“游客对旅游资源的满意度”相同的问卷调查，并对居民感到自豪的旅游资源与游客满意度高的资源进行比较（图4），可以得出，当地居民对不能带来实际收益的“匠人的

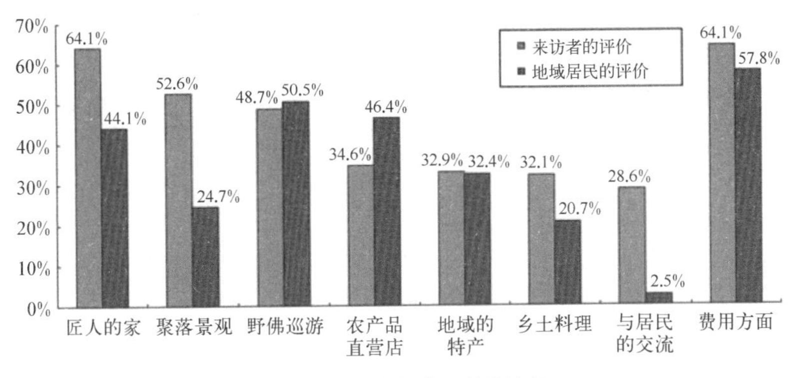

图4　对旅游资源的评价的比较

家”“聚落景观”“与当地居民的交流”这些资源的评价较低，不能充分地认识到其价值。面向内生式乡村旅游的实践，在编制运营规划时需要修正对这些资源的价值认识，并保持乡村旅游固有的旅游资源的特性。

（中岛正裕）

7.2 农业发展的理论与规划

7.2.1 现代日本水稻种植的特殊性

对日本国内2009年水稻种植的米价（农民收购价）与生产相关的物财费（所有成本中，材料和机械等物质部分的费用。——译注）进行比较，结果显示全国水稻种植农户中约8成的种植面积为0.5 ha以下，或者介于0.5 ha到1.0 ha之间①，且米价低于物财费②。

近几年逐步导入了确保水稻种植收入的基础对策（2004～2006年）和民主党政权下的个别农户所得补偿制度等③。尽管如此，能够用加上补助金后的水稻种植收入来支付包含利息、地租的生产成本的，需要2 ha以上的种植面积，即使只支付物财费，也需要0.5 ha以上的种植面积。实际上小规模农户把兼业所得以及年金投入到农业生产种植中，这种依靠兼业所得维持家计并以高龄者为主的农业生产活动，并不符合经济合理性。

7.2.2 平原农村的农业振兴规划课题

1）个别经营与集体经营

经营体大致可以分为大规模独立租地经营与集体经营两种。集体经营是以聚落（单一或复数）为单位，支撑了别说劳务费，连物财费的回收都难以确保的小规模农户的存续。但是，从20世纪80年代开始，“个人与集体”的争执就已出现，围绕两者的政策争论持续至今。考虑到水田农业的资源管理问题以及整体性的农业经营/农地管理的重要性，可以发现集体农业经营有多种好处。然而，由于“高地价・低劳务费”，难以培养务农人员④。

---

① 2000年农业普查中，不足0.5 ha为48%，介于0.5 ha到1.0 ha之间的占比30%。

② 来源：2009年大米生产费调查公示数据（“农业经营统计调查”）。

③ 与大米的生产・售卖相关的奖励金，在近年有：2004年到2006年的稻作所得基础保障对策，负责人稳定经营对策，收购顺利化对策。现行的家庭收入补偿制度中，提供了两种补偿：大米收入所得补助（固定金额）和米价波动补偿。

④ 从毛利中扣除物财费后的剩余部分，作为劳工的劳务费和向土地所有者（兼职农民）支付的地租进行分配，对前者不利，带有一种旧时传统集体农业的“土地所有者联盟”的特征。

为了克服此困难，提出了“二层构建”“地区多层型”等地区农业经营集团[①]的定义，即以拥有土地用途调整机能的地主组织（第1层）为基础，在此之上建立拥有近代经营结构的负责人组织（第2层）。20世纪90年代以后，国家开始倡导其法人化（聚落农业经营法人），但由于其成立必须满足多种条件，并没有在很多地区全面成功开展。

2）在广域补足农地管理的地区农业经营主体的必要性

在没有推进集体农业经营的地区，即使存在若干个别的大规模经营主体，但由于米价进一步降低带来的物财费负担加重，以及曾经是坚苦的农业经营的守护者的“二战”中、“二战”前出生的一代人的退场，可以预料到小规模农户会选择离农。在这种局面下，不管农地流转条件如何，无论大规模层面的合计费用（物财费+劳务费）是否比小规模层面的物财费低，都将形成较强的租户市场。在这种情况下，租户将只聚集在条件好的农地，同时离农者的迅速增加可能造成农地租借市场供大于求，导致弃耕地的增加。由此，必须设立地区农业经营主体，来保护那些濒临放弃耕作但具有一定条件（完成土地基建设）的农地[②]。这要根据地区实态，来考虑该主体是一至数个聚落等级的农业法人、旧村等级或是范围更大一些的自治体还是JA（“农业协同组织（Japan Agricultural Cooperatves）”的缩写。——译注）出资型法人等。

3）地区管理主体的重要性

想要设立聚落农业法人并进行经营，必须要旧村或“二战”后合并市町村等级的地域经营体作为实施主体，进行相关战略的制订与实施。像常年与笔者保持联系的上越市清里区，有农民自己与多种相关利益者合作的“栉池农业振兴会”。这种机构以及自治体等出资型法人、市町村农业公社等才有可能成为聚落农业法人[③]。此外，为了不让“独狼”式的个别经营游离在地区之外，而是让其在地区农业的持续发展中承担一定的任务，并接受地区的支援，使其与地区持续共存，需要“个体与集团”的调整机能。同时，为了解决有用人才的收入问题，公民合作也很重要。

---

① 高桥正郎和和田照男从20世纪80年代开始提出的“地区农业集团”这一用语源于引导负责人的系统农协。和田指出，希望其拥有“住宅区土地使用”“组织内土地使用”“土地使用权调整”等机能。也可将其看作是，披着聚落这一“外皮”获得支持的维持聚落农业经营的近代责任人。

② 承担纯民间主体所不能承包的农地，也就是指其带有公共性。后文中将会点出社会型企业的视角及公民合作的必要性。

③ 栉池农业振兴会和绿色农场清里有限公司的分析，参照：柏雅之（2011）「条件不利地域直接支払政策と農業再建の論理」（『農業法研究』vol.46，日本農業法学会），柏雅之『条件不利地域再生の論理と政策』（農林統計協会，2002）。

7.2.3 中山间地区农业再建——人口空心化和农业经营/资源管理系统的再建

1）人口规模缩小和责任人姿态的变化——创造“堡垒”的重要性

日本的中山间地区正在发生过疏化，而平地兼业地区可以基本维持多代同居，这就是中山间地区和平地兼业地区的差距。随着人口规模缩小，中山间地区的承担者姿态发生了变化（图1）。历来耕作是由农民独立维持的，但这达到了极限，同时随着各府县的农政推进，聚落农业经营开始发展。但是，“高地价/低劳务费”型的聚落农业经营中，没能培养责任人，难以确保操作人员，而濒临危险的情况也时有发生。

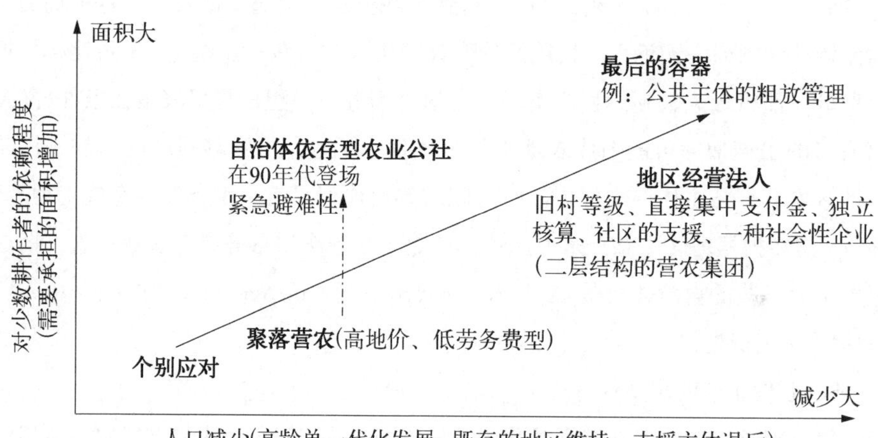

图1　中山间地区耕作的责任人

20世纪80年代末，中国地区（日本地名，是本州岛最西部地区的合称，包括鸟取县、岛根县、冈山县、广岛县、山口县五个县。——译注）开始设立市町村农业公社，以此为开端进行直接耕作的自治体增加。日本农林水产省在1992年的“新的食品、农业—农村政策的方向（新政策）”中，将市町村农业公社追认为“多元的责任人”之一，并在第二年的《农业经济基础强化促进法》中，让市町村农业公社和农协一起作为农地保有合理化法人，可以因其中间保有的特征而进行实际经营。在责任人缺失的地区，由单一地区主体来承担大量农地，是一个跨时代的举措，但由于其缺乏效果和效率的导向，“经营者不在（指农地所有者离开农村，仅留下土地的情况。——译注）”这一弱点导致了大额的赤字，很多情况下需要依靠自治体来填补赤字（“自治体依存型农业公社”）。20世纪90年代后期以后，自治体财政窘迫，面临困难。

2000年，在中山间地区等区域开始实施直接支付制度[①]，但并不能在日本小规模的中

① 参考本书第3篇第2章柏雅之《直接支付政策的理论和展开》。

山间地区起到很好的效果。于是基于聚落协定，有人提出了将至少一半的金额用于聚落的公共活动的建议。这对促进多样化的在地创意起到了一定的效果。

但是人口空心化的进程并没有让这一成果延续下去。今后更重要的是，要以直接支付金的战略运用为基础，来形成能够阻止农业经营崩坏和弃耕激增的地区经营法人。举几个例子，富山县南砺市的旧平村和旧上平村判断，由于高龄化今后5年间个人很难继续经营农业，于是设立了各个旧村等级的新农业公社，将农民的直接支付金集中于公社，旧上平村的集中率为100%。岐阜县东白川村也形成了同样的地区系统。与过去的自治体依存型农业公社不同的是，既没有自治体等的调任，也不用自治体来填补赤字，并且将核算性和公共性分离[①]。想让直接支付金像这样集中到地区农业经营主体的话，必须要得到社区的一致同意，以社区的支持和协力（集中支付金）为基础，将核算性和公共性分离，来提供社区所必需的维持耕作服务。虽然还有很多的创新不足等问题，但已能作为日本中山间地区型的社会型企业得到认可。在人口空洞化进程中的中山间地区，要以旧村等更广大的区域为舞台创造出“堡垒”来承担农业经营与资源管理，必须以形成像这样的主体为基础，来设立各种规划课题。

2）构建地区多层责任人系统的重要性

堡垒主体的创造固然重要，但仅靠这个主体也很难保护农地，还必须考虑规模和缺点。必须在地区内的几个据点聚落创造承担者的核心（据点核心主体），来分担需要保护的区域。堡垒的主体需要负责将他们组织化，并对其进行必要的支援，然后自己承担难以成立据点核心主体的区域。

图2展示了前述栉池农业振兴会的案例。栉池地区是一个山间地区，拥有11个聚落、200 ha坡度很陡的水田（已经完成整形区划）。“绿色农场（Green Farm）清里有限公司”（GFK）出身于农业公社，起到了堡垒的作用，农业振兴会以该公司为股东构成成员，是地区管理主体。到现在（2010年）为止，在3个据点聚落通过多种方法创造了农业经营法人及核心性个别经营体。首席股东的农业生产法人K生产组合，在包含附近小规模聚落的区域开展活动，承担36户、24 ha稻田。该法人的稻田生产能力为，每10 a稻田劳动时间34小时、生产费13.3万日元，每60 kg糙米生产费为16 588日元[②]。虽然因为在坡度很陡的梯田耕作难度很大，生产性不一定很高，但包括直接支

---

① 利贺村、南砺市、东白川村等事例详情见第93页注释③相关文献中的记载。

② 稻田生产费的计算，是笔者在（农）K生产组合的全面协助下，在费用中分离农业部门与加工部门，分离稻田部分和非稻田部分，分离经营面积部分和受托部分计算得出的，数值仅分析得出稻田经营部门的部分。

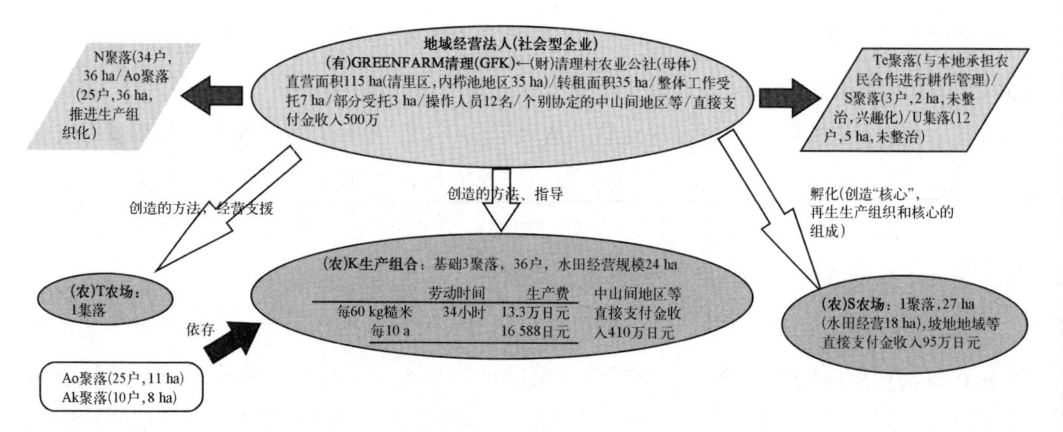

图2　栉池村农业振兴会的案例

付收入及多部门的法人核算，即使在支付给经营者适当的报酬后，仍有盈余。栉池地区200 ha的梯田农业，通过三个据点核心主体和堡垒GFK的分担与合作，探索出了地区保护的对策。

3）日本的农山村型社会企业——能更好提供多元服务的供给主体

社会企业在西欧广泛兴起，并起到了重要的作用，其特征为通过商业的形式完成针对社区的社会性任务，具有经营持续性、社会性和创新性，有时社会企业为社区所有、受社区支配。笔者从2005年起开始比较西欧和日本农山村型社会企业，并从中整理出了日本农山村型社会企业的可能性及意义①。

从20世纪80年代后半期到21世纪，农山村地区由于JA和自治体广域合并（=撤退）而被周边化，丧失了基于社会的民间资产（JA）及准公共资产（自治体）的供给主体。于是在农民及非农民都非常穷困的情况下，新的主体开始萌芽，居民开始以旧村等级等为单位，全体出资设立地区经营法人①。这是一个能满足居民从支援农业经营到购买、福利等方面多元需求的地区主体。虽然还不够充分，但与自治体合作的案例也不少。不是消极地认为新主体只是撤销了的供给主体的替代品，而是应该从积极的角度去看，去重新构建一个比原有供给主体（JA分部或自治体）更好的供给主体。以二次自然的保护为首的准公共资产的供给因其公共性，所以必须要由公共部门进行支援。今后，必须要创造出能够保证公民合作的制度。

最后，从社会企业的视角基于成本论，对前文所述的“堡垒”和“据点核心主体”等地区农业经营主体进行整理（表1）。对于（1）到（3）阶段的地区农业经营系统的形式，

---

① 参照：柏雅之代表『地域の生存と社会的企業』（公人の友社，2007）。

必须由利益相关者们进行协商共同讨论。

表1　接受耕作的社会企业和支援系统的阶段

经营主体和支援系统	耕作量增大	特征和支援系统
(1) 追求营利型经营	停止增加利润最大化的耕作量，不再继续扩大	无法接受并吸纳因高龄化而濒临弃耕、数量巨大的耕作委托需求
(2) 社会企业	为了解决高龄农民的需求这一任务，耕作量可以增加到利润减少的范围。在盈亏分界线停止增加。如果继续增加会产生负利润，就会很困难（极限）	以覆盖成本为前提，能进一步增加耕作量，能够在一定程度上满足高龄农民的需求
(3) 社区产生的社会企业支援	经过社区一致同意，对社会企业进行支援，使产生负利润的耕作量还能进一步扩大。有可能在一定程度上扩大任务执行水平（有界限）	将中山间地区直接支付金集中分配给社会企业，来扩大产生负利润的耕作量。随着委托农民的比例增加，集中分配的利益减少，最终减为零（极限）
(4) 公民合作产生的社会企业支援	在公共部门判断必须更进一步扩大任务（耕作量增加而产生的高龄农民支援）时，可以通过公民（自治体等和社会企业）合作来实现	社会企业通过补助金等和行政分摊成本，使社会企业的可能耕作量增加

（柏雅之）

7.3　能源生产利用规划

7.3.1　围绕自然能源的社会运动

1) 脱温室化和脱核电

石油等不可再生能源资源的枯竭开始带有了现实意味，全球变暖现象越来越明显，人们需要使用不对地球环境产生负荷的能源资源。世界开始重视扩大使用能源源不断从自然中获取的自然能源（本节中基本与可再生能源同义使用），比如太阳光热、生物资源、风力、水力、波力（利用海浪等产生的能量。——译注）、潮力、冰雪热力（储存冬天自然条件下形成的冰雪，在需要时使用其降温能力。——译注）、海洋温度差、地热等，为此人们不断讨论并引入相关的措施和制度。

比如，2002年，英国启动了CO_2排放量交易措施，推进使用自然能源，减少温室气体排放。2010年，全世界的交易量已经增长到了13兆日元的水平。日本为了促进可再生能源发电设备的导入，在2011年夏天设立了《关于电力行业者调配可再生能源电力的特别处理法》（可再生能源促进法，2012年实施），规定电力行业者应当恪守义务在一定期间内用一定的价格购买用太阳光、风力、水力、地热、生物等可再生能源生产的全部电力。

但是在2011年3·11东日本大地震引发的福岛第一核电站事故后，人们开始了解到大规模集中型能源系统一旦发生事故，就会产生相当大的影响。因此推进自然能源利用，除了原本代替石油、减少CO_2排放的目的，还开始和脱离核电的想法产生了关系。现在从脱温室化和脱核化的立场来看，自然能源受到了前所未有的关注。

2）固定价格购买制（FIT）和可再生能源比例标准（RPS）

2011年夏天设立的关于电力行业者调配可再生能源电力的特别处理法因为要求电力公司恪守购买义务，购买可再生电力的全量而被称为“全量购买制度”，也因为其决定购买价格而被称为“固定价格购买制度”（Feed in Tariff，FIT）。购买价格是根据电力原价、改善将来经济的可能性和可再生能源预计投入使用量来设定的，比现行的电力单价更高。购买价格的上升部分体现在了电费上涨上，由电力用户负担。

除了FIT，促进自然能源发电策略中，还有一个日本一直以来使用的制度，即可再生能源比例标准（Renewables Portfolio Standard，RPS）。RPS制度将调配（供给）一定比例的可再生电力定为电力公司的义务，因为在这部分电力中，可再生能源也在互相竞争所占份额，所以可以反映资源的种类和技术的经济性，也可以说是在普及更加优良的可再生能源。另一方面，FIT可以将产生的电力以固定的价格全部贩卖，所以通过设定一定的价格，刺激发电行业者扩大设备及其他人员加入发电行业，就可以很容易地实现投入目标。欧洲采用FIT的国家很多，而这些国家自然能源的普及情况都很明显，所以期待FIT的引入可以促进日本的自然能源使用。

3）自然能源导入的条理

2011年3·11福岛第一核电站事故后，人们产生了强烈的脱核电意识，从各个方面紧急提出了引入自然能源的对策。然而，在福岛第一核电站事故前，政府还在以增加核电为前提，讨论将来的能源供需。图1整理了部分机构对2020年以后的预测。

根据图1的预测，包括政府在内的各个部门都认为必须大量投入自然能源生产设备。就以最近的2020年的预测来看，每年必须投入的设备数量，要等同于2010年以前投入的自然能源生产的所有设备容量，甚至是其几倍。以小而分散为特征的自然能源的急剧开发恐怕还需要巨大的空间。

比如说，根据环境省预测的太阳光发电数值，每年必须设置约60 km^2面积的电池

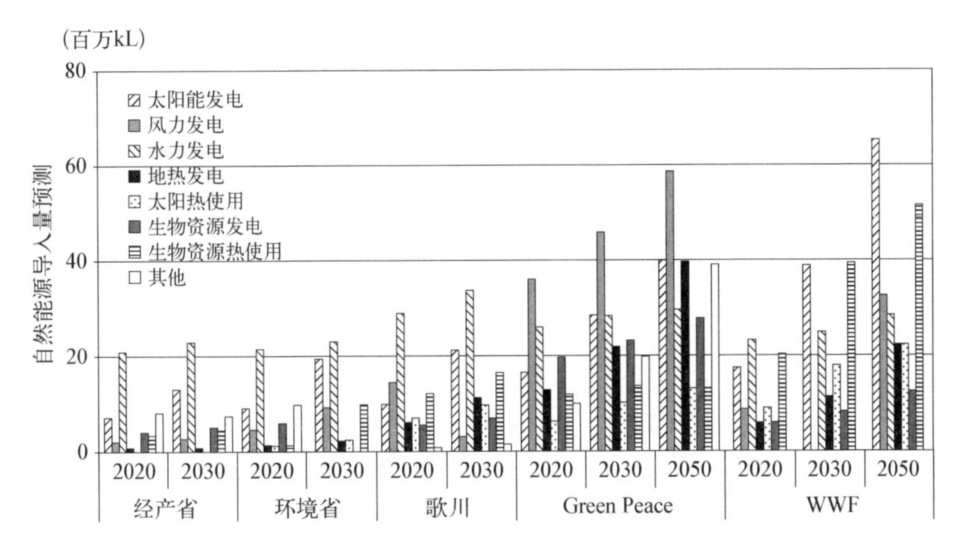

注）如果没有原油换算量，电力用0.257 kL/kWh，能源量用38.2 GJ/kL来换算成原油的值。

· 经产省的数据是“长期能源供需预测（再计算）”（2009）中的最大投入案例。包含废弃物发电。太阳热利用与废弃物热利用等一起计入“其他”。

· WWF的预测是除去燃料代替电力后的值。

·“其他”为海洋能源发电、地热的热利用等。

图1　各种自然能源投入预测比较（原油换算百万kL）

板。而在这60 km^2的面积中一定还会包括不少面积的农地。而且这60 km^2的电池板不是仅设置在一个地方，应该分散设置在日本各处。对于自然能源的扩大，还有很多迫切需要解决的课题，比如如何确保60 km^2的可使用空间，如何构建合理的系统从分散设置的众多太阳光发电设施集中电力等。如果不设立对策和法律制度让农地等土地可以用于电力生产，如果不设计、建设合理的电力系统来集中分散生产的电力，那么，如图1所示自然能源大量投入使用的预测蓝图是不可能实现的。

另一方面，1997年以后，欧洲通过2001年的“可再生电力指令”、2003年的“生物燃料指令”、2009年的“气候变化、能源政策组合”等政策，在不断推进可再生能源使用促进政策。在德国，地区能源公社等和自治体的自然能源政策合作，优先对自然能源进行调配供给，这一措施在德国各地都发挥着作用。另外，欧洲联盟（EU）（以下简称欧盟。——译注）设立了明确的目标，到2050年要将温室气体（GHG）的排放量从1990年的水平降低80%，在2009年确定了具有法律拘束力的“可再生能源促进指令”。这个指令根据不同国家设置不同目标值，欧盟整体的目标定为到2020年将可再生能源占最终能源消费的比例提高到20%。根据2011年欧洲委员会总结的报告书，各国的对策都在顺利推进，2020年欧盟的可再生能源消费量将达到2.45亿吨（原油换算），预计将占2020年最终能源消费的20.7%。有关2050年温室气体排放削减80%，欧盟正在具体讨论内部基干系统再编及北风力和南太阳光能源混合的必要性等自然能源导入的课题，以解决这些课题为前提，随着已经商业化的技术及在开发最终阶段的技术开始实际使用，人们正在热烈分析讨论到底能完成到何种程度等问题。

要从根本上改变社会系统，仅靠估测可能量、构想供需蓝图是不够的，还要提出技术工学课题、政策、支援策略，以及与法律制度、管理运营体制、地区社会形态等各种相关领域相关的规划学问题，并具体讨论其解决方法。要从现行依赖化石燃料及核能的大规模集中型能源系统转变为以自然能源为基干的分散型能源系统，必须要基于周全的准备和试验，开发构建合理的新系统，平缓地从现行系统转移到新系统中。如果不进行准备和试验，直接先行扩大自然能源的量，对相互贯通、变动调整、不同电力品质的兼容等分散型电力系统的要点不采取合理的对策，那么结果就会是部分改良导致大规模集中型系统仍然存在，可能对有效的自然能源使用造成阻碍。如此，建成依赖自然资源的社会的时间就会大大延迟。而作为这样准备和试验的场所，最合适的就是自然能源供给大于需求的农山村。

7.3.2 自然能源资源的供给和农山村

1）作为资源供给地的农山村

直到100年前左右，木材等山里资源是支撑日本农村社会的基干资源。过去的农山村作为这些资源的生产地和供给地而发挥着作用。能源资源也是这样，农山村提供了如图2

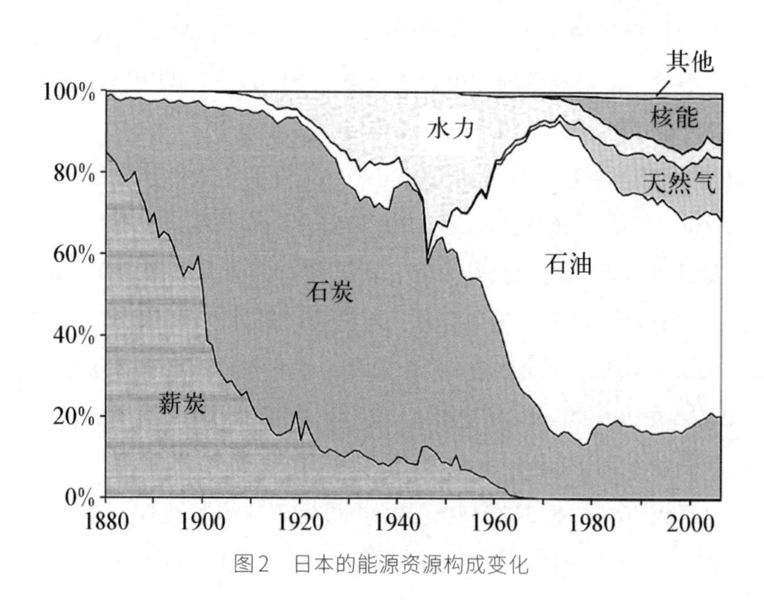

图2 日本的能源资源构成变化

所示的当时的基干能源资源——薪炭。但是，甚至都不用举汽油、灯油、电力等能源调配的案例，现在的农山村生产生活中的必要资源大多是从地区外调配过来的，农山村已经变成了一个资源消费地。可以说农山村衰退的本质原因在于，其不再能成为资源供给地。

而另一方面，当今社会正在具体思考依存于自然能源的未来景象。要实现这样的社会，决定因素是“社会环境对于自然能源生产有多大的适应度，以及社会对自然能源生产有多大的积极性”。日本拥有丰裕的森林，位于季节性降水丰富的位置，恐怕是地球上能源最能够稳定、持续地开发自然能源资源的地区。其中，农山村地区因为农地和林地面积广，以及遍布经历史上不断建设的给水系统等原因，处于一个特别适合开发自然能源的环境中。至少，日本的农山村可以将自然能源的恩惠活用到十二成，也就是可以通过将能源从地区中提取出来，来减少相当一部分对石油等不可再生能源及核能的使用。

而且，现在农山村依赖于地区外的资源，每一户每年要给地区外支付几十万至几百万日元的能源调配费用（电费、燃料费等），如果使用从当地提取的能源，那么就可以让这些费用返回地区内。根本原因是，电力和燃料的源泉就在地区本身。理解地区潜在的自然能源资源及地区的能源消费现状，并开发自然能源，可以说是使农山村像过去一样作为资源生产、供给地来发挥作用的第一步。农山村地区的能源生产使用规划需要发现地区潜在的自然能源资源，找出其价值，具体落实对资源的有效活用，并对之进行适当的资源开发及管理。同时，它还有一个重要的作用，就是通过地区资源的活用，对农山村活性化做出贡献。

2）能源系统的形态

对于自然能源而言，其稳定供给是一个问题，它很难一直稳定地满足人们的需要。另一方面，如果要配合用户的需求，就不能够最大限度地使用自然能源资源。想要高效使用自然能源，必须在很多方面花费心思，比如能源供需选择的多样化、能源种类的选择使用及需求方调节（DSM）等。在农山村地区实现能源的自给及导入分散型能源系统，可以说也是一个可行的办法。

一般来说，将需求进行平均化的有效方式是，将个体的需求（每一户的需求等）集合起来。因此，可以把集合了一定需求的能源需求群作为分散型能源系统的基本单位。在自然能源资源多但能源需求小的农山村地区，甚至可以构想供给方完全提供自然能源的需求群。将这样的需求群和供给看成一个整体，称之为能源供需区“单元（原文为cell，此处译为单元。——译注）”，比如可以想象几十户的农山村聚落，就是一个很好的“单元”。

“单元”可以分为两类，一类是自然能源资源丰富而需求较少的山间聚落，这样的单元时常供给大于需求（供给单元），另一类是供需均衡的类型（均衡单元）（图3）。

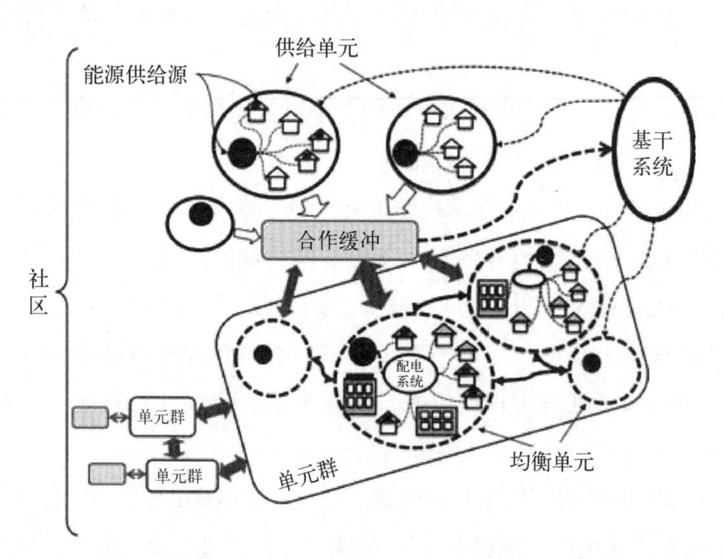

图3　自然能源供需区（单元）群的能源社区构想

均衡单元需要结成互相合作、互相进行能源融通的“均衡单元群”（单元群），来调整能源过多或不足。而且如图3所示，供给单元群和均衡单元群合作，可以形成能够调整、均衡供需变动的能源社区。如果能形成这样分散型的能源系统，不仅能在社区层面实现能源自给，还可能可以满足外部需求，将社区的剩余能源向外部提供，设计出“从分支到基干（自下而上）”的能源系统。

3）自然能源自给区的波及性

能够自给自然能源的“单元”及“单元群”拥有多大的范围呢？具体情况需要基于自然能源的可能开发量及对能源供需平衡的调查、分析来讨论。估计山间农业地区的不少聚落都可以满足这个条件，中间地区的聚落也有一定数量能满足条件。

山间农业地区和中间农业地区的总面积约230 000 km^2，约占日本国土面积的60%。图4展示了中山间地区的各集落户数（2005年人口普查）。从图中可以看出中山间地区几十户的聚落较多。这些聚落所需要的电力大约可以由几十千瓦容量的设备来提供，所需要的热量可以由10 ha左右的林地使用来提供。10～100户的聚落数量超过了5万。其中有多少比例的集落可以生产符合自身需求的自然能源，又可以生产比需求更多的能源呢？从数量上来看，由农山村来生产供给自然能源这一策略，可能是一个波及效果比想象更大的对策。

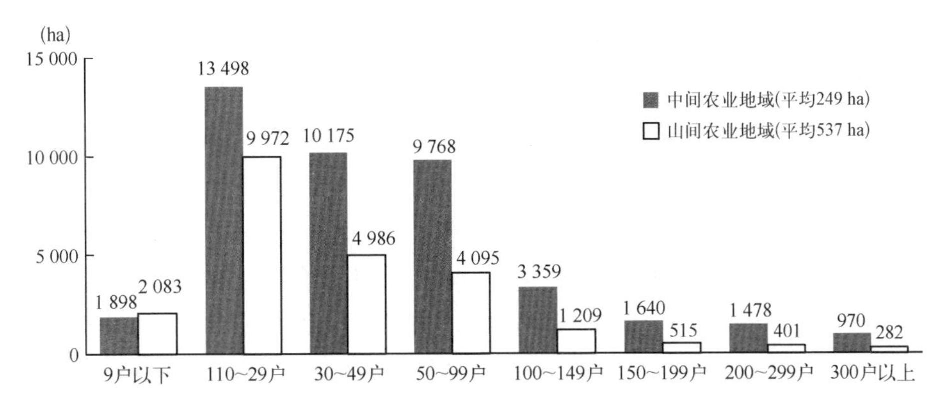

图4　根据户数分类的中山间农业地域聚落数（2005年人口普查数据）

7.3.3　自然能源的开发

1）可再生能源、新能源

大多自然能源因为可以重复使用，所以被称为可再生能源。但是，因为与推进开发等能源政策相关，制度中对可再生能源有严格的定义。这一定义是“能源源头被认定可以永远使用”及“被认定具有使用实效性”（《能源供给结构高度化法》，第4条第3款，第5条第1项第2款）。在这些可再生能源中，实用化的可能性较高、技术及普及等方面的经济性等还有改善余地，并且必须要导入支援的能源，被称为“新能源”（《关于新能源使用等的促进特别措施法》，第2条）来加以区分。

2）开发的基本态度

冬季，日本海一侧的特征是降雪量大，日照量少；而太平洋一侧则晴天较多，日照量多。另外，自然能源中还包括风向和风速经常变动的风力，以及长时间积蓄下来的森林生物资源。像这样，自然资源在分布、特性等很多方面，会因为地区及种类的不同而产生显著的差异。由于自然能源的地区性、多样性很大，根据其种类和使用方法的不同，调查规划方法和讨论内容、适用的法律制度、相关手续及制度等可能会完全不同。此外，因为自然能源大多属于新能源，所以也有不少正在改善的生产使用技术。

在这样的背景下，与自然能源相关的规划并不适用固定的开发工程项目。想要生产使用自然能源，需要把握导入案例及开发的动向，考虑维持管理性和地区接受性，必须进行多样化的技术性和社会经济性的论证，需要寻找既十分符合生产，又很符合需求的多维度的规划方式。另外，自然能源的生产使用并不仅限于能源转换的过程，还需要很多使之运行的前提条件，比如与栽培、农地与水管理、收集与搬运等密切相关的原料与资源的供给。所以，必须进行有关能源收支及环境影响的生活循环性评价（LCA）。因此，不论公民还是事业主体，不仅要讨论项目表面上的妥当性，还十分需要考虑削减化石燃料消耗及温室气体等直接效果，以及对外宣传及启发居民等间接效果，将能源利用活用的意义和目的明确化，确认其必要性。

3）能源的种类和注意点

（1）生物能源　如表1所示，生物能源不仅是能用作热源、运输用燃料、电力等方面的能源，还可以用于食物、饲料、建材、农业资材、工业原料等多个方面。生物能源包括木材、作物、家畜粪便、食品残渣、污泥等多样的种类，它们各自拥有特有的性状和特性，比如，生产有点状产生（生产）和面状产生，生产发生是否有季节性变动，变化幅度是否不同，或是含水量的多少等。因此，生物能源的使用规划必须根据不同种类、不同发生场所及时期、不同用途等分别讨论。通过燃烧、发酵来产生能源，经常会副产碳和沼气发酵消化液等材料。从有效使用能源的角度来看，必须要以连锁使用、循环使用为前提进行规划。此外，从持续性的观点来看，必须重视规划中对收集/搬运/积蓄、转换技术、维持管理、以及使用等方面逐个进行综合性讨论，并设定合适的收集、利用范围和规模。

表1　主要生物资源的能源转换技术和使用方法

原料变换技术	畜产排泄物	稻秆、麦秆等	生垃圾	食品残渣	废食油等	污泥	木质生物能源	变换物质的使用
沼气发酵	○		○	○		○		发电、燃料等，（副）液体肥料
生物燃油燃料制造					○			燃料，（副）肥皂等
酒精制造		○						燃料
气化		○					○	发电、代替都市气体等
碎片化							○	燃料、发电、气化原料等
小颗粒化							○	燃料
直接燃烧							○	燃料、发电
炭化							○	燃料、土壤改良、水处理等

注：选定实用化变换技术、废弃物系及未使用的生物能源原料。

（2）太阳光　太阳光能可以经过太阳能电池直接转换为电力能源来使用。发电量与受光面积成比例，可以根据需求量和设置场所的面积，较为自由地规划规模。但因为只有晴天的白昼才能发电，电力供给不稳定，一般会采用通过系统连接[①]实现了稳定供电的发电系统。年发电量（kWh/年）可以根据“年平均全天日照量”（NEDO，2007年）等来预测。另外，太阳能电池由于表面玻璃及电极的劣化，寿命只有20年左右，必须慎重讨论有关更新的事项。

（3）太阳热　太阳热的能源主要能提供热水和暖气。在家庭使用中普及的太阳能热水器有自然循环型（passive型）和强制循环型（active型），强制循环型热水器将蓄热槽和集热器分离，使用泵来让集热回路中的热媒（不冻液等）进行循环，在蓄热槽中储存温水。强制循环型不仅能用储蓄的热量来提供热水及暖气，还可以和冷冻机组合提供冷气。

（4）小水力　规划在能确保适当流量及落差的地点进行发电。可以开发小水力的场所有一般河川、各种水坝、上下水道设施等，还有农业水利设施的取水设施、落差设施、急流设施、露天水路、封闭管线等，种类很多。在规划中，落差、使用水量及导放水路（引水、放水的水路。——译注）的设施配置等固然重要，考虑到流量变动、取水特性及供需平衡等，需要规划常年有效地发电。因为年工作时间可以达到5 000小时以上，能稳定产生电力，所以项目规划比较容易实现。但在开发过程中，从规划制定到开始使用的这段时间内，需要和设施管理者（土地改良区、财产区及国/县相关部门）进行协商。根据电气事业法提出申请，基于河川法申请水利使用等的许可，与电力公司协商（在卖电、进行系统连接的情况下），还要与渔业权者及其他水体使用者协调，在环境问题方面达成一致。开发水利必须和诸多相关者协商，办理手续，完成各种法令要求的许可和申请。

（5）风力　规划通过风车进行发电。因为风的方向和速度变化很大，发电量很容易不稳定，一般会进行系统连接，发电量大于需求时可以卖电，发电量不满足需求时可以买电。一般如果选择风力发电，需要以此为前提进行生产和使用。但是，即使进行系统连接，也可能因为蓄电等变动调整而必须设置大容量蓄电池。一般需要根据立地调查（包括地势、气候等自然条件的调查及交通、人口等社会条件的调查。——译注）（收集周围的风况数据，调查自然社会条件）及风况调查来选定地点，规划容量、台数、配置等，还要经过选定机种、环境影响评价等发电事业中的各个手续，才能完成设计建设。与气象相关的自然条件调查（风的乱流、降雪冰冻、落雷、台风等）和输出功率及发电量的设定一样，

① 电力公司的送配电网叫作系统。在这个系统中接入发电设备就叫作系统连接。

在决定项目规划及设施建设时非常重要。

（6）其他能源资源　农村地区的各个地方还潜藏着可以作为热源使用的未使用能源资源，比如地热/地中热（浅层地基中蕴含的低温热量，大约位于地下10～15 m，一年的温度变化比大气温度变化小，可以在冬天提供热气，在夏天提供冷气。——译注）、排水、下水热量、河川/海水热量（河川海水一年的温度变化比大气温度变化小，可以在冬天提供热气，在夏天提供冷气。——译注）、冰雪的冷热量等。地热是指从地下加热产生的高温高压热水蒸汽中获得的能源，日本火山较多，地热能的赋存量也比较丰富。但是地热能在地区间的分布较不均匀，难以估算确切的开发量，所以是一种限制很多的能源资源。一般而言，主要使用地下产生的热水及蒸汽带动涡轮进行地热发电，也可以直接用于温泉、供暖及融雪。

其他热源可以使用热转换器或热量泵，将与大气的温度差变为冷气暖气来使用，被称为“温度差能源”。其中具有代表性的是将冬季的积雪及冻结的冰保存到需要冷气的季节，使用冷气及冷水来达到制冷及冷藏等效果。冰雪热使用有两种形式，一种是通过自然对流来降温的“雪室/冰室形式”；另一种是强制循环空气及液体，促使冰雪制冷的“冷气/冷藏系统形式”。

7.3.4　自然能源资源的权利和管理

地区环境中蕴含的资源和与地区环境管理紧密相连的资源应该由谁来保有，或者说由谁来使用才最合理呢？尤其是当自然能源资源用于生产电力等商品时，搞清楚怎样使用管理是极其重要的。其根本的问题点，第一是要搞清楚自然能源资源的所有者和使用者到底是谁，必须考察资源的保有及使用权利相关的方方面面；第二是要明确由谁和怎样来进行资源的管理，怎样的体制最合适等问题。

现实中，社会承认地区外的电力公司在地区内建立水坝进行水力发电，生产销售电力这一商品，从而获取“财富”。这是由将所有权的问题暂且搁置的社会构架组成决定的。国家拥有如何处置水这一资源的决定权，拥有变更资源赋存状态的权利（中途截断水循环或跨流域调动水资源的权利）。任何人只要从国家获得了许可，都拥有可以占有使用水资源的权利（水利权）。

由国家这一公共机关来决定资源的处置，乍一看似乎非常合理。但是换个角度思考一下的话就会发现，农山村地区在克服洪水及山体滑坡的同时，会分配有限的水资源，会管理山林及耕地。农山村是在一直以来与地区的自然环境的共存中慢慢形成的，甚至可以说生产自然资源的场所本身就是农山村地区成立和生存的基础。既然是成立和生存的基础，即使是公共的，但无视当事人的权利进行处置真的合适吗？外部者拥有权利来承认将水资源和林地等农山村存在的基础进行私人使用（或者说有不承认的权利），但地区自身却没有这种权利，这样真的合适吗？地区居民如果认为环境是自己的基础，自己是维持管理环境的当事人的话，至少应该尽力争取保有、使用、处置、决定等地区权利的一部分。同时，地区的构成人员有义务遵循环境维持的公共规章制度，这样从社会角度来看才合理。

基于这样的认识，假设地区有权排除地区外的人或组织使用自然能源，就可以明确主张“使用地区自然能源获得‘财富’的应该是地区本身”。像这样，在社会实现自然能源利用正式化的过程中，从根本上重新审视现行的所有权及认可许可权构架，设计与保有、使用、处置的权利相关的制度，这是极为重要的规划学课题。

如果以地区为主体“使用地区自然能源获得‘财富’”的框架完善的话，地区自身必须要进行方案的尝试和规划，必须要具有落实的能力。为此，地区必须储备有一定水平的有关自然能源使用的信息和知识（“智慧”）。所以，为了农村地区能具体落实自然能源使用，规划学中的重要课题是讨论体制和过程，让农村地区可以获得这些“智慧”。

（小林久）

【参考文献】

1. European Commission: Renewable Energy: Progressing towards the 2020 target, 2011
2. European Climate Foundation: ROADMAP 2050: A Practical guide to a Prosperous, Low-Carbon Europe, 2010
3. グリーンピース・ジャパン：自然エネルギー革命シナリオ—2012年，すべての原発停止で日本がよみがえる，2011
4. 茨城大学：平成22年度環境省地球温暖化対策技術開発事業・開放巣路用低落差規格化上掛け水車発電システムの開発・成果報告書，2011
5. 環境省：平成22年度再生可能エネルギー導入ポテンシャル調査報告書，2011
6. 環境省・低炭素社会構築に向けた再生可能エネルギー普及方策検討会：低炭素社会構築に向けた 再生可能エネルギー普及方策について，2009
7. 小林久：小水力発電の可能性—温暖化・エネルギー・地域再生.世界（2010年1月号），104-114，2010
8. 小林久：農山村の再生と小水力からみる小規模分散型エネルギーの未来像.季刊地域，7，54-59，2011
9. 小林久：自然エネルギーを供給する農山村の可能性と課題.農村計画学会誌，30（4），1-5，2012
10. 小林久・武田理栄：地域資源開発の起動と地域主体形成.地域分散エネルギーと「地域主体」の形成（小林久・堀尾正靭編集），公人の友社，pp.138-150，2011

11. 野田浩二：緑の水利権，武蔵野大学出版会，p.293，2011
12. 歌川学：原発縮小下の省エネ・自然エネルギー普及シナリオ，日本の科学者，47（1），12-18，2012
13. WWF ジャパン：脱炭素社会に向けたシナリオ（システム技術研究所），2011

7.4 可持续·旅游规划

7.4.1 为什么旅游[①]是必要的

对于农山村来说，很难以基础的农林水产业作为主要产业。在过疏/高龄化导致地区社会不断衰退的现在，将丰富的自然资源、历史文化资源作为旅游资源进行活用，振兴旅游产业，这是可以实现地区活性化的选择之一。对于日本整体来说，制造业据点向海外转移，“空心化”不断加剧。在这种情况下，必须要从海外吸引对日本感兴趣的游客，将观光产业作为主要产业之一。2010年，来日的外国旅客数量（入国者）约860万人，世界排名第30位，亚洲排名第8位[②]。虽然东日本大地震带来的核电站事故的影响，是现在游客人数大幅减少的重要原因，但还可以接受更多旅客。

另一方面，正如日本江户时代的“伊势参拜”的普遍化[③]，从世界上来看，日本人也非常喜爱旅游。日本人对旅游的执着甚至称得上是日本的文化。根据社会学家约翰/阿里[④]所说，旅游源于人类的根本欲求之一——“移动”，是人类必不可少的行为，所以维持个人及集团能够充分实施旅游活动的体制，是社会尤其是农山村等拥有较多观光资源地区的重要使命。

7.4.2 旅游的特性

旅游产业是复合型服务产业[⑤]。“服务”最大的特征是“生产=消费”，也就是生产必

---

① 旅游的定义是“伴随着移动出日常的空间，包括相应价格的支付，提供并消费非日常的体验机会”，关键词是“移动”和“非日常体验”。
② 数据来源于观光厅。http://www.mlit.go.jp/kankocho/siryou/toukei/ranking.html。
③ 伊势神宫的参拜在江户时代中期在占大多人口的农民之间也非常普遍。据推测，基于各地“伊势讲”的参拜旅行带来了巨大的经济效果。当时包括女性在内的大多庶民都认为一生应该要进行一次重要的旅行，这样的社会在当时的欧洲、阿拉伯都是没有的。
④ ジョン·アーリ『社会を越える社会学一移動·環境·シチズンシップ』法政大学出版局，2006.
⑤ 经济学中的“服务”是指通过劳动生产的商品的一种形态，与财物不同不是物体，肉眼不可见但是起到了非常重要的作用，可以通过与货币的交换，来对消费者产生作用。

须在同一时间、同一地点被消费。服务不能储存，如果生产是在农村进行，那么居住在都市的消费者必须前往农村。这一点给旅游产业带来了巨大的影响[①]。需要认识到旅游产业和农林业及加工业有着本质上的区别，旅游产业有根本性的制约。

旅游产业的另一大制约是，其很大程度上依赖于能够吸引旅游客的旅游资源。旅游资源可以是自然资源、历史文化资源，也可以是都市这样的人工资源。基本而言，地区资源中没有旅游资源的地方是不能形成旅游产业的。当然资源的价值是会随着时代不断变化的，但旅游产业对地区发展的依赖程度相比其他产业更高[②]。

7.4.3 日本旅游开发的趋势

1）历史脉络

第二次世界大战后，在日本兴起了两次旅游开发热潮。第一次，是在经济高度成长末期，20世纪70年代前半期的各种“土地开发热潮”。在以《日本列岛改造论》（田中角荣著）为象征的全国大规模地区开发热潮中，以中山间地区为中心，各地开始出现投机性的土地获取，计划新开发别墅区及高尔夫场等。另一次，是从20世纪80年代中期到20世纪90年代初期的所谓“度假地热潮”，还制定了《度假地法》（1987年），其他行业的大企业也开始参与，全国各地开发了很多大规模的海滨、山岳度假区。在这些热潮中，土地的买断以及不顾地区的自然环境及社会的无序开发变成了社会问题[③]。人们围绕“是否赞成开发”产生了纷争，地区居民分裂成了反对派和促进派，在地区留下了深刻的裂痕。

负责承担旅游这一经济活动的运行的是广义上的企业。如果企业不振，不能获得收益，其作为资本就可以撤出。但相对而言，当地的村庄却不能退出。村民必须和那些被

---

① 比如，位于滑雪场附近的民宿，需要为高峰时期（旺季的周末）做准备，但在无雪期没有客人的时候不能生产住宿服务，即使可以生产，这一项服务也不能储存到冬天满足旺季的需求。另外，即使为冬天周末的滑雪客人增设住宿设施，虽然周末可以满员，但工作日客人并不会增加，增设的部分就会成为过剩设施。

② 可以通过巨大的投资来克服资源的制约，比如，东京迪士尼乐园及夏威夷的维客乐度假区。前者在东京湾填海造地，后者在不适宜游泳的沿海熔岩台地人工建设了自然、历史文化、都市等各种旅游资源，成功建成了一个大度假区，但这些不能说是有益使用了本来的旅游资源。

③ 日本的自然保护运动开展的反对活动，主要针对水源地的水坝开发等大规模公共事业，但观光开发也是一个很大的目标，在20世纪60年代开始的经济高度成长期，人们开设了观光道路、索道等手段进入山岳景点，成为破坏珍贵自然的“元凶”，这也成为反对运动的对象。在20世纪80年代的度假区开发期，因为规划、实施了很多滑雪场、高尔夫场等的大面积开发，以各地的地区居民为中心的平民反对运动不断发生。另外，景点的无序开发，还会破坏现有市区及田园地带的良好景观。著名温泉景点、滑雪场的本地聚落也都因为杂乱的住宿设施建设等，产生了丑恶的景观。

抛弃的景点的废墟一起，在那里继续生存下去。我们必须铭记“企业可以退出，但是村庄不可能退出”这件事。

2）大众旅游的转变

第二次世界大战以后到20世纪80年代左右的日本旅游是典型的大众旅游[①]。这种形式很符合经济高速增长形成的大众消费社会。这一时期全体国民都能享受旅游，但另一方面，向国民提供的旅游的质量以及前文所说的旅游开发的负面影响，都成为问题。

针对大众旅游有弊端，在土地开发热潮结束后（第一次“石油危机”后）正式开展的“城乡交流事业”第一次展示了一种不同的方向。行政主导了不基于商业而开展的城乡居民交流，虽然在度假村热潮中一度有所衰退，但在泡沫经济崩溃后引入绿色旅游作为反度假村的政策时，因“城乡交流事业”而催生了诸多的成功案例。

另外，因为20世纪70年代以后所谓的对自然的向往在不断提高，越来越多的人开始重新审视农山村蕴藏的原生的自然与农村景观，发现在这样的环境中逗留的价值，这也推动了旅游的变化。在这样的进程中，人们开始提倡现在的可持续旅游。

7.4.4 何为可持续旅游

联合国环境规划署（UNEP）和联合国世界旅游组织（UNWTO）在Global Sustainable Tourism Criteria（全球可持续旅游业标准）[②]中将满足下列条件的“旅游”定义为可持续旅游。

（1）实现高效的持续性经营；

（2）对地区的社会性和经济性效果最大，负面影响最小；

（3）对文化遗产的利益最大，负面影响最小；

（4）对环境的利益最大，负面影响最小。

其中，如果将（2）和（3）整合成“地区社会的可持续性”，那么可持续旅游就是能同时满足自然环境的可持续性（4）、地区社会的可持续性（2）（3）、经营的可持续性

① 大众旅游简单来说就是大量生产、大量消费旅游这一复合性服务的行为及该行为产生的旅游现象。团体旅行是其典型。追求的是符合预想顾客平均水平的计划和通过彻底削减成本确保的利润。另一方面，团体游客也能以便宜的价格进行高效的旅游。其问题是，几乎无视个人的喜好及条件，很多情况下能获得的只有陈旧经验带来的单调的感受。

② 参考UNEP/UNWTO: Global Sustainable Tourism Criteria。2010年10月阅览获知。http://www.sustainabletourismcriteria.org/。

(1) 这三个可持续性的旅游。所谓的绿色旅游、生态旅游都可以包含在这一定义中[①]。但需要注意的是，有的旅游即使被称为绿色旅游或生态旅游，但不一定是具备上述条件的可持续旅游。反过来说，一般的旅游，也就是大众旅游中，也可能有可以列入可持续旅游范畴中的旅游。

7.4.5 从绿色旅游的实态中可以看到的东西

自从日本开始提倡绿色旅游，已经过去了20年[②]。在这里针对绿色旅游再来简单看一下其实态。

首先，从经营层面来看，绿色旅游并不是简单的生意。绿色旅游在一名客人身上花费的时间远远超过大众旅游，却价格便宜且一次可以接待的旅客人数有限，所以除了一些特例，经济利益很有限。另外，在很多类似案例的竞争中，很多情况下难以吸引客人，要如何脱离低迷的经营，是一个决定性的课题。但一旦获得了知名度，就要应对源源不断的客人，就可能必须要使用大众旅游的经营方法，就有脱离绿色旅游的危险，“绿色旅游的矛盾”一直都存在着。另一方面，从精神层面来看，通过接纳游客的绿色旅游活动可以获得满足感、成就感、自信、自豪等认识，有很大的好处[③]。

绿色旅游持续成立的条件至少有两点。第一点，各个农户本身要具有作为农户的经营稳定性，这也是绿色旅游的稳定性所在。旅游产业说到底还是副业，如果主客颠倒反而会使家庭的经营不稳定。第二点，日本的绿色旅游大多都是由聚落等地区来承担的，该聚落、地区是否有规划、达成一致、实施项目的相关能力以及能力的强弱，与能否成功有着很大的关系。这可以称之为“地区力”。该聚落、地区在以往的历史中培养积攒的能力[④]能形成地区力。从这两点来看，不管是个别经营规模还是聚落经营规模，绿色旅游成立的条件都不是一朝一夕能简单达到的，可以说是其本来的经营实力。

---

① 生态旅游是“拥有自然旅游资源相关知识的人给旅游旅行者提供指南意见，让旅游旅行者一边思考保护该自然旅游资源，一边接触该自然旅游资源，以加深相关知识及理解为目的的活动”（生态旅游推进法，环境省），绿色旅游是“在农山渔村地区中，享受自然、文化、人与人交流的居住型闲暇活动”（农林水产省）。恐怕将这两个说明互相交换，也没有什么违和感。至少在日本，这两个集合拥有很大的重叠部分。

② 最早是1992年的农林水产省“绿色旅游研究会”提出的。

③ 尤其是对农村女性来说，作为开始新工作的机会，作为自我实现的场所，包含农产物加工、直销的广义的绿色旅游可以起到的作用非常大。

④ 这就是指积累各种经验，比如全聚落实施的祭礼或传统艺术，通过自治公民馆实施的社会教育活动，计划、实施有关农林业的各种辅助事业等的经验。

7.4.6 面向规划

农村规划的承担者主要应该站在支援地区居民制定规划的立场。下面列举几点制定规划时应当注意的事项。

1)“资源”的认识

正如前文所说的，旅游必须要有地区的资源，可持续旅游的很多事例中，都将极为普通的农村景观、自然及到处都有的历史文化财产作为“资源”来进行活用。重要的是，实际上与旅游相关地区的人们要认识到，这些“资源”确实是“资源”，并且对它们抱有喜爱之情。很多当地人对地区的自然资源及历史文化资源都毫不在意。很重要的是，要经常通过研讨会和聚落检视等来重新认识自己的地区。只有拥有了这样的认识，才能筑成不破坏、不劣化资源并良好使用资源的基础。

2）中间支援组织的存在

在很多情况下，绿色旅游和生态旅游选址在还没有作为景点被开发的地区。因此，针对连接家庭旅行及教育旅行的消费者与地区的旅游产业从业者（生产者）的旅游业等的市场策略就成为课题。尤其是在绿色旅游的情况下，能提供的有形旅游资源就是一般的农村景观，游客基本不能判断景点的优劣，所以地区必须进一步开展工作。接下来，游客终于决定要拜访该地区时，个体客人很难获取个别农家民宿等的信息，地区必须选定、介绍个别的民宿。另外，为了满足教育旅行等的团体需求，要如何确保足够的住宿设施也是一个课题。为了满足这些条件，地区内的事业体和负责连接地区内外的主体，必须认识到中间支援组织（中间组织）的作用，并且组成中间支援组织。实际上在各种案例中有各种各样的团体来承担这一角色，比如旅游协会、专门NPO或任意团体、主要负责其他业务的兼业团体等。

3)“有志性”和“共同性”的平衡

如前文7.4.5中所说，绿色旅游规划要不断强调整个村庄和整个地区采取措施的必要性。如果要将推进旅游规划和地区建设联系起来，那么基于村落共同体而来的“共同性”就是一个重要的因素。但是，如果“共同性”阻碍了自由的想法和经营的努力，那么就本利全无了。必须要正确评价有志团体开展的活动。另一方面，在生态旅游的情况下，如果外部的团体或个人（有志者/有志团体）没有和地区进行充分的讨论，直接开展项目的话，可能会产生问题。这种情况下反而就需要确认，要考虑“共同性”到什么程度。要根据具体案例来考虑这两者的平衡。

4）不勉强的活动

如前文7.4.4中所说，可持续旅游的条件是需要地区社会的持续性，简单来说就是要保持地区居民每天都能幸福生活的状态。如果活动相关的承担者需要不断回应各种要求而身心俱疲的话，就不能算是理想的可持续旅游。说到底，所谓旅游，是造访那片土地的旅行者们品味自然，品味居民们孕育的历史文化，来治愈身心的行为，也就是旅行者们分享居民幸福的活动。如果相关人员不幸福的话，要如何将幸福分给人们呢。需要留意的是，可持续旅游的基础是日常的生活及在日常生活中慢慢形成的景观。说到底，应该优先的是日常的生活，需要再次确认，其中的活动都应该是不勉强的活动。

（土屋俊幸）

【参考文献】

1. 青木辰司：転換するグリーン・ツーリズム—広域連携と自立をめざして，学芸出版社，2010
2. 桑原孝史：グリーン・ツーリズムの担い手と事業的性格—東日本スキー観光地の民宿を事例に.日本の農業 あすへの歩み，244，（財）農政調査委員会，2010
3. 佐藤真弓：都市農村交流と学校教育，農林統計出版，2010
4. 敷田麻実・森重昌之編著：地域資源を守っていかすエコツーリズム—人と自然の共生システム，講談社，2011
5. 森林総合研究所編：山・里の恵みと山村振興，日本林業調査会，2011
6. 松村和則編著：山村の開発と環境保全—レジャー・スポーツ化する中山間地域の課題，南窓社，19977）
7. 安島博幸編著：観光まちづくりのエンジニアリング—観光振興と環境保全の両立，学芸出版社，2009
8. 安村克己ほか編著：よくわかる観光社会学，ミネルヴァ書房，2011
9. 山崎光博：ドイツのグリーンツーリズム，農林統計協会，2005
10. 山村順次：観光地理学—観光地域の形成と課題，同文館出版，2010

8 国外的农村规划

8.1 德国的农村综合建设

8.1.1 土地利用秩序的概念和土地利用规划制度

德国作为世界上屈指可数的工业国家，不论是在都市还是在农村，都展现了令人怀念的美丽的风景，可谓是经过历史验证的“原风景”，这令到访德国的人们都惊讶不已。这有赖于德国社会重视“土地利用秩序”的传统风气及其土地利用规划制度。

归根结底，土地对自然和人类来说是不可或缺的基础。不谈幽灵，人类的脚如果不踩在土地上是无法实际生存的。土地的状态是最基本的要素，通常受当地人的生活质量及劳动状况影响。所以土地的状态，也就是景观，并不是这片土地的所有者个人可以自由享受的对象，而是地区居民意象的结晶。为了将地区固有的历史、文化、生态系统、良好的生活和健

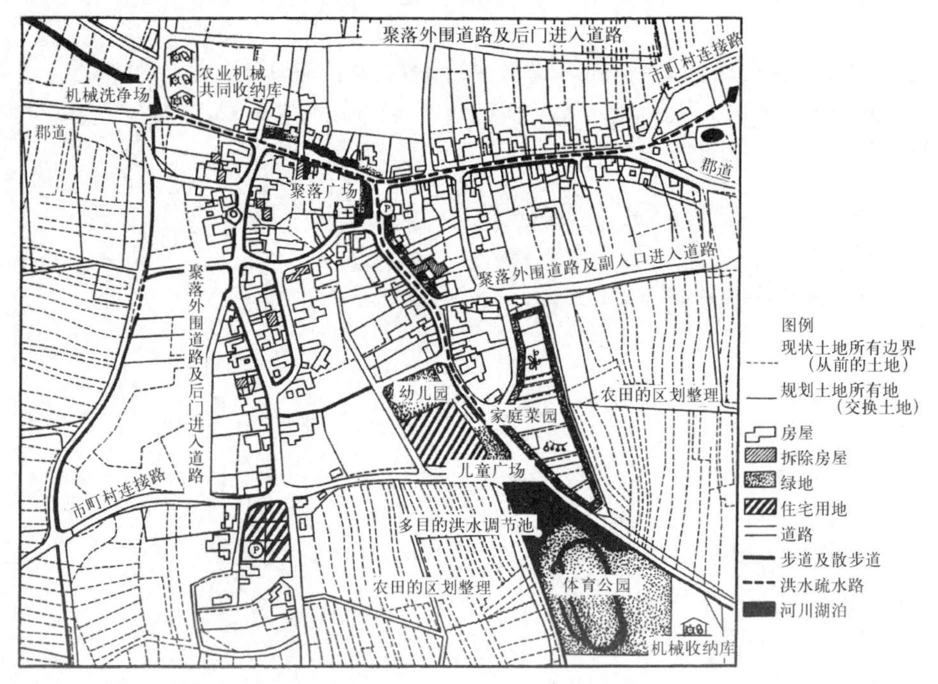

图1 奥巴梅格鲁斯海姆（根据日语オーバーメーゲルスハイム音译。——译注）地区农村整治规划图（以农田和聚落内区划调整为主的土地利用秩序化）

资料来源：巴伐利亚自由州Eisbach地区农地整治厅提供。[①]

① 千賀裕太郎：ドイツの農村整備.改訂農村計画学（農業土木学会編），農業土木学会，p.252–259，2003

全的经济活动从过去传承到现在，并向未来延续，必须严格遵守土地利用秩序。空间秩序形成（Raumordnung）这一单词可以很好地表现这一价值观，Raumordnung这一基本概念用于整体地表示国土规划、广域规划、都市规划、农村规划等地区的地区规划体系。

在德国，根据联邦建设法典（1960年），原则上禁止在国土上进行建筑行为，但该法规定仅当建筑行为符合同法典内的建设管理规划［由市镇地区的土地利用规划（F计划）和建设详细规划（B计划）组成］时，允许该建筑行为实施。也就是说，不论何种土地使用，土地所有者无法自由变更F计划所指定的使用目的，即使是住房的建设及修复，也必须严格遵守B计划中的细则，包括土地所属区域内规定的建筑规模，建筑设计及建筑材料的材质、颜色等。如果所有者违反该规划，会颁发改建命令，如果不遵从该命令，行政上会强制执行拆除该项目。这些规划是作为市镇议会决议出的“条例”发挥效力的①。

所以，都市居民想要在农村地区建设住宅并入住，首先要考查各地的农村，确定好自己喜欢哪个聚落的建筑设计，再去获得土地。通过这种方式，地区的景观不会受各个土地区划所有者的影响，地区的个性才能长久地存续下去。

8.1.2 农地建设事业的综合性农村规划

德国的农村规划遵从前文所述的“空间形成秩序”的概念，作为地区综合性建设事业的规划而制定和实施，以此为特征。

从8世纪开始到18～19世纪，约1 000年中，西欧开展实施了《三圃式农法》。每年在聚落合作实施《三圃式农法》时，聚落的全体农民会参加制定农地利用规划，笔者认为其长久的历史是以《农地建设法》（Flurbereinigungsgesetz，1953年）为基础的农地建设事业（Flurbereinigung）②的渊源之一。

根据需求，农地建设事业可能要花费数十年，大多以聚落为单位实施，目的是提高农林业的生产性，结合规划实施集团化各家所有的分散的农田，改良、扩大农地的区划形状，建设农业道路网，改良排水等项目，来满足学校、公园、住宅地、道路、自然保护区等土地需求，形成农村地区的全新土地利用秩序。随着时代发展，地区经济也在变化，农业和生活方式也在慢慢改变，但若对这种时代的变化放置不管，则会带来土地的无秩序化。我们要基于时代的变化，保护生态环境及传统文化等地区的个性，重新形成健全

---

① 千賀裕太郎：ドイツの農村整備.改訂農村計画学（農業土木学会編），農業土木学会，p.252-259，2003
② 千賀裕太郎：美しい村をつくり守る確かな制度.地域資源の保全と創造—景観をつくるとはどういうことか—（今村奈良臣，向井清史，千賀裕太郎，佐藤常雄），農山漁村文化協会，p.143-223，1995

的农业环境，为解决温室效应和能源枯竭等地球危机做出贡献。为了尽可能维持多样化的农村社区，要积极实施以农地建设事业为中心的“农村规划”。

农地建设事业法律上的实施主体是州（林农部局），但实际上事业的规划和实施主体是由事业实施区域内的土地（包括非农用地）所有者组成的“农地建设事业参与者组合”。联邦和州会共同支付补助金，约为事业费用的80%[①]。

而且在德国，作为机场建设、高速公路建设、高速铁路建设等大规模公共用地的创建方法，农地建设事业制度大幅度地发挥了其形成土地使用秩序的机能。换而言之，当政府想要建设这样的公共事业时，为了使大规模土地调用给地区带来的打击最小化，并且为了形成更合适地区的土地利用秩序，公共事业机关会将农地建设事业的实施委托给农地建设机关。在这种情况下，事业经费全部由公共事业机关负责筹措。为了调用公共用地而进行农地建设事业时，会使用“换地”这一土地交换方法，这是该事业的特征。通过这一方法能统筹实现所有相关者的意向，包括想要增加农地的人、想要售卖农地的人、想要维持原有农地的人等，能在短时间内形成新的土地所有及利用的秩序。

（千贺裕太郎）

8.2 英国的环境/农业政策

8.2.1 农村空间的土地利用规划

1）英国的农地利用和景观

英国的全国土地利用情况如表1所示，农业用地面积非常广阔，其中大部分是割草放牧用地。耕地主要分布在西南地区众多的谷仓地带，北部地区乳畜业的比例较高，苏格兰地区放牧用地比例较高，割草地与放牧用地的分界线在南部以树篱来隔离，在北部以石墙来隔离。这些农地、边界、农民的住宅、散布在农地里的小屋等，组成了英国的田园风景，提供了良好的景观，构成了农村生态系统。

英国主要农作物是，小麦（1 438万吨，日本的20倍多）、大麦（677万吨，日本的30倍多）、甜菜（833万吨，日本的2倍多）、土豆（642万吨，日本的2倍多）、苹果（日本的1/4多）、牛奶（近日本2倍）、鸡肉（与日本几乎相当）、牛肉（日本的1.5倍多）、

① 此外，德国也在积极实施以居住区域为对象的聚落再建设事业（Dorferneurung），支付补助金来改良聚落内的道路、设置广场、种植行道树、建设公交站点、修建住宅等，来帮助农村等小中心再活性化。

猪肉（日本的1/2多）（2009年数据）。英国的总人口约为日本的一半，从中可见英国的生产量和自给率相当高。

表1　英国和日本的土地利用（2009年）

	英国		日本	
	面积（万ha）	比率	面积（万ha）	比率
农用地	1 733	71.1%	461	12.2%
耕地	605	24.8%	429	11.3%
常年作物地	4	0.2%	32	0.8%
常年割草放牧地	1 123	46.1%	—	—
国土全体	2 436	100.0%	3 780	100.0%

资料来源：FAO。

2）农村的土地利用规划

在英国，无论是都市还是农村，《城乡规划法》（Town and country planning act，1968年）覆盖了全国的土地利用规划相关的方面。

土地利用规划分为结构规划（structure plan）和地方规划（local plan）两个层次，土地利用的骨架为前者，详细细节由后者来确定。结构规划主要是展示规划位置关系的战略图和详细解释政策正当性的说明书，目的是对地区发展相关的主要问题做出规划决定。

从农村规划的观点来看，结构规划中记载了农地保全及植树造林相关的政策、包括指定景观保全地区的环境保全规划、娱乐和旅游的相关政策。

地方规划是基于结构规划制定的具体详细的土地利用规划。都市地区的地方规划还详细规定了建筑设计等方面，而农村地区主要确定保全地区和此外的农业地区，不再进一步区分。

8.2.2　农村景观保全和持续性

1）农业环境政策下的景观/环境保全

英国在2005年开始实施环境管理（Environmental Stewardship，ES）制度，这是一个农业环境政策，由ESA及CSS整合改编后形成。

环境保护优先地区（Environmentally Sensitive Areas，ESA）是农渔业食品省（当时）于1987年创设的，该制度在规定了必须进行环境保护的地区的基础上，支付补助金给那些地区内同意保护性农法的农民，来补偿生产能力降低带来的损失。是否参加保护性农法是自由的，大约有七成农民参与了保护性农法。农村管理规划（Countryside Stewardship Scheme，CSS）是环境省田园地区委员会提出的农村环境保护的先锋事业（从1991年开始），不指定地区，所有想参与其中的农民都可以参加。这两项事业随着国家部门的改组而整合，从2005年成为环境、食品乡村事务部（DEFRA）的ES事业。原制度认定的事业仍继续实施。

ES事业由范围广大、人数众多的农民及土地管理者参与，能促进有效的环境管理。事业的分组考虑了农民的议员和资质，并且与对象地区的环境价值相符合，分为入门级别管理（ELS）、上级级别管理（HLS）、有机入门级别管理（OELS）（ELS: Entry Level Stewardship，HLS: Higher Level Stewardship，OELS: Organic Entry Level Stewardship。——译注）。ELS以所有农民和土地所有者为对象。希望签约的人可以从表2列出的众多选择中选出活动内容。每个选项都有一定的分数，总分值达到目标分数的话，每公顷补助30英镑。

HLS以环境价值高的地区为对象，环境保护措施内容更加丰富，补助也更多。

表2 ELS环境保护措施的一部分

分类	环境保护措施案例
边界线	管理树篱、管理沟渠、管理石墙
树木及林地	管理树木、管理林地围栏
历史上重要土地	停止耕作
缓冲带	确保缓冲带、设置缓冲池
耕地内	混合野鸟种子、混合花粉花・花蜜花
土壤保全	防止土地侵蚀
管理规划	土壤管理规划、营养管理规划、肥料管理规划、防治管理规划

2）绿色旅游[①]

保护良好的环境和景观的农村，可以期待着都市的游客前来游玩。小规模且安逸的体验型的旅游被称为绿色旅游，但英国从20世纪80年代中期就开始对此概念进行探讨。农渔业食品省、政府旅游局、环境省农村开发委员会提供旅游业相关的补助金，推进设置或修建由正房或储藏室改造的客房、餐厅和食品加工设施，促进了绿色旅游的极大发展。

① 青木辰司，小山善彦，バーナード・レイン：持続可能なグリーンツーリズム，丸善，2006

而且在1992年的地球高峰会议以后，可持续性在各种情况下都变得越发重要，确立了“可持续旅游”这一概念。作为其基本原则，以下四点得到倡议：(1) 减少旅游带来的环境影响；(2) 维持地区环境质量；(3) 提高接纳社区的生活质量；(4) 提高来访者兴趣。这既体现了绿色旅游在农村稳定发展的管理概念，也成为良好的可持续旅游的指针。

8.2.3 欧盟的条件不利地区政策

1) EU的农业政策

欧盟农业政策的第一项是CAP（Common Agricultural Policy，公共农业政策），其目的是以不到一半的预算提高以价格支持为中心的农业生产率和食品自给率。另一个支柱是被称为结构政策（Structure Policy）的财政支援政策，对欧盟内的过疏地区及存在结构问题的地区进行财政支援，修正地区之间的差距，加强团结，意在欧盟各国全体的均衡发展。具体来说，主要是靠结构基金和团结基金为条件不利地区及存在困难的地区支付补助金，这个结构政策的预算占全部预算的三分之一多。

2) 对条件不利地区的具体政策

CAP中的价格支持，是指根据作物决定支持价格，当市场价格低于决定的支持价格时，由政府为农民补贴差价的制度，对小麦、大麦、玉米、大豆、牛肉、乳制品等主要产品都设定了支持价格。但是支持价格根据顺序依次减少，在生产成本高的条件不利地区，即使设定了支持价格，也得不到足够的补贴。

所以以1992年划定的条件不利地区（图1）为对象，为了确保农业的持续，维持最

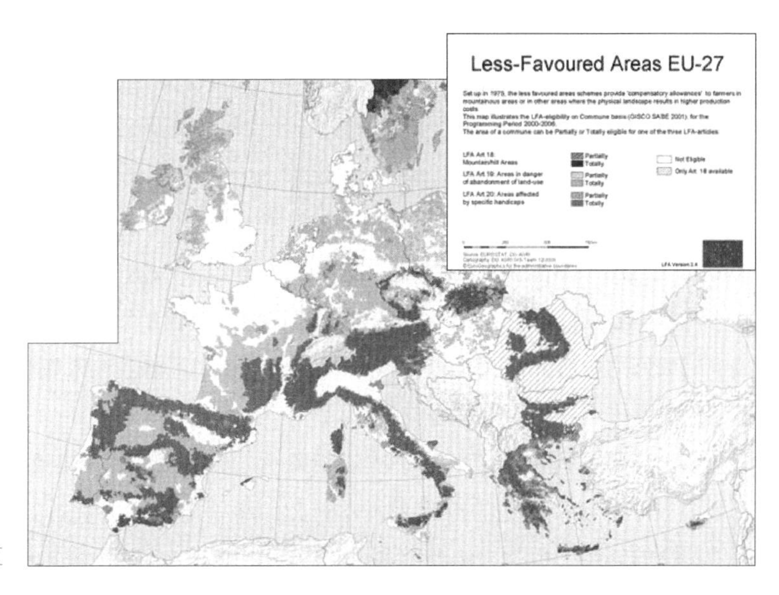

图1 欧盟的条件不利地区

低的人口水平、保护景观，按农地面积提供相应的补助金。条件不利地区指定为山岳地区（海拔高、气温低、坡度大等）、其他条件不利地区（生产性低、地区人口大幅减少等）、特别不利地区（洪水定期泛滥等），为在这些地区拥有3 ha（南欧为2 ha以上）的农用地且保持农业活动5年以上的农民提供补偿金。

8.2.4 农村的活性化

1）领航事业

领航（LEADER）事业是欧盟结构政策之一，从1991年开始实施。领航事业这一名称是Liaisons Entre Actions de Dévelopment de l'Économie Rurale（以农村经济发展为目标的系列活动）的首字母缩写。

领航事业的要点主要如下：(1) 由欧盟对以农村居民为主体的自下而上的农村活性化事业进行财政支援；(2) 对象为农民及非农民；(3) 事业内容包括绿色旅游、特产生产、中小企业振兴、促进农村女性及青年就业等。

另外，领航事业的主体是地区活动组织，称为LAG（Local Action Group）。

2）英国的领航事业

英国的领航事业虽然第Ⅰ期范围很小，但第Ⅱ期以后对象地区就开始扩大。表3展示了到LEADER +为止的实绩，第四期的领航轴线（LEADER Axis）在2007～2013年实施。

表3 英国的领航事业实施情况

事业名称	实施年份	LAG数量	EU预算（万欧元）
LEADER I	1991～1993	13	1 140
LEADER II	1994～1999	69	7 960
LEADER +	2000～2006	57	10 600

作为领航事业的案例，介绍3个苏格兰的项目。在只有2 000人口的小镇纽堡（Newburgh，Cupar country），实施这3个LEADER +事业项目。

艺术中心项目：修缮镇中心的老朽建筑物，设置8个艺术工作室和住宿设施。以住在镇中的夫妇为中心，居民也参与其中，并且得到了苏格兰艺术团体的支援，推进事业。通过该设施推进艺术活动及城乡交流。

亲水项目：河边的工厂由于火灾拆除后，就变成一片长期的荒地。本地结成了再生规划小组，整合了当地的声音来推动行政，将荒地整合成宽敞的公园。这个公园在服务当地居民的同时，也为来访者服务。

家庭果树园复活项目：约800年前，人们就开始在后院进行蔬菜栽培和果树栽培，这是将其市场化的项目。市民志愿者对居民家中的梨及苹果树的数量及树龄进行调查，并询问居民是否愿意参加该项目，制成数据库。进行小规模的果酱生产，并且和水果共同贩卖。

如上所述，以居民为主体的自下而上的事业得到了推进，可以认为该制度及成果实现了以居民为主体的地区活性化。

（山路永司）

【参考文献】

1. 農林水産省農村振興局事業計画課：イギリスでの取組.半定住人口による自然居住地域支援の可能性に関する調査，p.103-160，2005
2. 石川誠：イギリスにおける都市・農村計画制度の経緯と現状.明治大学農学部研究報告，，127，1-26，2001
3. 石光研二，山路永司：欧州農村整備現地研究会の経緯と成果.農村計画学会誌，30（2），147-150.2011
4. 須田敏彦：EU の条件不利地域農業政策の教訓.農村金融，2003（4），258-278，2003
5. 八木洋憲ほか：英国における住民参加型農村振興の実態.農工研技報，204，15-22，2006

8.3 韩国的农村开发政策

8.3.1 韩国农村的现状

韩国和日本一样，山地占了全国国土的67%，年降雨量大约1 200 mm，夏季气候高温湿润，水田农业较为发达。另外，由于东北亚山地和农耕地共存的农耕文化，形成了独特的农村风景。

农村地区的定义虽然根据国家会有所不同，但在韩国，一般行政区域分为邑[①]、面[②]、同[③]，其中邑和面符合农村地区的定义。以此为标准，全国国土面积中，农村地区约占9成，但居住人口仅有18.5%。现在的韩国农村，面领着高龄化、过疏化、地区领导不足、WTO/FTA体制化的市场开放等种种课题。像这样，韩国农村当下所处的情况不容乐观。

但由于都市居民对农村的认识发生了变化，空闲时间增加，生活方式改变，人们渐

① 韩国行政单位体系之一，与日本的“町”相近。
② 韩国行政单位体系之一，与日本的“村”相近。
③ 韩国行政单位体系之一，与日本都市地区的“町”或“市”相近。

渐开始关心农村所特有的多样机能。另外，都市居民转移到农村地区定居，也就是归农、归村的现象增加了，这是乐观的一面。今后，为了维持健全的农村社会，我们必须密切地关注这样的现象，确定新的农村规划方向。

8.3.2 韩国农村开发政策的变迁（20世纪50年代至今）

20世纪50年代至今的韩国农村开发政策的大致流向整理如下（表1）。

表1 韩国的农村开发项目的变迁和种类

事业名	时期	开发空间单位	主要规划内容
地区社会开发项目（CD项目）	1958～20世纪60年代	村[①]	农业改良、道路、桥、水利设施 生活改善指导
新村项目（运动）	1970年～	村	农家改良、小河流建设、简易供水 农业用水设施、基础生活环境建设
农村地区综合开发项目	1985年～	郡	中心地开发、产业、生活环境、社会福利等的综合规划
文化村建成项目	1991年～	中心村	宅地开发、村会馆、公园
山村综合开发项目	1994年～	村	活用山林资源增加收益
渔村综合开发项目	1994年～	多个村	渔业生产基础设施、增加渔业收益
绿色农村体验村	2002年～	村	农村旅游（体验）基础设施、村景观
农村传统主题村	2002年～	村	村环境建设、传统体验项目
创建美丽村	2001年～	村	开发体验项目，村景观建设
农村综合开发项目	2004年～	3～4个村	改善定居环境、农村景观、增大收益、强化地区力量

首先是1958年开始的“地区社会开发项目（Community Development Program）”，可谓是韩国战后农村开发的出发点。该项目的推进是以增加农业受益、改善生活环境、改革居民意识等为目标。20世纪70年代，被称为韩国农村开发事业的代名词的“新村运动”[②]开始了。该运动和前述的地区社会开发项目的目标几乎相同。进入了20世纪80年代后，和以往不同，关注的焦点变为了培养农村地区中心镇，开发地区产业及开发教育、文

① 村是韩国地域社会的最小基本单位。与日本的聚落（村）相近，本稿中记为村。
② 新村就是“新聚落”的意思。

化、医疗等定居环境。20世纪90年代主要关注开发定居生活圈，其中包括开发住宅、道路，开发上下水道，改善生活环境等。

2000年以后的农村开发事业着重关注居民参加型的地区建设、都市农村交流、农村旅游等。另外，希望当地居民能通过自己的意愿来利用活用地区资源，推进地区经济的活性化，也可以说是自内而外发展态势的萌芽时期。特别应该注意的是，其在农村井发政策推进的基础上，强调居民参与、强化居民力量、扩大软性事业。

8.3.3 农村活性化事业的案例——以“农村综合开发项目”为中心

如同前文所述，韩国为了实现农村地区活性化实施了各种各样的农村开发项目。其中最具代表性的就是2004年开始的“农村综合开发项目”。

这个项目的目标是农村地区居民生活质量的提高以及都市与农村的均衡发展。为了实现这个目标，韩国主要实施了改善生活环境、扩充所得收益基础、改善农村景观及强化居民力量这4个推进战略。

这个项目的特征有：(1) 并非以单一村为单位，而是以同一生活圈或经营圈中多个（3～5个）村为单位进行合作，实施综合开发；(2) 不采用一直以来的行政主导的自上而下的方式，而是根据地区居民自己的意愿进行规划实施，采用自下而上的方式；(3) 维持、保护农村的舒适性，进行亲近自然的开发；(4) 利用活用地区内的潜在地区资源，实现自内而外的发展。

接下来说明本项目的推进体系，各个项目地区在3～5年的项目期间内，所花费的项目费为40亿～70亿韩元[①]（国费80%，地方费20%），但仅限于建造收益相关设施的项目[②]，项目费的20%由参加项目的居民自己负担。另外，在推进本项目的过程中，多样的主体都参与其中。地区居民组成了项目推进委员会，并进行运营，他们一边接受专家的建议，一边自己制定开发预备计划书。他们还承担了项目中建造的设施等的运营及管理。管辖自治体（市或郡）负责将预备计划书送往中央政府进行申请，批准预备计划，实施事业等。农林水产食品部[③]负责决定基本方针，审查预备计划书，支援事业费。除了这三个主体以外，韩国农村公社作为公共机关，负责制定基本计划，管理、监督该事业。

接下来介绍“农村综合开发项目”的优良案例，TOKOMI合作圈（为了在人口减少的地区维持居民服务，多个市町村合作组成的新大范围合作组织。——译注）。

① 2010年12月1日的基准汇率为100日元约为1 400韩元。
② 比如农产物加工设施、住宿设施等。
③ 作为中央政府相当于日本的农林水产省。

TOKOMI合作圈属于江原道华川郡，位置在韩国首都首尔的东北侧约100 km。该圈域有199户，544人，是一个典型的农村聚落。从土地利用情况来看，村的总面积为2 865 ha，其中水田161 ha（5.6%）、旱田147 ha（5.1%）、林野2 384 ha（83.2%）、住宅用地14 ha（0.5%），还有其他地159 ha。主要农产为米、辣椒、土豆、南瓜、白菜等，畜产（肉牛）的农民也不少。

这个圈域从2005年开始实施“农村综合开发项目”，总项目费70亿韩元，到2009年完成该事业。其开发目标为扩大圈域的多面性机能包括维持圈域的农村性（rurality）、确保竞争力、保护环境、维持舒适性等，与此同时提高地区居民的“生活质量”。

主要的规划内容包括：(1) 地区现状调查及居民意愿调查；(2) 地区特性及开发潜力分析；(3) 设定目标及课题；(4) 规划土地利用、构思空间开发、设定开发指标；(5) 制定地区农业规划、产业规划、SOC（Social Overhead Capital，即社会间接资本，可以理解为基础设施。——译注）规划、地区环境保护规划；(6) 核算项目经费、制定投资规划。

强化农业特产物的竞争力、提高地区品牌的价值、开发环境友好型村、构造有创意的村经营系统，构成了开发计划基本构思的主要骨骼结构。

这些项目实施后，定居环境得到了改善，圈域的来访者数量提高到了约17 000人/年。另外，住宿设施的使用者也增加到了每年约700人，相应的居民收益也得到了提高，这可以说是该项目的成果。

8.3.4 韩国农村开发事业的特征

最后，以开发区域（范围）、项目内容、项目主体为焦点，整理现在韩国正在进行的农村开发项目的特征。

开发区域大多是以村或是多个村（圈域）为单位。这和日本的以聚落或是地区为单位实施的造村项目相似。项目内容包括改善生活环境、建设收益关联设施等硬件事业，还有居民教育、村市场经营、村品牌开发等软件事业。特别注重强化“居民力量”。在项目推进主体方面，地区居民、行政机关、专家紧密联系推进项目，由此来提高地区居民对项目的参加。也就是说，可以成为“居民参加型”的项目越来越多了。换言之，从规划阶段开始，地区居民自发成立“委员会”、制定规划书等行为，增强了地区居民与地区活性化事业的联系。

（刘鹤烈）

3 农村规划的实践

1 农村的社会企业和中间支援组织

1.1 农村规划和社会动力

农村的发展仅仅讨论农业、林业或是渔业等农村特征产业是不够的。作为今后农村发展的方向，我们必须重视社会动力（原文为energy，此处译为动力。——译注）。

诚然，现代农村社会给人的典型印象是地区社区的弱化。人们的关系性减弱导致社会力量开始显著减少。这主要是农村结构变化造成的。

传统农村存在着这样一种“现实”，即维持社会并进行再生产，如同其文字表述一般，和每个人生活中的生死息息相关。但是现今，即使在农村，人们的生活也是由个人收入和政府及自治体提供的公共服务所支撑的。如果不更新产生社会力量的源泉，孤独化社会将会到来，农村也难以逃离这种危险。

所以农村规划应该考虑，增加社会力量的规划编制及方案实施过程。这将会促使农村规划的主体去追寻多元化和合作关系的构筑。

正如本书中所说，新形式的组织和以前的主体合作，取得了地区发展的成果。以NPO为代表的非营利非政府组织是连接个人力量和社会的途径。这类组织通过这种方式发挥作用，这是其特征。想要扩大社会力量，拥有这种特征的组织是不可或缺的。即使政府及自治体的财政状态很宽裕，我们也应当认为，非营利非政府组织的参与和作用是必要的。

1.2 由社会企业解决课题

为了使农村和生活的存续，缺乏营利性的项目、不能直接产生市场附加价值的项目都是必要的。一直以来，在日本农村，不仅有地方自治体，还有从事农林业的人、农业协同组织及森林组织、各种项目人及企业、地区金融机构，以及地区社区及家族等，多种多样的主体以各种形式承担起了这些不营利或不产生附加值的项目。

以欧盟各国为中心，作为这类项目的新主体开始受到关注的是社会企业[①]。在欧洲社

① 有关社会企业论，基本参照了拙稿「社会的企業について議論する」（柏雅之・白石克孝・重藤さわ子『地域の生存と社会的企業—イギリスと日本との比較をとおして』公人の友社，2007年所収）。该方面的基本论文，笔者在此仅举出Carlo Borzaga and Jacques Defourny (eds.) (2001)The Emergence of（转下页）

会企业的讨论中，社会企业作为活跃的项目体，在与NPO及合作社交错的领域中占有一席之地。

对于社会及社区来说，必要的是：(1) 提供无法通过政府及市场充分流通的资产和服务；(2) 让那些因为性别、人种、语言、教育、残疾以及长期失业等理由，而被社会排斥的人们，或是那些地区条件困难的人们能够获得就业。满足上述两个条件或是其中之一的企业被称为社会企业，这比仅阐述定义更容易理解一些。

社会企业生产的资产或提供的服务具有社会使命或社会责任，其实施了与营利企业不同的组织运营方针，具有企业定位、社会目的、社会所有形态三个基本特征，欧洲正在讨论这种社会企业。从企业形态来看，相比项目型的NPO，和合作社或公司组织类似的项目体比较多。

欧洲的讨论认为，应当从非营利组织的方面去考虑社会企业，但笔者认为也应当从营利组织的方面去考虑社会企业，应当把社会企业看作是在营利组织与非营利组织交错领域中占有一席之位的活跃的项目体。

对于不同地区的食品店来说，在大都会热闹商场里的食品店和在中山间地区周边唯一的食品店，即使两者售卖同样的东西，前者的市场属性较为突出，而后者的社会公共财产属性较为突出。在过疏化进程中的农山村，并不能保证代替的店铺对所有人都具有平等的可达性，所以为地区的人们提供生存必不可少的财产和服务的营利性组织，反而在农村显得更为重要。

并不能将社会企业理解为特定的法人形式。从项目的存在方式去考虑，可以展望日本农村的各种项目组织将会定义社会企业。

1.3 农村规划中对中间支援组织的作用期待

美国把中间支援组织（该组织自身也是NPO）作为支援NPO的构架之一，在日本将其称为“○○NPO中心”“△△市民活动支援中心”，作为支援NPO及市民活动的辅助组织来开展活动。该类组织在美国大多为特定的专门领域提供支援，而在日本则大多是作

（接上页）Social Enterprise, Routledge（邦訳　内山哲朗，石塚秀雄，柳沢敏勝訳『社会的企業：雇用・福利のサードセクター』日本経済評論社，2004）中的“绪言”，谷本寛治「ソーシャルエンタープライズ（社会的企業）の台頭」（谷本寛治編著『ソーシャル・エンタープライズ—社会的企業の台頭』中央経済社，2006所収）。

为地区合作的连接点或是承担地区合作。日本的特征是比起“民办民营”，称之为“公办公营”“公办民营”的设置方式较多。

为了解决合作的课题，日本有接受行政和NPO两者间合作的倾向。实际上，有很多取得了惊人成果的案例是由行政、NPO、项目者、社区组织等多元组织参加的多元协议型合作开展实施的。如果考虑中山间地区问题的复合性和深刻性，多元合作型措施对其再生是不可或缺的。

NPO主导的多元协议型合作有一个很大的优点，就是能通过现场的团队合作来避免行政上“纵向分割”（行政执行的时候仅通过纵向关系来解决，而不与横向的其他部门进行协调。——译者注）的问题。此外，如果NPO能很好地将公众参与、干预和地区再生结合，其成果将会更广泛地波及各种人和组织，扩大地区的社会力量。

然而，想要通过单一的组织让公众参与和地区项目两者并存，绝非易事。就此提出的一个理念：创建解决课题/创造雇用型的社会企业，以此来承担地区项目[①]，中间支援组织作为多元协议型合作的连接点，促进包括行政、项目者、NPO还有地区社区等各种人群的参与。

如果向着这样的方向前进，推进主体的多样化和合作关系的构筑，那么就可以期待，农村规划的立案和实施过程本身能够成为产生地区社会力量的源泉。

（白石克孝）

2 直接支付政策的理论与展开

2.1 直接支付政策的登场及其理论

在西欧，以1973年英国加入欧洲共同体（EC）为契机，英国从第二次世界大战中流传下来的传统丘陵地区家畜补偿金制度（HLCA）发展成了1975年开始实施的公共农业政策（CAP），即EC的条件不利地区直接支付政策（《山岳地区、丘陵地区及特定条件不利地区的农业相关指令》）。其论据是要维持最低限度的人口及保护景观。

其后，进入20世纪80年代，农产品价格政策和国内农业保护政策的结果，是欧洲共

① 虽然NPO明显也能作为社会企业承担事业活动，但其具有没有出资资格的法人特性。虽然不能像欧洲一样设置专为社会企业的法人身份，但随着社会法的修改，也开始出现了联合公司等选项。

同体产生了大量农产品生产过剩的问题，同时以英国为首，过度的集约化生产导致硝酸盐氮等农业环境问题越来越严重。在这种情况下，英国引入了环境直接支付政策，这是农业环境政策的开端，通过引导降低集约程度，来减轻环境负荷，缓解产能过剩。这也是1987年的环境保护优先地区项目（ESA，Environmentally Sensitive Areas）①。这就是为了对应粗放化带来的收入减少，由政府支付一定补偿金的契约制度。随后，环境支付政策继续以多样化的形式延续，在欧盟的农业政策中占了重要部分。像这样，当初的直接支付制度在条件不利地区保护景观、降低环境负荷等，以修正经济外部性，是纳税人比较容易理解的制度。另外，由于农业上存在外部经济，从未应用过欧洲共同体污染者负担原则（PPP）对外部不经济进行修正。

为了对应关贸总协定（GATT，General Agreement on Tariffs and Trade，是一个政府间缔结的有关关税和贸易规则的多边国际协定，简称关贸总协定。——译注）乌拉圭回合（UR）谈判（1993年）和WTO农业协定（1995年）成立的新农产品贸易规则，欧盟的直接所得补偿政策登场了。由此，直接支付政策的形式发生巨大改变。新规则中把扭曲市场的价格支持和不足补偿等政策当作削减对象，依存于以上政策的传统农民所得政策无法继续实施。由此，各先进国家被迫进行农业改革。首先，欧盟（当时的UC）在乌拉圭回合谈判的前一年，开始将价格支持转变为直接所得补偿［1992年的马克夏利（当时欧洲委员会农业负责委员。——译注）改革］。另外，美国废止了不足补偿制度，并引入固定直接支付制度，形成了1996年的农业法。

欧盟的直接所得补偿是政治手段，用来分离（decouple）一直以来的价格政策和所得政策的关联。在这里需要对欧洲共同体直接所得补偿的论据进行说明。和上述的条件不利地区支付及环境支付相比，伴随着价格支持的取消的直接支付的论据还不是很明确。

当时，德国的权威农业经济学者唐格曼（S.Tangermann）尝试对此进行阐释，提出“现存农民将损失价格补偿金，为了填补这一空缺，应当发行公债（bond）”，或“应当以一次性支付的形式支付农民损失的金额”。农民因为信任长期实施的CAP价格支持制度而从事农业或是进行投资，其中也有缓和政策过快改变对这些农民的影响的含义。在这种情况下，可以买卖或者借贷“直接支付金获得权”的可交易性（tradability）论调开始出现。随后，2003年CAP改革时，有关“单一支付制

---

① 其渊源是由同国的野生动物、田园地区法（1981年）发展出来的“Site of Special Scientific Interest (SSSI)”。

度（SPS）”的获得资格的权利转移的相关规则（理事会规则第1782/2003）得到了认可。

另一个论据是多元机能（multiple-functionality）的存在。在这里先看一下21世纪初以后欧盟农业环境政策的动向。如上所述，一直以来外部经济一般采用污染者负担的原则进行制止，但农业不适用这条原则，而是使用将环境支付作为奖金来引导粗放化发展的“蜜糖”方法。但是2003年在CAP改革中有所变化，改革强化了有关直接支付的交叉达标（原文为cross compliance，此处译为交叉达标。——译注）原则，即对于接受了欧盟共通的直接支付的农民来说，他们不仅需要遵守法定管理的必要条件（SMR），还必须遵守“良好农业环境条件（Good Agricultural Environmental Condition，GAEC）”。GAEC包括：土壤侵蚀相关标准，土壤有机物相关标准，土壤物理性质有关标准和防止栖息地退化的维持管理有关标准等根据各国情况来制定的其他标准。如果不遵守GAEC，将会受到减少或取消第一支柱补助金等的惩罚。在历来蜜糖法的基础上引入了“鞭子”法，使补助条件变得更严格了。引入这种略微倾向于污染者负担原则的方法，更加提升了（政府）对纳税人的说明责任。

2.2 欧盟直接支付政策的开展（2003年共通农政改革以后）

1）围绕单一支付制度的“2个标准战略”

欧盟在2003年实施了共通农政改革，从直接支付制度给农业结构等方面带来的影响来看，通过直接支付这一方法难以解决的问题逐步浮现。改革的焦点是引入将生产和直接支付完全分离的“单一支付制度（Single Payment Scheme: SPS）”。如图1所示，基于加盟各国的期望，欧盟内形成了“2个标准战略”[①]。第一种，以英格兰和德国为代表的积极推进派，他们期待新系统带来的革新，结束同类制度，并计划到2012年为止全面开展地区平均化支付(area payment)。第二种，以法国、西班牙和葡萄牙为代表的现状维持派，他们最大限度地保留了该制度和生产的关联，固执地坚定支持实绩型（historical payment）的制度。英格兰以实现地区平均型为目标，是分离推进派；苏格兰虽然也是推进派，但仍选择了过去实绩

① Boion, J.P., J.C.Kroll, D.Lepicier, A.Leseigneur and J.B.Viallon(2007), Enforcement of the 2003 CAP Reform in 5 conutrise of West European Union: Conquence on Land Rent and Land Market. Agricultural Economy, 53(4), 173-183, 2007.

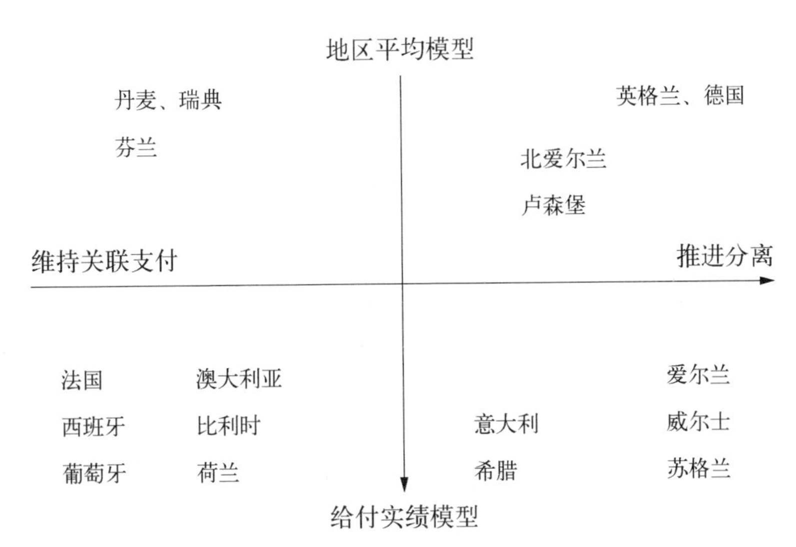

图1　引入单一支付制度的欧盟加盟各国（原文即如此表达。——译注）的对策（作者根据文献[①]绘制）

型[②]，本章以这英格兰、苏格兰为案例，来探讨将发展方向转变为完全分离的欧盟（彼时，英国尚未脱欧。——译注）农政改革的实际情况。

2）英格兰SPS向借地农体制的冲击

英格兰当初仅实施过去实绩支付，但支付总额在逐年递减，而减少的部分则增加到了地区支付的部分，最终到2012年地区支付占到100%，整个过程是一个动态混合型（dynamic hybrid）的过程。如果要拥有直接支付金的获得权（entitlement），需要达到以下两条：(1) 申请了过去的支付金获得的情况（2000～2002年的平均水平）；(2) 2005年5月这一时点作为“农民”正在从事“农业行为”（以上两者都是欧盟定义）。此外，还必须要有登记过获得权的农地。由此获得权才能产生效力（activate），才能获得实际补贴。从2003年发布SPS公告到2005年5月，由于政策设计得不完善，促生了“钻营伎俩”，使英格兰农业产生了巨大的扭曲[③]。(1) 出于面积支付化的想法，将本来不属于补贴对象的农地，也纳入补贴范围；(2) 向

① Boion, J.P., J.C.Kroll, D.Lepicier, A.Leseigneur and J.B.Viallon(2007), Enforcement of the 2003 CAP Reform in 5 conutrise of West European Union: Conquence on Land Rent and Land Market. Agricultural Economy, 53(4), 173-183, 2007.

② 关于英格兰，参见柏雅之（2011）「単一支払制度（SPS）の受給権取引と農業構造の変化—EUの『先端』をゆくイングランドのケース—」堀口健治代表『農林水産業の権利取引がもたらす経済厚生および必要要件に関する理論的・実証的研究』（『権利取引の農林水産業への適用可能性に関する法経済学的視点からの分析』中間報告書），7-52。

③ 从农业评价业者中央协会（The Central Assionation of Agricultural Values:CAAV）的分析专家J.Moody先生处听说。

2004年结束契约的农地地主们收回贷款（地主的“农民”化）;(3) 出现了“7年借地契约”，其背景是SPS的过去实绩部分归属借地农民，面积支付化部分归属于地主，是将面积支付的部分转化为地租的契约。

2003年以后，本来很顺利的农地流动化被“冻结”了，带来了巨大的冲击，这就是“农业结构的冻结”①。地主方面普遍把SPS理解为“养老金”，如果拥有农地是其条件的话，那么就不出租农地。在这样的“冻结”之下，合约经营增加了。人们认为只有拥有大规模经营基础（推测600 ha左右）的经营才是可取的代替扩大战略②。SPS制度下，地主为了确保支付金获得权而排除借地农民，将GAEC作为接受条件，委托给承包人，以这种方式继续经营。在这种情况下，中小规模农民阶层开始加速淘汰，另外，合约经营也处于一个不安定的状态。此外，还设置障碍，以阻止借地农民的退休和新加入。英格兰传统的借地农民体制不断地出现转变。

3）由苏格兰SFP（Single Farm Payment）产生的不劳作农民数量的增加

欧盟认同了SPS获得权的权利交易（买卖、借贷）（理事会规则第1782/2003号第6条）。苏格兰虽然进行了权利转移，但也产生了巨大的扭曲。

苏格兰考虑到如果选择地区平均化型，会使能获得直接支付金的区域发生大幅度的变化，同时出于重视借地农民的立场（排除了如果选择同上类型，将使获得权属于土地、属于地主的议论），选择了过去实绩型。国内的600万ha农地中，获得权分配农地是东部和南部的430万ha，剩下的170万ha发给在基准年没有获得权的“裸土地”，没有获得权是由于其栽培土豆、果蔬等补助对象以外的作物。与英格兰不同，丰富的裸土地的存在引发了获得权交易。与获得权的购买相同，通过裸土地的借地也可以使获得权发挥效力。2005～2010年的卖家总数占全农场的14%，2005～2007年以票面价格的3倍成交③。卖家的理论是 :(1) 引退或随时准备引退的情况下，以3倍价格连同农地、家畜等一起出售 ;(2) 农业再投资的资金 ;(3) 由于调整（原文为modulation，此处译为调整。——译注）比率的升高，有可能导致补助金额下降。另一方面，买家的理论是 : 即使以3倍价格买进，经过8年时间，可以获得的总金额将是买入金额的2.67倍。虽然要支付让裸土地产生效力的借地费用及满足GAEC交叉达标的花费，但减去这些费用仍能产生巨大的差额利益。由此购买获得权的不劳作农民（slipper farmer）出现了。

---

① Moody.J. and W.neville(2004), Mid Term Review, pp.43–57.

② 从英格兰借地农协会的分析专家R.Marchall先生处听说。

③ Endicott, B.(2011)”Scottish Government Structure, RPID Structure and Governance, Scottish Agriculture, CAP Reform and Prospcects for 2013”, The Scottish Government.

虽然是因为考虑到地区平均化型可能不能成功实施，所以采用了过去实绩型，然而由于不劳作农民的增加，该制度仍暴露出了缺陷。为了2013年起的新制度设计，苏格兰政府在2010年10月公开了“帕克调查报告（Pack Inquire）”。报告主题是排除不劳作农民，将不生产农地划给“活跃的农民（Active Farmer）”，以此让苏格兰农业变为生产性农业，谋求生产力的提高。

分析了以上英格兰和苏格兰的案例后，我们可以发现，遵循WTO的规则实施完全与生产分离的直接支付政策（完全分离）带来了意料之外的副作用。人工对该制度进行设计可能会产生试行错误，同时也要指出，其中行政交易花费也很大。

2.3 日本中山间地区直接支付制度的意义和局限

日本农政在GATT乌拉圭回合谈判达成一致的前一年，即1992年，实行了“新政策”。新政策中第一次揭示了针对中山间地区的直接支付的可能性。随后，日本的零星水田农业究竟能否使用西欧条件不利地区的方式，让少数的农民负责大面积土地并以所得补偿的形式发挥机能，日本在这一问题上不断讨论。终于到了1999年，农水省汇总草案，组织知识分子召开检讨会，开始认真讨论，到第二年的2000年成立了“中山间地区等直接支付制度”。与西欧相同，其论据也要依靠外部经济性。基于协商，管理聚落全体成员共同管理地区资源，以及个人补贴额五成以上要计划性地用于聚落的共同策划活动等，希望通过使用这些方法来解决前面提到的各种问题。

通过聚落协商决定及共同策划活动等形成社会资本等，这一制度产生的效果不小。但是在老龄化及人口剧烈减少的情况下，想要形成将来也能继续经营农业、管理农地的责任人体系，绝非易事。该制度以一定数量的可劳动人口及聚落机能的存在为前提发挥作用。但这一前提开始变得岌岌可危。如果以一个至几个聚落或是旧村级别等拥有一定面积的区域作为舞台，那么可以期望构筑起与地区经营法人类似的“堡垒”，来最低程度地维持土地利用型农业的基干作业部分。于是就必须要拥有能够发挥优秀经营管理机能的人才，以及能切实确保收入的机制。为此，直接支付金的战略性运用及公民合作系统的构筑就变得非常重要[①]。

（柏雅之）

---

① 关于这点，参考了柏雅之（2011）「条件不利地域直接支払政策と農業再建の論理—堡塁としての社会的企業と新たな公民連携システム—」『農業法研究』46号。

3 农商工合作（6次产业化）产生的内生式经济发展

3.1 推进农商工合作的三个法律

2008年（平成二十年）7月，农林水产省和经济产业省第一次正式合作实施了《农商工合作促进法》。人们经常实施农商工合作的策略，但是以该法律为契机，“农商工合作”这一词语开始广泛使用。农商工合作，直接来说就是农林水产从业者与经营工业商业的中小从业两者更进一步，通过合作、协力，尝试开发销售新商品、新服务，提高两者的销售额、增加新就业，发展地区经济。政府则以补助金、融资、信用保证特例等多种对策来支援这一尝试。

接下来，在2009年12月，农地法得到了大幅度修正。一直以来，农地都被看作是耕作者自身所有的东西。该修正进行了跨时期的转变，认为应该将农地作为地区资源，进行恰当、高效的利用，降低了企业进入农业时的障碍。

其后，2010年11月，全会一致通过成立了农山渔村的6次产业化法（通称）。农林渔业（1次产业）×加工业（2次产业）×流通业（3次产业）合作组成了新的项目，3个产业不论是加法还是乘法都是6，所以称为“6次产业化”。6次产业化法的内容粗略来说就是，在农商工合作促进法的基础上加入促进利用木质资源等生物资源、支援直销门店、促进自产自销等。

地区经济以地区农林渔业为核心，以上3项新的制度框架互相合作、补充，开拓了地区经济发展的巨大可能性。

3.2 农商工合作的案例分析

1）商品开发的全体倾向

到2010年（平成二十二年）3月末为止，全国共认定了370项农商工合作计划，其中农畜产品的加工品开发有259项，占了七成以上，远远高于水产加工（49项，13%）、林业相关（17项，5%）、IT技术导入（17项，5%）、新服务（餐厅、体验农业等）开发（15件，4%）。直销门店、农家餐厅、体验农业等新服务开发，虽然是农商工合作制度制定时期待的领域，但实际认定的计划案例非常少。

总体来看农作物的商品开发，可以发现有几类典型的商品开发合作，主要是以下4类：蔬菜加工品、酒类、糖果点心、高机能食品。蔬菜加工品在这几类中占有压倒性优势，主要理由是通过加工可以防止变质，可以让生鲜食品更容易保存和运输，使出货期间平均化，防止价格暴跌等。但更重要的是，据说蔬菜中约有二至三成不符合规格的作物，通过加工可以让这些原本被丢弃的食物得到有效的利用。另外，比起肉制品及水产品加工，蔬菜加工设施的规模更小，可以更加简单地开始。

酒类不仅可以通过米、麦、葡萄来制作，还可以使用其他果实。开发主体大多是地区的日本酒酒窖。酒窖使用本土栽培的酒米（用来酿酒的米。——译注）来开发高级日本酒，取得餐后甜酒执照并开发利口酒的案例占全体酒类的七成以上。同时反映出，日本酒的消费量20年来减少了约六成，而餐后甜酒的消费量却增长了40倍以上。

2）农商工合作的具体案例

“（株）BIOFARM MATUKI（指生态农场松木股份有限公司。——译注）”的松木一浩先生在静冈县富士山麓下23处3.7 ha的农田进行有机农业，栽培有机农业蔬菜，并以此为素材开展加工品、DELI（家常菜）美食超市、法式餐厅等典型的农商工合作，开展6次产业化商业。

松木先生曾是日本的米其林三星餐厅的总领班，1999年参与农业。不使用农药及化学肥料，少量培育了约80种蔬菜。费时费力地培育少量多种有机蔬菜。虽然有不适合机械化的缺点，但具有能自给自足、风险小、销售额稳定等优点，可以弥补其缺点。

蔬菜销路的开拓始于蔬菜的送货上门，其经营由此步入正轨。2007年，在富士宫市内开张了“BIO DELI”，提供以蔬菜为主的家常菜及轻食。在这家店不符合规格的蔬菜也可以得到有效利用，同时还起到了直营店的机能，可以直接倾听消费者的呼声。此外，2009年，开设了法式餐厅“BIOS”，提供刚从农田中采摘的蔬菜。由此“（株）BIOFARM MATUKI”受到了有机蔬菜加工食品的农工商合作认定，特别是被认定为负责商品开发、销路开拓的商工业者。

3.3 农商工合作项目计划认定的实际业务

想要得到国家支援，获得农商工合作项目计划的认定，需要有合作意图的“农林渔业从业者”（从事农业、林业或渔业的个人、法人）和“中小企业”（满足根据业务种类确定的资本金及从业人数条件的个人、法人。比如制造业的条件为资本金3亿日元以下，从业人数300人以下）的代表人向管辖事务所所在地的经济产业局或是农政局提出项目申请书及其他文件。认定标准为以下4个：

（1）农林渔业从业者和中小企业超越了通常交易的范围，进行“有机合作”；

（2）能有效活用互相的“经营资源”；

（3）需要进行“新商品、新服务开发等”项目（已经有销量的不能算作新商品。由于认定时需要进行原价计算及问卷调查，需要提供样品）；

（4）可以实现农林渔业从业者和中小企业的“经营改善”。

3.4　农商工业合作的补助金

在这里介绍3种典型的补助金。此外的补助金请参考农水省、经产省（指日本经济产业省。——译注）“农商工合作措施利用指南”的宣传册。

（1）项目化、市场化支援项目（经产省，2/3补助）：样品开发、市场调查、展示会出展、专家派遣、研讨会召开等的支援补助金限额2 500万日元，但需要技术开发的情况下，上限为3 000万日元。

（2）农商工合作促进设施建设支援项目（农水省，1/2补助）：针对食品加工设施、设备等农商工合作必要硬件的补助金。

（3）农业主导型6次产业化建设项目（农水省，1/2补助）：针对蔬菜加工设施、直营店、农家餐厅等6次产业化必要设施、设备的补助金。

3.5　农商工合作（6次产业化）的可能性

农业仅关注及讨论农业“生产”，但为了提高收益、确保就业，从农商工合作（6次产业化）的视角来看，必不可少的是将1次产品的“加工”“流通”也加入讨论。不论哪个村庄都有的产业是农林渔业，在日本各地都可以采用让农林渔业从业者、加工业从业者、流通相关从业者一体化，发展地区经济的策略。

（大冢洋一郎）

4　农村地区资源循环系统的形成

4.1　形成资源循环地区系统的必要性

现在，以生物能源等多种资源为对象，从全球层面到企业或家庭层面，不同规模下正在不断采取应对温室效应的对策[①]。特别是地区层面的新社会系统建构，其活用了地区的本土资源，不仅能缓解温室效应，还能在地区经济活性化的过程中解决全球规模的粮食危机及能源危机，人们对此的期待越来越高。但现状是，这没有充分考虑总花费及地区内的项目合作[②③④⑤]，还不能充分解决问题。

在这里，基于几个案例分析，明确资源循环地区系统建构的相关课题及展望。

4.2 建构资源循环地区系统的案例探讨

从通过构建地区内资源循环系统来解决地区内问题的案例的分析结果来看，资源循环地区系统可以分为两种类型：比较单纯类型和比较复杂类型。

1）活用家畜粪便的资源循环地区系统（单纯类型）

（1）需要活用家畜粪便资源循环地区系统的背景

第二次世界大战后，日本农业开始推进省力化、大规模化。畜产农民开始饲养多头牲畜，产生的大量家畜粪便变得难以处理，开始出现地下水污染及土壤富营养化的问题。同时，耕种水田及旱田的耕作农民开始普遍使用用法简单、见效快的化学肥料，来代替过去曾经是主流的由人类和家畜粪便做成的堆肥。结果，土壤中的化肥成分过度累积、有机物减少，发生了土地肥力降低的问题。为了解决这些问题，需要地区内的资源循环以新的形式再生。

（2）活用家畜粪便资源循环地区系统的构成

根据物质的流动顺序，活用家畜粪便的资源循环地区系统由原料投入部门、堆肥生产部门、堆肥销售/农地施肥部门以及将所有部门整合的管理协调部门构成，可以认为其是“单纯类型”（图1）。

这个系统以家畜粪便的处理为主要课题，以解决这一课题为出发点，结合使用以

---

① 柏木孝夫：21世紀のリサイクル論.再生と利用，25（2），2002

② 小林久ほか：農村地域から排出する有機性廃物の農地還元に関する経済分析，環境情報科学論文集，9.115-120.1995

③ 坂本宏：循環型社会構築に向けた技術的展望.日本エネルギー学会誌.78（9）.743-748.1999

④ 合崎英男：堆肥化施設整備のための耕種農家の堆肥需要予測手法.農業土木学会論文集.226.15-23.2003

⑤ 内藤正明，楠部孝誠：わが国における有機物循環の現状とシステム形成の課題.廃棄物学会誌，11（5）.324-331.2000

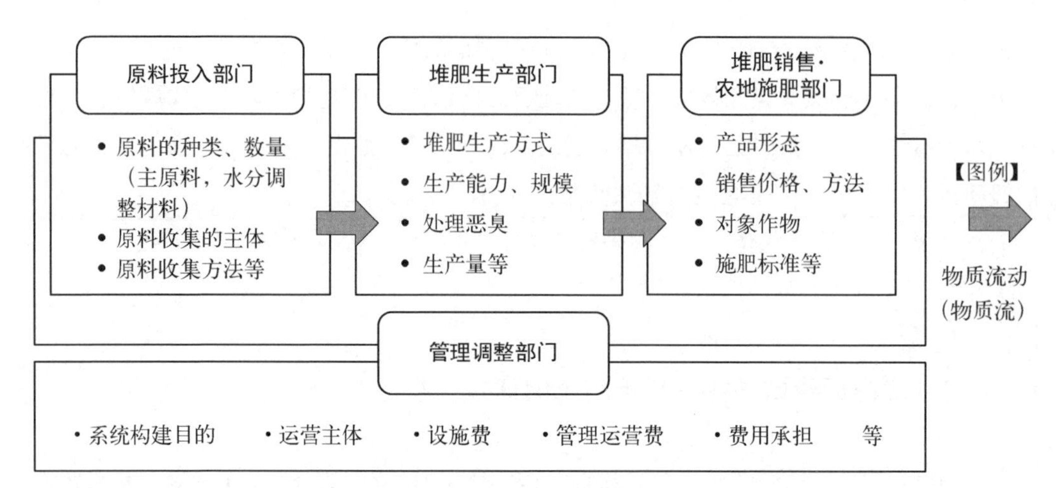

图1 活用家畜粪便的资源循环地区系统的关系构成①

家畜粪便为原料生产的堆肥的农民，将地区要素的关系性重新构筑成一个流程，形成了资源循环地区系统。这样的单纯类型是指，由地区相关人员解决这一地区存在的某个主要课题的形态，如果这个地区系统的建设需要大量的费用，那么可能会实施行政支援等。

2）活用废弃食用油的资源循环地区系统（复杂类型）

（1）需要活用废弃食用油资源循环地区系统的背景

以日本现在有多处导入成果的“菜花项目”来作为复杂类型的案例。滋贺县东近江市（原爱东町）的“菜花项目”是其中的一个成功案例。这个“菜花项目”的背景是，基于我们对富裕的追求而产生的河川、地下水水质恶化等各种环境问题（尤其是废弃食用油流入使琵琶湖水质污染的一个重要原因）。在这个背景下，人们开始慢慢产生了“要通过自己的双手来解决自己居住地区的环境问题”的想法，开始回收废弃食用油来制作环境负担较小的肥皂粉。然而环境问题的原因很复杂，想解决环境问题，另一个正在渐渐明了的课题是，需要居住在地区的人们修正自己的生活方式，于是形成了现在这样的复杂形式。

想要彻底解决当下众多的环境问题，我们需要退出“大量生产、大量消费、大量废弃”型的经济社会，从生产到流通、消费、废弃，要在各个环节提高物质的利用效率、推进循环使用。

---

① 图片绘制参照：上條雄喜：農村地域における有機物堆肥化システムに関する研究.東京農工大学博士論文，pp.11-17，1999

(2) 活用废弃食用油资源循环地区系统的构成

活用废弃食用油资源循环地区系统在物品流通（物质流）方面，乍看起来也很单纯，分为废弃食用油回收（图2F)、处理部门（同H、G）和利用部门（同I)。但回收废弃食用油的对策还包括其意识启发、简单明了的利用形态等方面，此外每个行动小组还关系到多个主体，形态很复杂。这个系统中的重点，不是指废弃食用油是污染环境的主要直接原因，也不是指菜花可以直接净化水环境，而是指地区内的多数人参与，在环境保护、垃圾减量化及地区环境美化等方面做出巨大贡献。该系统把菜花置于图景的中心，把从食用油的制造到消费，以及废弃食用油循环等一系列流程建构成居民容易理解的系统，这是该系统的一个重要因素。此外，图2不仅展示了物质的流动及相关人员，还展示了主要过程中特定团体［环境生协（环境生活协同组织。——译注）］的参

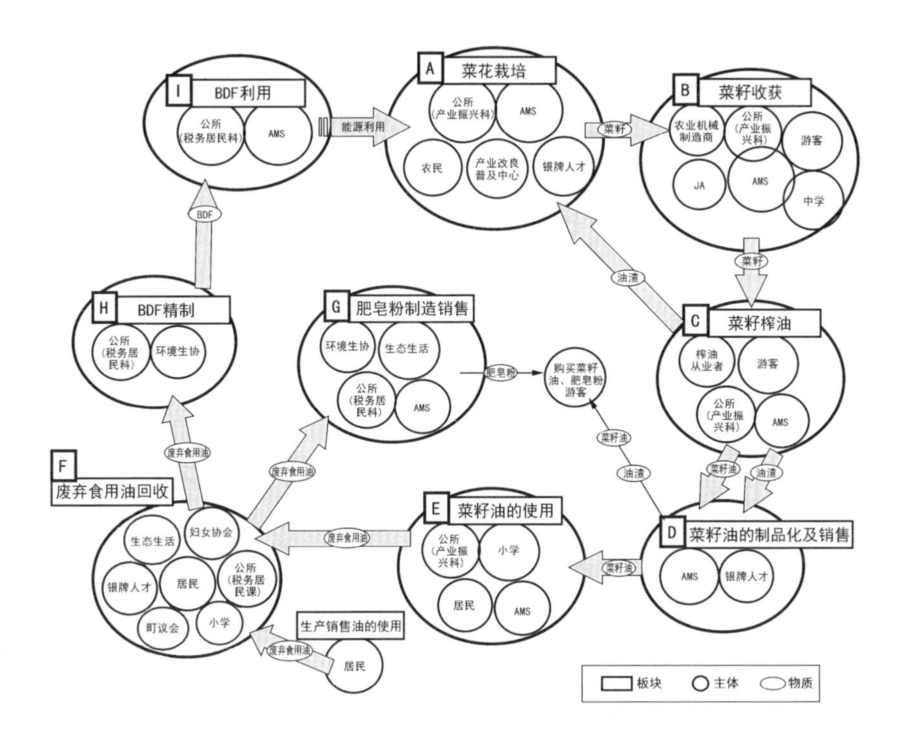

图2 爱东町菜花工程的相关人员示意图（根据听证会调查绘制）[①]

---

① 图片绘制修改参照：日高正人・中島正裕・千賀裕太郎：ダイナミカルシステム理論による循環型地域システムの構造把握手法の開発—菜の花プロジェクトを事例として.農村計画論文集，6，127-132,，2004，及，中島正裕・千賀裕太郎・日高正人：循環型社会の実現に向けたNPO主導による「協働」に関する研究—広島県大朝町「菜の花ECOプロジェクト」を事例として.環境情報科学論文集，1818，61-67，2004

与。也就是说环境生协连接了地区相关的人们，担任了社会企业或中间支援组织的角色（图3）。整理了以该团体为中心的地区社会关系性，地区的相关人员之间存在着明确的关系性。也就是说，环境生协不仅仅是“同伴”，更存在于整合相关人员各自想法的位置关系上。

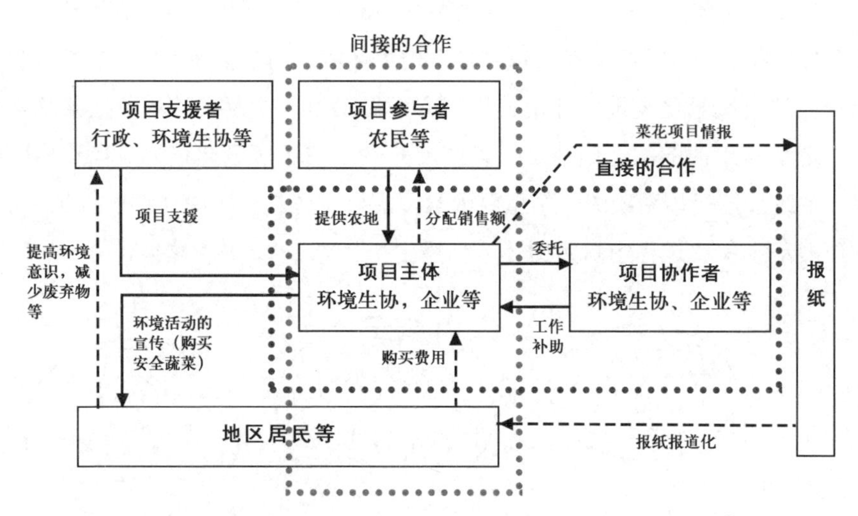

图3　活用废弃食用油的资源循环地区系统的相关人员间的结构①

4.3　加油农村

现代的问题，不能仅仅通过导入活用地区资源的设施来解决，更重要的是要培育地区资源的“活用人才”，并创造能够“共生”的环境。比如，在前文所述的家畜粪便的资源循环地区系统案例中，就需要平衡地区中家畜粪便等有机物可能的生产量以及由地区耕地面积算出的堆肥可能的使用量（有机物供求基本平衡），来决定能够“共生”的项目规模。

此外，对于地区系统来说，还有一点很重要的是，要知道通过什么方式解决什么问题，及该采用单纯类型还是复杂类型。比如，前文所述的原爱东町的菜花项目，在地区已经有各种各样措施的基础上，把这些已有的措施有机结合起来才更有效。农村新的存在意义就在这些地区规模的措施之中。也就是说，只有这样把握丰富的自然以及地区的历史、文化、技术、人才等地区资源，并最大限度地活用它们，来实现地区活性化和关系重构，才能实现向“分

① 图片修改参照：日高正人ほか：企業経営指標による循環型地域システムの実態解明—滋賀県愛東町「あいとうイエロー菜の花エコプロジェクト」を事例として.環境情報科学論文集，18，67-72，2004の図

散自立型、自给自足型社会”“提高地区自给能力及创富能力的地区主权型社会”的转变。

最后，资源循环地区系统还需要解决季节变换、长期运营等众多课题，但这些不确定要素可以通过地区合作、分散风险来解决。为此，在构建资源循环地区系统时，应当通过地区内的相关人员合作重新建构物质流，同时，需要在充分考虑总体平衡后导入以下措施：(1) 对“安全”与“安心”的追求，(2) 为了确立“持续”与“独创”的战略，(3) 为了“地区还原”与“自立”的机制等。

（日高正人　上条雄喜）

5　水和地区与农业的合作——农业用排水系统的社会机能

5.1　引言

日本的农业用水、排水路的总长度约400 000 km，其中基干水路（末端面积100 ha以上）约有40 000 km。从水路等水利设施的总资产额来估算，建设费约将达到25兆日元。日本这样的农业用用排水系统为包含山村、农村、都市区域的流域性水循环形成做出了巨大的贡献。近年来，随着农业用水作为地区环境资源的地位得到提高，各地开始出现地区居民参与的新型农业用水管理活动[①]。在这里，我们将讨论在居民的参与下，活用农地、水、生物资源的农村环境再生与地区合作的联系。

5.2　活用农村资源的环境再生与地区建设

1）名水箱岛涌泉支撑的农村渔业和旅游资源

群马县吾妻町的名水——箱岛涌泉以日涌出量30 000 m^{3}而闻名，是吾妻川的支流鸣泽川的水源，用于水田灌溉用水、水道用水、鳟鱼养鱼用水、萤火虫保护用水等多种功能。自1954年群马县水产试验场从箱岛涌泉引水，在箱岛地区内开设养鳟中心以来，各农家开始在水田周围及宅基地内开辟养鱼池饲养虹鳟鱼。养鱼池中用的是从鸣泽川取水

① 中村好男：住民による農業用水の環境再生と地域の活性化—農業用水を地域で守り活かす—.耕，103，36-44，2004

的农业用水。1965年左右向欧美出口冷冻虹鳟鱼，这对于农民们来说是巨大的收入来源。从此，箱岛地区的水田农民为了不影响鳟鱼养殖，努力减少农药的使用量。

箱岛地区居民的环境建设活动以箱岛涌泉在1985年入选“名水百选”为契机展开。活动主体是当时相继设立的“箱岛萤火虫保护会”与“名水和萤火虫会”，在地区内设立萤火虫保护区，并进行管理。另一方面，使用箱岛涌泉的养鳟场每隔一天投放饲料，设置了水槽来沉淀鳟的粪便及饲料残渣，以保护水质。通过这些活动，箱岛地区一跃成为了北关东屈指可数的著名萤火虫旅游景点。在源氏萤火虫及平家萤火虫的观赏期，每周周五到周日约有3 000～4 000人从东京都、千叶县、埼玉县、神奈川县等首都圈域到此地游览。

2）活用广域水路网的农村生态系统复原及町振兴

神奈川县西部的酒匂川流域的足柄平原形成了广阔的可反复利用的用排水系统，聚落内水路网密布（图1）。由于水路中全年流通农业用水，地区用水的机能非常充实，包括灌溉用水，以及聚落防灾、环境、造景、生物保护等。在开成町冈野地区，因为田圃建设项目推进了用排水分离，改建成水泥水路，对地区的固有生态系统产生了影响。自此，开始由聚落的自治会及农民个人主导环境建设活动，让农村公园或是聚落内的水路变得适宜淡水螺及萤火虫幼虫栖息。被称为萤火虫水路的水路中农业用水稳定地流过，以谋求恢复土水路中的萤火虫繁殖。此外，在町内17 ha的田圃建设地区的农道边种植了5 000株绣球花，酝酿出了水路溪声与水田融合的水绿丰富的田园空间。每年6月中旬举行的绣球花庆典，吸引了县内县外20多万到访者，使流域内农产品直销出现盛况等，对町振兴做

图1　流过开成町农业用水路

出了巨大的贡献。

3）首都圈的疏堰志愿者交流

本木上堰（用水路）滋润了福岛县喜多方市饭丰山麓的梯田，它是1747年（宽保七年）由会津藩开凿的。近年来随着耕地减少、过疏化及老龄化的进程，水路的弃管现象加重，水路崩坏引起农地灾害的危险性增加。于是，从东京来的移居者提议，为春天重体力活的疏堰工作募集志愿者，该提案在2000年4月本木上堰水利合作社的惯常会议中讨论通过。到2004年为止，这个计划活动的推进主体都是本木上堰水利合作社，同年“本木/早稻谷堰和里山保护会”成立，继承了该活动。其背景是让很多原本受到水利合作社这一组织体制影响而受到制约的活动变为可能，并呼吁本木上堰受益者以外的地区居民参加。2008年，从首都圈域来参加疏堰的志愿者是水利合作社成员的1.5倍，变为稳定的跨流域的地区合作。亲眼见到参与者们感叹围绕着本木上堰的自然的美丽，本地居民也渐渐开始认识到其价值，从这里可以看到地区合作的效果[①]。

5.3 小结

这里介绍了活用农村富裕的农地、水及生物资源的地区建设。通过地区建设挖掘地区固有资源的新价值，为了进一步发挥这种价值，推进有居民交流的持续性地区合作，为有活力的农村建设做出贡献。

（中村好男）

6 红蜻蜓飞舞的水田景观复活

6.1 构成水田风景的红蜻蜓

就像童谣《红蜻蜓》一直列于日本人爱唱歌曲的前几位，红蜻蜓，这种特别的昆虫也是日本人最有亲近感的动物之一。秋日夕阳照射下，飞舞的红蜻蜓群可谓是日本人心中

① 大友治：福島県会津地方本木上堰における堰浚いボランティア活動と中山間地水路の保全.水利報，报，21，44-45，2009

的原风景。

给秋日夕阳增添了色彩的红蜻蜓被称为秋茜，是与水田紧密相连的一种“蜻蜓”。秋茜的幼虫在梅雨季节从水田羽化。羽化的成虫向1 000 m以上的高地移动，夏季在高地度过，到了秋天重回平地，在割完稻以后的水田的水沟里产卵。在水田里产下的卵就这样渡过冬季，在春天水田放水的时候，从卵孵化成幼虫，经过约2个月的快速成长，在梅雨季节羽化。秋茜从产卵到羽化共要经过约9个月的时间，期间一直停留在水田中。

秋茜成为常见的蜻蜓，大约和水田耕作开始是同一时期。开始栽培稻谷之前，和现在利用水田的大多生物一样，红蜻蜓也在河漫滩平原产生的湿地中生存。这些生物将非常不安定的临时水域作为繁殖场所、生长场所，可以从这种生活战略史中想象出秋茜的特征。也就是说秋茜是红蜻蜓类中也比较突出的小卵多产型[①]，拥有的生态特征如下：卵的孵化速度随水温的上升而变快[②]，幼虫的成长速度很快[③]。

一般来说，在环境变动大且预见性低的条件下，生存率和卵的大小无关。也就是说，产卵后的生存率受偶然环境支配的物种，会使用生产数量多、体积小的卵来增加后代数量的策略[④]。然而，曾经不稳定的临时水域被人为控制，改造成水田，秋茜就得到了理想的生存场所（在每年的特定时期不会有一定时间的干涸，田里一直都会充满水，水温维持在较高的水平，而且天敌很少）。是水田让秋茜变成了一种数量很多的常见蜻蜓[⑤]。

6.2 常见风景的丧失

然而，红蜻蜓飞舞的风景已经渐渐成为过去式。根据上田（2008年）开展的调查，全国的秋茜明显减少[⑥]。秋茜减少的主要原因与水田环境的变化有关，是复合性的。但是，

---

① 水田國康：アカトンボ属の産卵戦略.インセクタリウム，15，104–109，1978

② Jinguji, H., Tsuyuzaki, H. and Uéda, T.: Effects of temperature and light on the hatching of overwintering eggs in three Japanese Sympetrum species. *Paddy Water Environ*, 8(4), 385–391, 2010

③ 神宮字寛，露崎浩：一定条件下でのアキアカネ，ナツアカネ，ノシメトンボ幼虫の齢と成長.*TOMBO, Matsumot*, 51, 38–42，2008

④ Pianka, E.R: On r- and k-selection. *American Naturalist*, 104，592–597，1970

⑤ 上田哲行：アキアカネにおける「虫」から「風景」への転換.トンボと自然感（上田哲行編），p.3–20，京都大学出版会，2004

⑥ 上田哲行：赤とんぼネットワーク会員によるアカトンボセンサス 2007（速報）.*SYMNET*，10，3–9，2008b

近几年个体数量的剧烈减少，原因直指受育苗箱使用的农药的影响①。育苗箱中使用的农药是一种称为浸透移行性农药的杀虫剂。稻体会吸收这种农药的成分，目的是防止害虫的啃食，分解速度很快。由于这种药剂的环境负荷小，所以受到了关注。另外，和以前的农药相比，这种农药对务农者身体的暴露部分的影响小。

渗水槽（重现水田的土壤槽）和水田使用的生态毒性评价实验表明，浸透移行性农药以吡虫啉（原文为イミダクロプリド，即imidacloprid，吡虫啉是烟碱类超高效杀虫剂——译注）和氟虫清（原文为フィプロニル，即fipronil，是一种杀虫剂。——译注）为主要成分，对秋茜的幼虫有很强的毒性②③。秋茜幼虫的死亡率在吡虫啉区和氟虫清区比无农药区更高（图1）。尤其是在氟虫清区，农药使用后马上导致个体数的大量减少。吡虫啉对秋茜幼虫以及水蚤类等目标以外生物也有很强的毒性④。依存于水田环境，受浸水和水温上升而产生的小动物们，要面临暴露在这些低浓度强毒性农药中的命运。

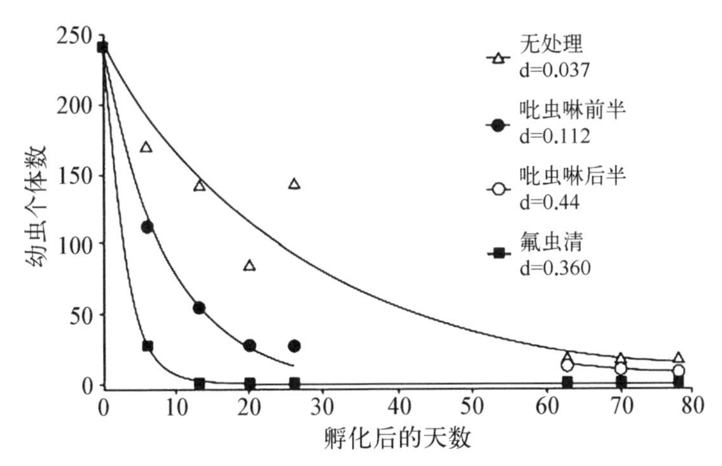

图1　使用了吡虫啉和氟虫清的水田（渗水槽）的秋茜幼虫个体数量变化曲线图②，表现了秋茜幼虫的生存曲线，d表示幼虫的死亡率

---

① 新井裕：赤とんぼの謎，p.148-150，どうぶつ社，2007

② 神宮字寛，上田哲行，五箇公一，日鷹一雅，松良俊明：フィプロニルとイミダクロプリドを成分とする育苗箱施用殺虫剤がアキアカネの幼虫と羽化に及ぼす影響.農業農村工学会論文集，77（1），35-41，2009

③ 神宮字寛，上田哲行，角田真奈美，相原祥子，斎藤満保：耕作水田におけるフィプロニルを成分とした箱施用殺虫剤がアカネ属に及ぼす影響．農業農村工学論文集，267，79-86，2010

④ Sanchez-Bayo. F. and Goka.K:Ecological effects of the insecticide imidacloprid and a pollutant from antidandruff shampoo in experimental rice fields. *Environmental Toxicology and Chemistry*, 25, 1677-1687, 2006

6.3 复活红蜻蜓飞舞风景的对策

我们正在失去有红蜻蜓的风景。由于城市化和老龄化，农村环境正在缩小荒废，结果是促进了集约度高的大规模农业化，引入了高效率的栽培管理，加速了风景的消失。宫城县大崎市的农村地带开始对现状产生疑问，从红蜻蜓的视点开始重新审视自己的水田农业，并采取对策。这是一个务农者、JA农协、消费者、环境生协以及大学合作，复活红蜻蜓飞舞的水田风景的对策（图2）。这个对策由务农者自己调查水田产生的红蜻蜓种数和个体数。务农者在红蜻蜓羽化的一个月之间，收回农田内的羽化壳。大学进行专业的建议以及数据分析，并将情报返回给务农者。农协成立了与调查相关的业务窗口，接待务农者的咨询。回收的红蜻蜓羽化壳的种类判别工作以及个数统计的工作，由务农者和消费者或环境生协，与大学共同完成。

参加这个对策的务农者意见是各种各样的。有一部分意见表示“去农田找水虿（昆虫纲蜻蜓目昆虫稚虫的一种统称。——译注）还是很开心的”“农业要考虑环境和安全！自己能参与实践感到很幸福”，但另一方面问卷中也有这样的回答，“每天调查很麻烦，而且也没有，很没劲”“根本找不到，太遗憾了”“找的时候很期待，但只找到了一个”。这个对策已经迎来了第3年，但表示有继续下次调查意向的务农者超过了70%。另外以这一调查为契机，参加的农民大多实现了耕种方法的转换。

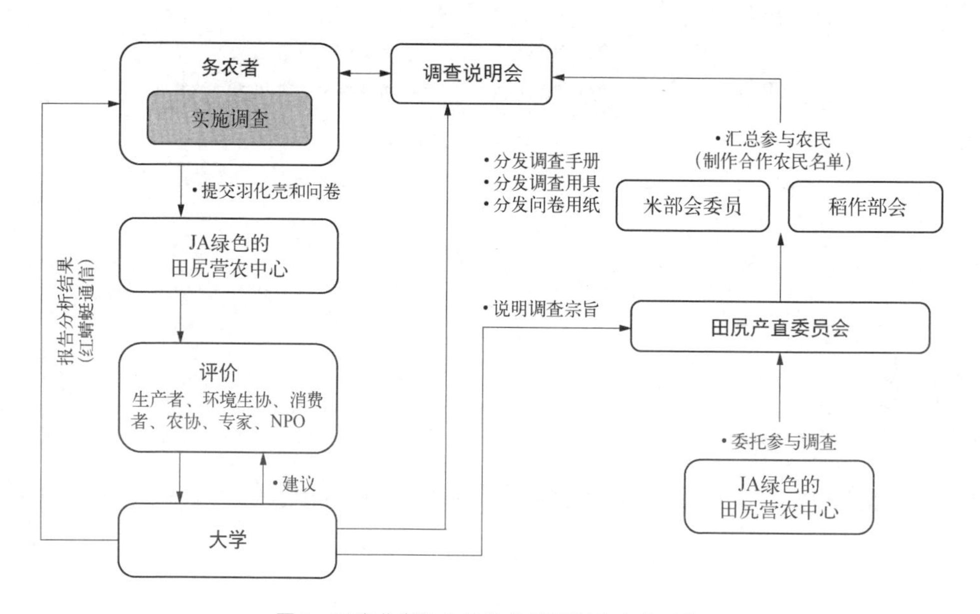

图2　以农业者为主体的红蜻蜓调查合作对策

上述的对策是复活红蜻蜓风景所迈出的第一步。同时，对我们来说，不能只用经济价值这一标准来衡量农田的价值，而应该重视这一风景背后提供安心食品以及生物多样性的价值。

（神宫字宽）

7 蓄水池的自然及其活用

根据农林水产省1997年进行的调查，日本约有21.1万处蓄水池。这些蓄水池广泛分布在全国各地，在天然湖沼少的日本西部，尤其是在温暖少雨的中国、四国地区较多。其中比如弘法大师倾力修建的满浓池（香川县）等起源于古代的蓄水池也不少。

拥有蓄水池的里山可以说是日本代表性的农村景观之一。蓄水池虽说已经融入了农村景观，但绝对不是“自然的原本状态”。

其中缘由的第一点是蓄水池是人为建造的农业用水源储水池。这虽然是人工池，但也是多样生物的生存空间，是考虑了农村地区环境保护的极其重要的静水水域。比如，日本的水生植物约有半数在蓄水池中存在，其中很多还是指定的濒危物种[①]。另外，在日本生存的蜻蜓约有180种，其中约有80种以蓄水池作为主要的生存场所[②]。就国外来说，英国的南英格兰农村地区中，固有生物和稀少生物生存的蓄水池也很多，比起河川等其他陆地水域，蓄水池的生物多样性更高[③]。

不是“自然的原本状态”的第二个原因是，蓄水池的水环境是经过长年人为维持管理而保留下来的状态。人们巡视、检查堤坝是否漏水，还要不间断地进行堤坝坡面除草、蓄水池抽干、底部疏浚等维持管理活动。这样的维持管理抑制了蓄水池的富营养化以及生态系统迁移，结果是确保了支持多样生物生存的稳定水环境。

环境基础在蓄水池中起到重要的作用，河岸附近的浅场（河岸附近水深较浅的场所。——译注）是其中之一。蓄水池中当然会存在水域和陆地相接的滨水区域。一般来说，两个以上不同环境相接的部分被称为生态过渡带，是生物重要的生存场所。蓄水池中的生态过渡带就是滨水区域，尤其是池底坡度小，陆地和水域缓缓相接的浅场特别重要

① 浜島繁隆：ため池の水草.水環境学会誌，26（5），8-12，2003
② 江崎保男，田中哲夫編：水辺環境の保全—生物群集の視点から—，p.12-32，朝仓书店，1998
③ Williams, P.et al.: Comparative biodiversity of rivers, streams, ditches and ponds in an agricultural landscape in Southern England. *Biological Conservation*, 115(2), 329-341, 2003

（图1）。在浅场中，随着水深的不同，其中生活着多样的水生植物，而水生植物又可以用作水生昆虫、鱼类及两栖类的产卵场所、捕食场所以及幼体的生活场所。

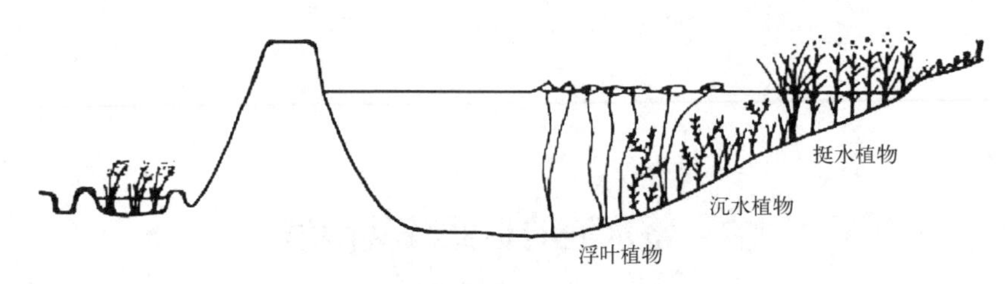

浮叶植物、沉水植物、挺水植物

图1　蓄水池浅场的特征（根据文献[①]修改绘制）

有浅场的蓄水池应当尽力保存浅场，没有浅场的蓄水池，举个例子，进行蓄水池改建工程的规划时应当积极考虑增加浅场。

蓄水池可能会因为人为的放水工作而导致水位降低，之后随着降雨，水位会回升。浅场会因为细微的水位变化而重复露出和浸水的过程，在浅场中生存的生态区系会受到水位变化的影响[②③]。但是能解释蓄水池放水操作和生态区系关系的知识还远远不够充分。

另一方面，在浅场中水生植物群落很发达，但干枯的植物尸体就这样沉积在蓄水池中，会引起有机性污染和富营养化。结果，蓄水池的水生植物区系变得单调[④]，从而导致水生昆虫等的生存场所减少，乃至丧失。然而，池底的沉积物作为水生昆虫的生存场所是有功能的。从中可知，需要使水生植物生存状况及沉积物堆积状况维持在合适状态。为此必不可少的是，以含有科学验证的恰当管理为基础，进行监控/评价。如上所述，人们将蓄水池作为农业生产活动的一环而进行维持管理，而维持管理与生物多样性之间的关系性，还有待进一步明晰，这是一个深奥的课题，至今还无法充分解释，有待今后的调查研究。

另外，以中山间地区为主，不再作为水源使用的蓄水池也到处可见。以香川县为例，1985年有16 304处蓄水池，但2000年减少到了14 619处。减少的1 685处中约有80%

---

① 浜島繁隆，土山ふみ，近藤繁生，益田芳樹：ため池の自然，p26，信山社SAITEKKU，2002

② 嶺田拓也，石田憲治：希少な沈水植物の保全における小規模なため池の役割.ランドスケープ研究，69（5），577-580，2006

③ 角道弘文：ため池における水位変動が浅場に生息する水生昆虫に及ぼす影響.農村計画学会誌，28，363-368，2010

④ 石井禎基，角野康郎：兵庫県東播磨地方のため池における過去20年間の水生植物相の変化.保全生態学研究，8，25-32，2003

位于中山间地区。如果水流经（水的补给目的地）的水田放弃了耕作，那么由农民个人管理的蓄水池就不再被使用。由水利组合等多个农民管理的蓄水池，会由于务农者的老龄化而难以维持管理，可能会重新编排供水路线，对蓄水池群进行整理统合。在这种情况下，蓄水机能小、维持管理不利的蓄水池会依次不再使用。

中山间地区的蓄水池是支持农村地区生物多样性的重要静水水域。但是失去了水源功能的蓄水池，如果放弃管理让其残留的话，涨水时会有决堤的危险。蓄水池的受益者或管理者不在的情况下，丧失了水源功能的蓄水池应当置于农村计划中的何种地位，应当考虑其作为群落生境池而再生的可能性，也应当由地区全体来考虑“蓄水池的自然”的活用。

（角道弘文）

8 与鹳鸟共生的农村建设

8.1 引言：围绕鹳鸟的农村环境变化

2005年9月，在兵库县丰冈市上空，鹳鸟（学名Ciconia boyciana，中文称东方白鹳。——译注）再次展翅高飞。丰冈市是日本固有濒危物种鹳鸟的最后栖息地，自从丰冈市捕获鹳鸟人工饲养以来已经40年，从这一瞬间人们开始实现“总有一天送你回到天空”的和鹳鸟的约定。

鹳鸟在松树上筑巢，在水田或水路、湿地或河川捕食，是一种站在食物链顶端的鸟类。也就是说它们生存在里山（松树林的山）、乡村（水田）、水边（河川）连续的农村环境中。

20世纪60年代，鹳鸟陷入濒临灭绝的危机，当时日本的农业目标为生产、工作的效率化，是一个使用化学肥料施肥、广泛播撒水田除草剂、引入拖拉机及插秧机、推进农田基础设施建设的时期。通过这些行为，农民从繁重的稻作劳动中解放出来，从事非农产业的就业机会增加，获得兼职收入，更好地开展农业经营。因此，水田和周边以有机物为食的泥鳅和蜗牛等减少，难分解性的有毒物质集中在淡水中，向河川及水路水田移动，使得以此为生存繁殖区域的生物减少。鹳鸟自此踏上了捕食污染食物、受饥、灭绝的道路，可以说这也是农村环境变化导致其他生物因生存区域减小而减少甚至灭绝的写照。

丰冈市放生鹳鸟的过程中，人们对为追求便利而破坏的生态系统赎罪，并使其重生，这是创造新型农业农村环境的挑战。

8.2 鹳鸟也能居住的环境建设对策

丰冈市面积697.66 km^2，人口89 224人（2010年5月），位于兵库县北部，是但马地区的中心都市（图1）。地形是盆地，圆山川流过丰冈市中央，注入日本海。圆山川坡度平缓，满潮时河口周围10 km范围内都会涨潮，结合其他地理因素，丰冈盆地是一个洪灾多发地区。从反面考虑，圆山川的泛滥带来了肥沃的土壤，为鹳鸟（图2）捕食的淡水鱼创造了生长环境。但是丰冈盆地也因为农业工作的机械化及基础建设而导致环境变化，鹳鸟的生存数量减少。

图1 丰冈市的位置

图2 鹳鸟

丰冈市连同兵库县及民间，共同开展了设置人工巢塔、提供食物等鹳鸟保护活动。1965年，采取人工饲养的对策，但1971年以丰冈盆地为最后栖息地的野生鹳鸟灭绝。但是后来人们继续人工繁殖，1989年有次繁殖成功。以后，随着每年自然繁殖的成功，鹳鸟的饲养数量增加。人们开始讨论鹳鸟放归野外，而且不仅仅停留在自然环境保护与再生的方面，人们开始讨论对人类来说富饶且可持续的城镇建设。设定的目标为“创造鹳鸟也能居住的富饶的自然、文化环境”。

作为具体的政策，丰冈市的基本构思是在解决鹳鸟放归野外问题的同时，结合其他领域的对策，让改善环境的对策与经济活动互相刺激，定位其为推进城镇建设的项目“丰冈市环境经济战略”（图3）。其支柱为（1）推进自然能源的使用，（2）环境经济型企业的集聚，（3）鹳鸟旅游的开展，（4）丰冈型环境创造型农业的促进，（5）丰冈型自产自销的推进等策略。其中，作为促进丰冈型环境创造型农业的尝试，在确保鹳鸟食物的同时，生产品牌米，使用了“冬季灌水稻作”这一先驱性的方法。

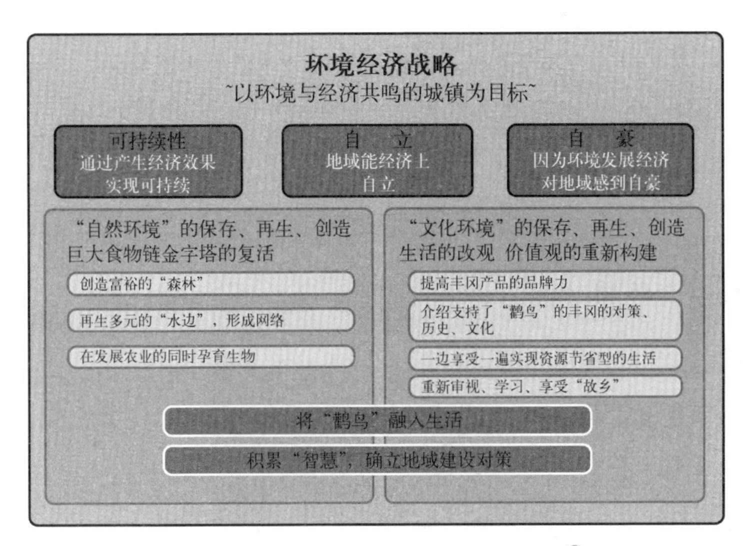

图3 鹳鸟放归野外项目的体系（作者根据文献[①]绘制）

这是在种植水稻的过程中，通过推迟抽干时间，冬季灌水来培养生物，确保鹳鸟的捕食场所，并且不使用农药或使用少量农药，通过养鸭农法等来栽培水稻，提高附加值，通过这种方式生产出的米比普通农法生产的米，交易价格高2～5成左右。虽然对于务农者来说，水管理及除草工作等需要花费很多工夫，但市内的农民及务农者团体对环境创造型农业持有理解和共鸣，象征环境再生的鹳鸟降落在自己耕作的水田中时，他们切实地感受到了一种喜悦，并采取了上述行动。最终，确立了环境和农业振兴策略结合的少量农药、无农药栽培“鹳鸟养育农法”，并持续开展了农产品品牌“鹳舞”的认证制度。

8.3 结语：与鹳鸟共生的农村持续化发展课题

前文介绍了丰冈市以鹳鸟为核心的农业、农村环境再生与创造的相关内容。通过这样的策略可以获得环境形成及经济方面的成果，但该市仍有不少问题，包括少子老龄化等引

---

① 兵庫県豊岡市：コウノトリと共に生きる豊岡の挑戦，2007 年 6 月

起的弃耕地增加、里山的荒废、野生动物食用作物等，这些课题和其他的城市及农村地区相同。即使在与鹳鸟共生对策中，对深田等不适宜耕作的农地进行轮种，使其变成群落生境水田（图4）及湿地带等鹳鸟的捕食场所，由于其不生产农业作物，所以经济效果难以展现，其维持管理只能主要依赖那些有心人。这些人加入该对策中，可能是因为这片农地是家业，或是看到了相关的教育素材。他们通过现场体验和实感发现，这不是远在天边发生的事情，而是身边生活中可能发生的课题，也就是“百闻不如一见”。

图4　栖息地水田

今后，不仅限于鹳鸟这样的稀少生物，为了开展改善与生物紧张的共生关系的农村建设，必须要让具备多元价值观的人们来参与和合作，农村山村的场地和体制建设可以作为为了建立前半，这也是重要的课题。虽然鹳鸟在兽医、生态学家等研究者的努力下重返日本的天空，但是要创造并且维护再次回归的鹳鸟能够继续生存的环境，还需要和村民们共同培育相关人才，他们要有农村计划的相关学问，能在考虑自然、社会、经济的基础上制定计划并且实现。

（藤泽直树）

[附记]

本稿接受了丰冈市“鹳鸟放归野外学术补助金”（平成十七、十八、十九年度），基于日本大学生物资源科学部生物环境工学科建筑地区共生设计研究室实施的调查数据作成。对调查中提供了帮助的丰冈市役所及各位居民表示深切的感谢。

【参考文献】

1. 兵庫県豊岡市：コウノトリと共生する水田づくり事業，2005 年 3 月

9 环境共生型田圃建设规划

9.1 环境共生型田圃建设的当今的课题

以2001年实施修正《土地改良法》为契机，各地推进注重环境和谐的田圃建设。规划阶段很重要的一点是，要如何基于利害关系者的参与及合作，来解决提高生产基础与保护地区环境这两个看似矛盾的课题。正是环境保护设施的维持管理体制使这样的问题浮现出来，其中比较困难的是打消项目申请者，也就是务农者对于环境保护的不安和担心。

9.2 赞成总论、反对各论

“我根本就不是为了保护环境而申请这个项目的”“保护生物的工程会增加管理作业的负担和赋税金，我们承担不起”。对于田圃建设中的环境维护，产生如上意见的务农者不少见。必须注意的一点是，这些意见并没有正面否定保护环境的必要性，而是无法肯定由于引入环境保护而产生的各种负担。其证据就是，几乎没有务农者盲目反对保护农田周围栖息的生物和自然环境。可以认为，大多数务农者并不是将环境保护的重要性放在嘴上讨论，而是切身去体会。农业是人类积极地改造自然，从中获取的产品，并以此为生的产业。对于从事农业的人们来说，保护产品母体的自然，可以说是理所当然的基本道理。

然而，务农者既然持有这样的自然观，为什么还会对田圃建设中的环境保护持有可谓强硬的态度？其中的理由与以下几件事相关。

第一个理由，对环境保护对策所带来的经费增加及维持管理劳力的负担产生了担忧。务农者的真心话是“明明以农业为生计就已经很困难了，还不惜要花钱来保护青鳉鱼和青蛙，这有什么意义，而且为什么相关管理还必须要我们自己来承担”，他们的感情确实毫不虚伪。

第二个理由，耕作者基本习惯于自己维护管理小排水路等。如果田圃建设后要继续维持这种规则，那么在出于对鱼类的移动网络的考虑而改造了生物水路的情况下，水面坡地的除草等工作就会落到面向这条生物水路的耕作者身上。在这种情况下，农业者不得不慎重考虑对环境保护的态度及对水路配置的意见。也就是说，如果在理解了历史习惯的基础上，还对环境保护表示赞同，就等同于向周围的务农者宣告“让我来负责生物水路的管理也可以”。

第三个理由，在受托或委托生物水路等的维护管理工作时，不能排除有困难的可能性。当今，务农者兼职很多，且老龄化程度高，大多务农者参加田圃建设的前提是可以将工作委托给责任人农民，但同时在日本的农村聚落，随着耕种者的减少和老龄化，末端水利设施的管理体制正在急速弱化。这样的聚落连以前的管理水平都难以保证，使得人们对承担由保护环境带来的维护管理工作更是敬而远之。

那么为了回避“总论赞成、各论反对”这一局面，考虑既符合现实又可持续的维护管理体制，到底要怎么做。这里通过讨论地区居民参与设计田圃建设后的维护管理规划的案例，来解开这个问题的关键点。

9.3 案例地区的对策

宫城县大崎市北小盐地区在仙台市东北方向约40 km，是一个农业聚落，2004年进行了以区划整理与用排水再编为主的田圃建设工程。在此，汇总案例地区的特征如下：(1) 作为环境保护的一环，将现有水路的一部分作为“生物水路”保全；(2) 通过居民参与研讨会的方式策划制定环境保护及其维护管理方法；(3) 生物水路的维护管理由农民和非农民合作来完成；(4) 以保护环境而实施的生物水路为据点，开展种种交流活动，等等。

在工程动工前的2003年实施的研讨会中，本地的非务农者和务农者、行政相关者、设计顾问、NPO法人，还有鱼类专家等参与规划。研讨会分多次召开，通过各阶段来推进讨论，包括通过生物调查把握环境条件、有关生态系统的讲习会、保护方针及保护策略的具体化、维护管理体制的讨论等。其中讨论最白热化、陷入胶着状态的是，保护生物水路的维护管理由谁来负责。即使在这种情况下，讨论也没有被瓦解，而是通过地区居民的协商同意形成妥协。以此为背景，案例地区的研讨会达到了以下作用。

9.4 研讨会的作用

第一个作用，通过环境价值来重新评价拥有水利设施的环境潜力。从田圃建设以前开始，居民间就广泛地认知到，工区内的用排两用水路里栖息着鱼类贝类。但是与“认为这是有价值的”的观点相比，更加具有支配性的观点是“这是排水性差的象征”的外部不经济性观点。灌溉排水设施一直以来都被评价为，仅有用水和排水的利用价值，而施工前举办的研讨会如图1所示，为其提供了新的机会，附加了其保护原有生态系统的存在价值，提供孩子们学习场所的使用价值，提供与都市居民交流场所的利用价值。

另一个作用，通过研讨会组织的生物调查及学习活动，居民们自己再次确认了在长年的使用中对水利设施产生的喜爱和情感。喜爱和情感是为设施继续利用提供动机的前提条件，也是其后能够决定维护管理开展及设施评价的极其重要的要素。这一系列过程模式化后，如图2所示。如果从过程角度重新审视案例地区的实施对策，那么就可以发现，当

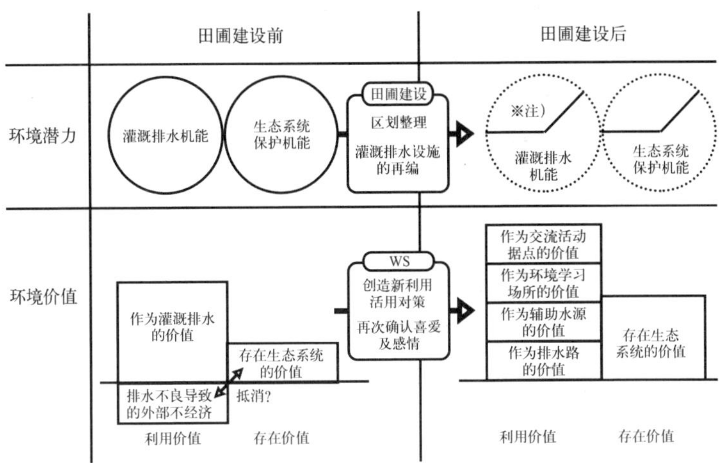

图1　田圃建设前后的环境潜力和环境价值的变化①

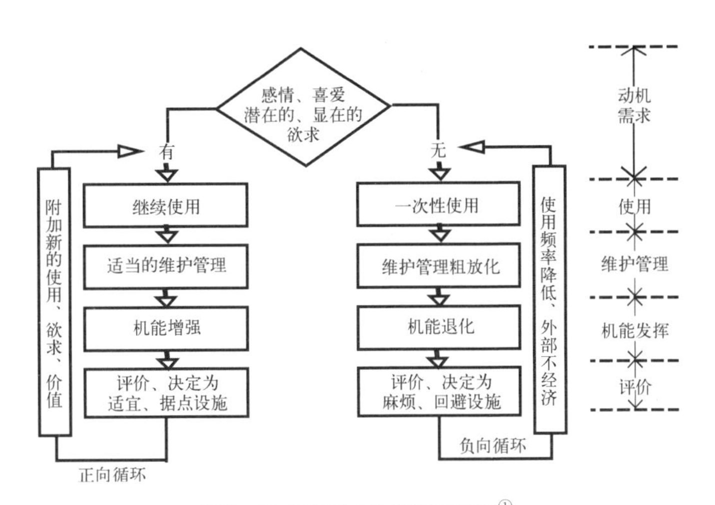

图2　形成使用动机的循环过程①

---

① 田村孝浩，守山拓弥：末端水利施設における参加型管理の成立要因に関する考察.水土の知，77(12)，985-989，2009

地开展了确认和共享研讨会讨论出的使用动机、继续使用灌溉排水设施、开始合作进行维护管理活动、开展交流项目等些新的使用方式等活动，诸如此类的一系列的活动都在向着正向的循环发展。

9.5 制定维持管理计划的视角①②

不限于田圃建设，环境保护型设施建设的计划过程中的课题主要是，其维护管理由谁来承担，以及还需要什么样的对策让项目可以继续。解决这一课题必须要有现实和客观的视角。比如，伴随环境保护，最好能够从计划时就具体落实维护管理工作的方法及管理所需的必要人数等。

围绕是否要引入环境保护型设施，本地农民有不少提出了“维护管理劳力的负担会增加，所以无法承受”的意见。在这些意见的背景下，大多情况会有“如果不使用混凝土改造维护管理劳力就不会比以前减少”的想法。但是在部分案例中维护管理作业面积的变化不是由于环境保护，而是由水路再编带来的断面扩大、深挖产生的影响导致的③。为了在将来也能保证良好的管理水平，始终讨论个别地点的维护管理劳力的增减，并不是一个好方案。今后也有必要通过研讨会等事前讨论，找到基于客观数据的现实的管理方法。

（田村孝浩）

10 与野生动物共生及兽害对策

10.1 兽害与随农耕开始而产生

对于野生动物来说，营养丰富的农作物是具有极大魅力的食物，鹿、野猪带来的兽

---

① 堀野治彦，中桐貴生：環境配慮型施工区を含む農業用水路への住民意識.水土の知，76（8），739-743，2008

② 田村孝浩ほか：環境配慮型施設整備の維持管理作業に対する地域住民の参加意識について.平成16年度農土学会全国大会講演要旨集，pp.762-763，2004

③ 田村孝浩，守山拓弥：圃場整備前後における維持管理作業面積の評価.水土の知，78（11），895-898，2010

害随着农耕的开始而产生。自从弥生时代真正开始种植水稻以来，野生动物一方面能作为食物资源，而另一方面又会造成农业灾害，具有两面性。到了江户时代，积极推行新田开发，使兽害更加严重，全国农村为了防止野生动物进入农田，在所及之处设置了“防兽栅栏”。在水稻种植的北限农业地带八户，不仅适宜种植大米，除了大米以外还奖励人们种植大豆。在八户，休耕田里长着茂盛的蕨菜和葛，野猪在挖完蕨菜和葛的根茎后，接下来就开始抢夺农作物，农民只能放弃耕作，这被称为猪饥荒，饿死村民3 000人[①]。

现在在东北地区的大多地区，都没有鹿及野猪的分布，原因是在江户时代曾组织实施过大规模的驱赶活动。在男鹿半岛佐竹秋田藩实施的围猎中，根据记录，1712年，鹿的捕获数为3 000头，1751年为9 300头，1772年为27 000头，伊达仙台藩实施的围猎中，1650年的那次动员了2 500名助手，捕获鹿3 000头，其他野猪、熊、羚羊等100余头。同一时期，在对马的“野猪追击”战斗中，8年共去除3万头野猪[①]。

到江户时代末期，人们使用火绳枪作为一种农具，据报告实际有150万支枪为农民所有。历史学家冢本学提到，16世纪战乱的时代结束后，人们也没有放弃枪支。整个17世纪，枪支使防止鸟兽灾害变得更省力，作为为此做出巨大贡献的道具，而在农村普及[②]。现在可以认为，日本存在的枪支有30万支，可见江户时代枪支对防止农业灾害的重要性。即使在狼生存的时代，农民也没有依赖狼，而是建造了“防兽栅栏”，同时必须要有150万支枪支来防止野生动物损害农作物，我们不能忘记这一点。

10.2 滥捕带来的野生动物减少与保护政策

到了明治时期，由于百姓的运动狩猎（原文为Sports hunting，此处译为运动狩猎。——译注）、军队对毛皮野兽需求的增加等原因，日本很多地区野生动物减少。在昭和三十年（1955年）以前，农林业一直是国家的基干产业，农林业生产和里地里山有着深厚的关系，另一方面在农村的里地里山中，人和野生动物互相斗争，维持着极其紧张的关系。昭和三十年代以后，开始采取扩大造林政策，在内地大规模种植生长迅速的针叶树，在昭和三十年代晚期，由于草地建设项目，在包括高海拔地区的区域建设了大规模的牧草地。

---

① いいだもも：猪・鉄砲・安藤昌益 「百姓極楽」江戸時代再考，農山漁村文化協会，1996
② 塚本学：生類をめぐる政治，平凡社，1983

由于这些人为的土地用途的改造及野生动物保护策略的行为，昭和四十年代以造林地区的羚羊兽害为开端，接下来发生了鹿、野猪、猴子的兽害问题。近来的暖冬导致动物生存率提高，可以推测出动物的数量在急剧增加。在过去人多而很热闹的里地里山，人的踪迹开始消失，不断增加的荒废耕地、里山荒废林地中，入侵了芒草等高茎草本植物及竹林，成为野生动物的藏身之处及栖息之所。

10.3 野生动物的保护向管理转换

现在，我们迎来了人类的生活空间缩小，野生动物的栖息地增加的前所未有的时代，不仅为了减少农林业的损害，还为了确保健全的生态系统，为了与地区能接受的野生动物建立合适的关系，我们需要新的蓝图。另一方面，随着负责管理个体数量的捕猎者的明显高龄化，狩猎人口急剧减少，今后谁来负责管理也是一个很大课题。

应该如何和野生动物共生呢？兽害对策与土地使用，即农林业的存在形式有着密切的关系。弃耕地会引来野猪，扩大农业损害。应当明确要保护的区域，必须将野生动物从要保护的农业生产场所排除。为此，需要考虑里地里山的兽害管理、个体数量管理、栖息地管理等方法。

兽害管理是指，在农耕地周围设置有效的栅栏，及以田圃或聚落为单位对收获的农作物进行恰当的保管，追求立即生效。如同江户时代，农民必须自己成为兽害对策的专家。为此，需要在农业经营活动中，组织市町村负责人、农业改良普及员及JA技术指导员，对兽害防止对策进行指导及普及。

个体数量管理，对野猪来说，是指抓捕那些对农耕地产生危害的个体；对日本鹿来说，是指在跨越都府县的情况下，需要对广域的个体群进行管理。个体数管理的方法主要是，市町村公所把驱除野生动物作为工作委托给猎友会。但时常也会出现，实施排他性狩猎（此处的排他性狩猎指专业的狩猎。在日本具有狩猎资格的组织并不多，人们普遍认为猎友会等组织具有排他性。因为将狩猎委托给猎友会会受到猎友会的条件限制，故可能对野生动物数量管理不能很好地起到作用。——译注）来驱除野生动物，没有起到个体数管理作用的情况。为了克服这个问题，岛根县美乡町放弃了一直以来委托狩猎者来排除野生动物的方法，而是设立了以农业从业者为主的驱除组合，成功地形成了自立型的被害防止对策，并且成功将驱除野猪转变为了资源，使兽害转变成了地区活性化的契机。栖息地管理是指，对农耕地周围的森林的适当使用、景观层面上的改变等，涉及较长的时间和最广泛的空间。

1999年，根据鸟兽法修正，创设了特定鸟兽保护管理规划制度，使野生动物管理变成了都道府县的工作。2007年，市町村制定了兽害防止规划，制定了可以实施的《鸟兽产生的农林水产业被害防止特别处理法》，推进了野生动物管理相关法律的整理。虽然地区和与其关系最近的市町村负责人，需要掌握兽害防止规划制定及兽害防止技术的知识和技能，但并没有培养市町村公所责任人的机制，也没有专家指导。在分权体制下，为了构筑野生动物管理的职能部门（管理主体），需要聚落、市町村、都道府县或是多个都道府县组成的广域单位等，不同社会阶层之间的合作。此外，起到支撑作用的大学、国立/公设研究机关的作用也非常重要。

由于国内还未形成鹿肉、野猪肉的流通方式，所以这些肉事实上是从海外大量输入的，这反映出这些肉类有潜在需求。如今，野生动物过渡增长的负面效应明显，但这是生物多样性的基本构成要素，也是珍贵的地区自然资源。虽然从绳文时代开始就不断食用鹿、野猪，并不断与之斗争，但近一个世纪以来，这些经验都丧失了。但是也有和岛根县美乡町（原文是三乡町，但前文是美乡町，两者日语读音相同。美乡町在岛根县，而三乡町在奈良县，根据前文将这里改成美乡町。——译注）的尝试相类似的案例，以农民为主体来解决兽害，抓住了将兽害转变为利益的商业机会，重新变得热闹起来。将野生动物作为食材，以自产自销、慢食（原文为Slow food，此处译为慢食。——译注）等为关键词，如果将其看作一种地区的珍贵资源，可以将城市来的临时停留者引入农村，对实现地区活性化也有一定的作用。

（梶光一）

11　农村再生与生态村的展望

11.1　通过alternative创造可持续的生活

近代社会经济系统依赖化石能源，开始在全球层面、地区层面显露出环境、水、能源、食品、社区等多元且复杂的问题，于是人们开始思考构筑可持续的社会。以构建紧缩型经济社会为导向，以创造alternative的生活方式及创造与其匹配的空间、环境等为主题的草根现实实践，成为紧要的课题。不仅如此，2011年，东日本大地震中，海啸与核电事故同时发生，给农村地区带来了翻天覆地的变化。这就格外显示出活用农村地区固有可再生能源的能源自产自销战略的重要性。

11.2 何为生态村

生态村（图1）的定义是，拥有自立性、循环性的社区区域，规模小且与自然共生，对地球环境的负担小。1995年，由在丹麦和澳大利亚聚集的活动团体成立了国际生态村网络组织（Global Ecovillage Network，GEN），融合3种生态学（生态系统的、社会经·济性的、精神性的生态学），目标是建设自立、完整、循环、持续型的社区。这也是在近代都市生活的病理及农村地区生态、经济、社区的变异和衰退中，都市居民们对田园地区的新挑战。

图1 丹麦的生态村，Thorup（日语原文为ツーラップ，torup。——译注）

在斯里兰卡，建设像萨尔乌达耶（日语原文为サルボダヤ，sarvodaya，斯里兰卡地名。——译注）一样的和平可持续的农村社会生活，是生态村的活动主题之一，也有用生态村的方式，对受到海啸灾害而毁坏的聚落进行再生的案例。东日本大地震后，日本需要通过生态村式的聚落再生。

居住、工作、休闲、社会生活、接触自然等人类的基本要求，都可以在生态村内得到满足。生态村的内外有着丰裕的自然环境，在生产生物资源作为食物的同时，在生态循环中对有机废弃物进行适当的处理，可以让有机废弃物循环使用。对于建筑而言，使用环境负荷较小的材料，提供的能源来自活用风车、生物气系统及生物能源等产生的可再生能源，生态村内由构成成员通过民主手段来推进环境管理及社会生活。

11.3 日本型里山生态村的创造

日本拥有13.5万个农村聚落，在此推荐活用里山文化的“里山生态村”。通过农村居民和都市居民合作，将荒废的里山变为“崭新的入会环境”来再利用、再定居，创造这样的日本型生态村，正是日本所需要的。市民搬迁至农村，创造新的生态村的活动正在兴起；但另一方面，需要提高既存农村聚落的持续性、自立性、循环性，使它们作为生态村再生。

1) 居民参与的乡村建设和能源自产自销型战略（图2）

山形县饭丰町，人口为8 700人左右，时常遭受暴雪。笔者近30年一直在支援该町的乡村建设。饭丰町采用了居民与行政合作型的规划制定方式，在这方面是先驱。与此同时，饭丰町根据地区实施不同的土地利用规划，开展社区商业，现在正在推进活用町内森林资源的木质生物能源的自产自销战略。在町内设置颗粒（原文为pellete，指的wood pellete。果粒燃炉，主要以木屑、秸秆等农林业剩余物为原料，其燃烧效率超过80%以上。——译注）燃炉、颗粒锅炉。2008年在町南端山区的中津川地区，活用共有财产区设立了以居民为主体的木质颗粒生产工厂和公司。中津川地区有被称为山形县的“源流之森”的自然体验设施，开展绿色旅游和山村留学等活动，正在发展成为“中津川生态村”。

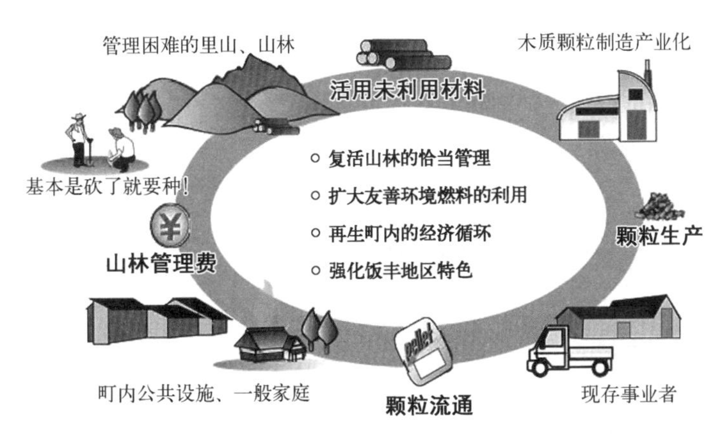

图2 通过木质颗粒生产实现的能源自产自销战略（作图：浦上健司）

2）被放射能污染的生态村——饭馆村的悲剧和生态避难村构想

福岛县饭馆村受到放射性污染，是东京电力福岛第一核电站核事故的规划避难区域，正在进行生态村的建设。笔者从20年前开始支援该村。而且自2011年3月事故起，虽然东电和国家不断被指出隐藏情报、指挥避难迟缓，但他们仍在进行放射性调查及劝导避难，并在支持避难村的新村建设。

饭馆村位于福岛县东北部，75%的土地是山林，属于地形平缓的高原田园地区。大地震前人口约为6 100人。在村第四次综合规划（1995～2004年）中，以“品质生活（原文为quality life，此处译为品质生活。——译注）”为主题，独立制定了20个聚落的行动规划，由村给各个聚落1 000万日元的活动支援金，推进了乡村建设，让人们切身感受到乡村的富饶。在第五次综合规划（预计2005～2014年）中，领先于慢生活（原文为slow life，此处译为慢生活。——译注）热潮，提出了MADEI生活（“MADEI”是饭馆村方言，发音与“MADEE”相近，意思是“细致地”“不慌不忙地”），目标是实现蕴含自然及农业的生活。从2008年起，开始尝试引入里山的木质生物能源，这是一种可再生能源，作为村里老人之家木屑锅炉的燃料活用。

2010年，在村公所边，建设了节能的生态模型住宅“MADEI生活普及中心”（图3），实现与自然共生的生活。除了主屋、次屋、工坊之外，还有菜园、果树园、水路、水池、抽水风车等。由于冬季较为寒冷，地基、墙壁、窗户、天井、屋顶都彻底隔热。这是一幢活用了烧柴锅炉式地暖、太阳能板等生态技术的模型住宅，2015年还考虑过作为NPO独立运营。对于全球变暖，这个住宅展示了田园的生态生活，旨在实现城市型生活方式无法实现的、农业型的生活方式。这样一个一直以实现美丽、细致生活为目标的村子，却因为大城市单极集中而建设的核电的人为事故，受到了毁灭性的损害。

图3　饭馆村的“MADEI生活普及中心”（2010年8月）

村南部的土壤分析显示，这里的核辐射和切尔诺贝利同等严重。村子面积的7成以上由森林和里山占据，而半衰期长达30年的放射性铯元素，就落在这些区域。想要清除在森林土壤、落叶等积聚的辐射绝不简单。有必要长期持续地消除核污染，不仅仅是要一边居住一边清除污染。笔者曾经提议过一个100年构思，即在安全的地方避难，建设分村，实现二地区居住（2011年4月～）。

为了维持下一代的健康以及复兴的力量，需要在安全的地方建设“MADEI避难村”（图4），建设集体农场、集体工厂、共同市场，保护雇佣岗位，为回归农村做好准备。建设共同工作的场所也能提供精神的安定。要让全体村民能够安心回到村里，估计还要花很长的时间。为了防止历史及文化的消失，传统活动仍要正常举行，并且让孩子们也参加，这是很重要的。

图4　为饭馆村民设计的生态村式的避难村构思图（作图：NPO法人Ecology · Archiscape）

自然会时不时爆发出猛烈的力量，但同时人类会引出自然所拥有的适应力（复原能力、弹性），也会提高地区社会的弹性。衷心希望受灾者或受灾者的子孙们回到美丽里山的日子能尽早来临。为此，我一直在支援饭馆村，在采取切实避难活动的同时，构建避难村（饭馆村的分村），希望未来有一天人们能回到村子。

（糸长浩司）

12 梯田的魅力和梯田保护

12.1 名胜梯田及梯田研究的起点

梯田开始变成“梯田”，变成众人相机镜头下的焦点，时间还不长。当然了，日本人发现了梯田景观所拥有的文学性、抒情性，一直以来都将其作为和歌及俳句的对象。长野县千曲市的姨捨梯田自古以来被称为“田每之月”，其在斜坡上连续分布的、小小的水田吸引了众人的目光。另外，石川县轮岛市的白米梯田，即能登的千枚田，其从海岸向国道延伸的小水田为众人熟知。但是这些广为人知的梯田出名是因为其名胜效应，一般人并不关心梯田所拥有的普遍属性。20世纪80年代之前，和山间的农民交流时，他们不会回答“我家有梯田”或“我在耕种梯田”。它们仅仅是“田”或者“水田”，少数情况下被称为“山田”“谷田”“谷户（谷户是指丘陵被水流侵蚀形成的谷状地形。——译注）田”。学术上，历史研究者宝月圭吾在1963年开始关注中世纪社会梯田的存在，介绍了室町时代史料中出现的“梯田”[①]。另外，1984年地理学家竹内常行研究了长水路灌溉的“梯田”[②]，但这些都仅停留于学术界，当时并没有想到梯田的照片以后会经常在旅行杂志中刊登。

12.2 梯田魅力和价值的再发现

发现了梯田魅力及其社会意义的是“故乡商队”音乐剧团中负责脚本和演出的石冢克彦[③]。石冢先生在当时福冈县星野村（现八女市）的某处，发现了石头堆砌起的几层梯田，认为这是能让人们为之倾倒入迷的景观。1988年10月，“故乡商队”计划把星野村梯田参观旅行和音乐剧观赏结合到一起，这就是成为认识“梯田”的源头的最初的参观学习会。当时，连以农村为舞台活动的摄影师们对梯田的认识都很淡薄，石冢先生发动了摄影师及研究者、关心农业的政治家，1995年在JCII（日本的一个摄影相关组织。——译注）照片沙龙和朝日新闻社举办了梯田摄影展。特别是专攻地理学的早稻田大学教育学部教授（当时）中岛峰广开展了有关梯田的倾注精力的研究活动，明确了梯田在全国的分布及特征，

---

① 宝月圭吾：中世の産業と技術.岩波講座日本歴史8，p.79-108，1963
② 竹内常行：続・稲作発展の基盤，p.1-482，古今書院，1984
③ 石冢克彦，高橋久代：梯田学会 10 周年記念誌 ニッポンの梯田，p.1-144，梯田学会，2009

成功地打下了学术研究的基础[①]。在这些行动奏效后，自治体组织结成了梯田联络协议会，1996年在高知县的梼原町召开了第一届梯田峰会，相关行政人员也开始将目光投向梯田。1998年农林水产省选定了梯田百选，石井进（东京大学名誉教授）在1999年担任会长，结成了梯田学会。

12.3 梯田的多元机能

接下来列举一些梯田的多元机能。

1）梯田米的好印象

山间的梯田昼夜温差比平原的水田更大，可以比平原有更长的时间充分培养成熟。根据山冈等人《消费者对梯田米的关心、评价和情报的作用》[②]，梯田米在“香气”“软糯的口感”“甜度”“冷饭口味”等方面都获得了很高的评价，可以说梯田米给一般的消费者留下了很好的印象。

2）水资源的有效活用

日本的河川的倾斜程度比国外河川更大，降雨会形成激流沿河而下，在很短的时间内向大海流出，而大范围存在的水田是有效活用水资源的基础。在水田中有用于灌溉的用水路网和蓄水池，另外，由于各个水田的保水性，有将降水广布分散的机能，能起到防洪水于未然的作用。与此同时，梯田还在山间的坡面实行了水的管理，在详细制定水源地带水资源对策时，这是非常重要的一点。

3）防止土壤被水流侵蚀和由此产生的高聚落持续机能

日本的国土群山遍布，有很多坡度很陡的斜面，山间地区的梯田能阻止土壤流失、土壤浸蚀，防止国土荒废。从世界上来看，山间的旱田水流侵蚀也很严重，水流会冲走土壤及肥料，难以确保耕地的长期使用，但在梯田却可能确保稳定的耕地。因此也产生了很多更为稳定的聚落，梯田地区的聚落拥有长期的持续性，从15世纪到16世纪，经历中世纪、近代，一直保留到近现代。

4）梯田景观的文化价值

如后文所述，国家在2003年制定的《景观法》中认定，梯田景观是重要文化景观，

---

① 中島峰広：日本の梯田，p.1-252，古今书院，1999

② 山岡和純，鶴田聡，杉浦未希子：梯田米に対する消費者の関心・評価と情報の役割について. 梯田学会誌 日本の原風景・梯田，10，1009

但日本还没有借其旅游价值吸引很多人来旅游。但是在印度尼西亚的巴厘岛，梯田景观不仅自身成为了旅游景点，在周围还建起了长期居住用的别墅，此外度假酒店的庭院也借景了梯田。虽然会因此产生各种弊端，但可以说是发挥了其旅游的战略性价值，日本还远远达不到这个水平。此外，在中国由少数民族耕作的雄伟梯田，国家的保护手段已经介入其中，从观景点可以看到雄伟的梯田。

12.4 梯田的保护和里山保护运动

2003年，作为文化遗产行政的一环，开展了文化景观的评选，其定义是“由当地人的生活或生产及当地风土形成的景观地区，且对于理解国民生活及生计是必不可少的”，佐贺县唐津市的蕨野梯田等入选。像这样，梯田由于文化价值而进入应当保护之列，但由于其生产效率低，想要继续发挥其多元价值，必须要有国家层面的保护。梯田保护的关键前提是都市和地区居民间的合作。可以通过所有制水田的维持和梯田米的直接流通等，实现都市与农村的交流，尤其是必须考虑其与最近由首都圈居民发起的里山保全运动的合作。该活动的中心很多时候都是梯田的农业经营活动。在东京都内设置里山保护地区、历史环境保护地区、绿地保护地区等，要把从犁地到收获后施肥，作为一年中的循环，大力进行梯田的保护。里山保护运动的目的之一就是要持续发展生物多样性。梯田在这一点上也能起到很大的作用。将小小的池沼与梯田结合就可能最大限度地发挥群落生境的效果，可能构筑起包括苍鹰的、拥有丰富生物多样性的系统[①]。

（海老泽衷）

13 混住化地区的乡村规划形式

13.1 混住化过程

混住这一概念是指，在农村地区中混入了农村地区没有的某些要素形成的居住环境。

---

① 海老澤衷，内山節，広瀬敏通：第11回（梯田学会十周年記念大会）シンポジウム「里山と梯田を守る—歴史・論理・実践—.」梯田学会誌 日本の原風景・梯田，11，2010

混住化是指混住正在不断进行的状态。在这样的混住化地区，拥有不同价值观、不同生活方式的居住者混杂，土地使用混合了农业土地使用及非农业土地使用，很多时候存在混乱或是不确定的情况。在混住或是混住化地区，一般情况都是在农业要素中混入了都市要素，但日本农村在世界农村中也不能说是完全和都市及都市化无缘的农村地区。混住及混住化是农村地区常见的一般现象，而这种现象显著的地区可以称为混住地区或是混住化地区。当然地理上越接近都市地区则影响越大，从都市地区受到的影响也是多层次的，首都圈这样的大都市圈的影响、临近都市的影响、最近市区的影响等，多种影响复杂地交织在一起。

日本在20世纪70年代以后，人口增长几乎停滞，在2000年左右混住化开始明显，但可以发现在大多数情况下，混住化都呈现无序状。混住化地区很少作为规划对象。最初的混住化主要是指农民和成为白领家庭的非农民混住的情况（内部混住），其后都市化迅速扩大，地价相对便宜的农村地区也被卷入了住宅用地化的浪潮，开始进行与农村地区毫不相符的迷你开发，仅仅是选址在农村地区，和周边环境几乎没有关系的住宅组团用地的建设进行着。结果产生了新老居民间的问题及土地使用混乱。在这里将这个时期的混住化称为“混住地区扩大化”。

2000年前后，全国的人口增长停滞，尽管大都市圈的人口仍在增长，但在都市周边的混住地区，人口有明显减少的趋势。尤其是较早的时期，一些地区推进混住化，道路及下水道等公共基础设施还未建成，但住宅已经老旧，居住者老龄化，这些地区的居住者搬迁迁离现象经常发生。在这里将这种情况称为“混住地区衰退化”。另外，根据2001年5月实施的《都市计划法》修正案，在接壤或是临近市区的地区可以弹性地使用开发许可。在市区周边地区开始建设与既有聚落相邻的新住宅用地或是与既有聚落混杂的新住宅用地，形成了局部混住化的现象。在这里将近来的这种情况称为“局部混住化”。后文将分“混住地区扩大化”“混住地区衰退化”“局部混住化”三个阶段，对基于日本混住化课题产生的规划的方向性进行概述。

13.2 在混住化各个阶段的农村规划的方向性

1）混住地区扩大化

日本可能不会再重复这一阶段的混住化，但可以为城市化进程快速发展的发展中国家等提供参考。在都市地区（城市化区域）提供的住宅用地有可能溢出的情况下，有必要设想农村地区提供住宅用地的情境。地价相对便宜、控制较松的大都市周边农村地区基础设施还未建好，容易进行迷你开发。在预想到这种情况的地区，有必要预先强化控制；另一方面，有必要制定精细的住宅用地化方案。如果农村愿意接受用地住宅化的话，那么应当由农业经营状况、聚落选址、聚落形态、社区情况等方面来决定住宅用地的规模和配置。在这种情况下，不仅要为新居民建设生活环境，很重要的是，还要以混住化为契机，提升作为接受方的既有农村地区的生产环境和生活环境。比如说在建设新住宅用地时，必须考虑符合农村地区的住宅用地面积（最小住宅用地规模的限制）、田园景观等。

在住宅用地配置方面，有在现存住宅用地（聚落居住区域）的间隙中加入新用地的案例，也有离开现存住宅用地建设新用地的案例，但必须确保农业经营环境，必须事先决定新的居民自治组织是和原有聚落自治会或町会共同运营，还是分开运营等社区规划的内容。如果没有决定社区规划，随着混住化，新老居民间很容易产生大的纠纷。另外，建设新住宅用地时，最好一起准备好既有聚落的次子、三子及归农者使用的住宅用地。对既有聚落的村民来说，可以从中确保农业经营方面的人才，其能够起到建设生活相关设施、提升农业经营环境、发展良好的新老居民间交流的作用。基于聚落地区建设法的聚落地区建设制度，就是像这样开展混住地区实际建设的代表性方法。

2）混住地区衰退化

随着混住地区的扩大，一部分混住化已经有所进展的地区出现了迁离等现象，开始明显衰退。以能享受田园环境和低价为卖点开发居住用地，但开发之后其生活便利程度没有改善，没有和附近及周围的聚落构建良好的关系，住宅老化，居民也老龄化。即使是大力发展居住用地，被编入市区区域的地区，也有很多地区的基础设施很落后。在这些地区不动产价值大幅下降，就出现了居民找不到买家或者租户，也不能搬迁的情况。有这些地区的市町村财政情况本就很紧张，不能指望其行政直接支援。近年来，其中一部分地区出现了地区再生的案例，住得近的居民采取了保护自己的地区再生对策。在若干的优秀案例（比如茨城县古河市的原三和町地区等）中，市町村不是对现有的聚落及町会单位，而是对中学校区等较大范围内的社区进行了重建。结果是新居民关系逐渐建立，以传统共同体中共同劳动互助组或互助会般的形式推进共同生活。对这样的混住地区衰退化来说，今后的方向应当是开展友好合作，实施地区再生项目。

3）局部混住化

在现行都市规划法的基础下，虽然最初希望市区化区域周边地区的住宅用地开发，能融合都市环境和农村环境，形成农住协调型的居住用地，但实际进行的住宅用地开发，大多还是和混住化初期相同，仅提供了狭小又便宜的住宅用地。如果不管不顾，那么就会重蹈覆辙，再次产生恶劣的居住环境。此外，在这些地区新建的都市规划道路沿线，即使是市区化调整区域，沿路开发的规制也大多比较松。即使表面上控制了田园居住环境，但从实际视点来看，如果沿路开发无序的话，农村的环境就浪费了。希望能以形成田园居住为目标，学习混住地区扩大化的艰苦经验，制定聚落地区规划等，采取严格的实际行动。

13.3 可以作为田园居住范型的混住地区

日本的都市结构和欧美不同，很多都市内部都有丰富的农业要素。同时，农村地区在较近的范围内也有小规模市区，或是中心聚落等都市性集聚区。这种都市结构在人口迅速增长期，受到了都市化的余波影响，成为恶劣混住化的原因。但是，如今人口增长停滞，这些地区有很大的可能性，能成为具备均衡性特征的田园居住区。现在，作为环境负担小的都市居住区，紧凑城市成为范型，同时也必须构建活用日本都市结构的田园都市范型。在提升物流机能及信息基础设施的基础上，分散型低密度田园都市结构可能成为另一种范型，它是位于市区内部或市区边缘地区的居住区域与农业环境一体化的田园居住区，或反过来说，是位于农村地区的农业环境和小规模市区一体化的田园居住区。

（镰田元弘）

14 中山间地区的防灾/灾后复旧规划

（“复旧”特指把坏掉的东西恢复到原有的状态，更注重对旧环境、旧建筑的尊重与“复兴”不同。——译注）

大规模灾害的经历是极为罕见的。因此大多数地区在受灾时，都是被卷入了没有经历过的事态。要将非日常业务日常化，这是灾害对应的特征、困难，要在短期内集中多种对策。现场行政业务以经验的累积为基础，但遇到没有经历过的情况必须要采取适当的对策。对此，灾害的预防是必不可少的，同时受灾时需要符合受灾地区个别性的复旧，还需要复旧过程中的地区形成。农村规划领域的防灾、灾后复旧研究的积累比较少，在这里介绍一些基于2004年10月23日（以下称为中越地震；震级6.8）新潟县中越地震经验的，课题主导的规划策略。

14.1 灾害的预防

1）防止剧烈景观变化

大规模灾害会带来较大的经济、社会变化，地区景观的突变也是其中之一。在中越地区，大量住宅破损、倒塌，在进行重建。在地震后，传统住宅样式大多被都市家族型的混凝土预装配样式代替。由于依赖于地区的工匠数量，传统建筑的提供能力远远小于工业生产的住宅产业预装配住宅。优先希望重建生活的居民们自然而然就会选择预装配住宅。其结果就是过去保护了住宅、也在生活中使用的宅地防风材比例下降并变质，不仅如此，居民由于讨厌背阴处和落叶造成的檐槽排水管堵塞等，开始砍伐它们，于是景观就彻底改变了。

灾害偶尔会夺走当地的历史资产，给地区个性造成巨大的损失。结果就是居民不仅失去了家庭财产，同时还失去了地区个性。但是，目前人们对存在着文化、历史的农村地区关心程度还很低，几乎不会实施明确的景观保护对策。为了回避、缓解这样的情况，应当构建起一套可以称之为文化和历史应对灾害的“复原力”的系统。

为了提高景观的复原力，首先要根据住宅的抗震强度来防止灾害的发生，还必须要统一对景观有较大影响的住宅墙面等的色彩，必须设计制度，分开设置住宅绿化和住宅。但是要在紧急情况下设计这样的体制是不可能的，所以平时就要事先整理好景观条例等。即使条例仅决定了色彩、住宅形式等相关事项，在复旧时，居民的反应也会有很大的不同。

2）避难设施的建设

灾害时首先需要避难场所，但中越地区的集会场所等未必能有效地发挥作用。部分因为这些场所不具备抗震结构，部分因为窗玻璃等破裂导致使用困难，即使事先采取了防止破损、散乱的对策，其使用方式也会有所不同。此外，还有部分原因是因为避难设施没有选定好位置。也有部分集会设施虽然受损较轻，但因为其位于地基不稳定的位置而无法使用。集会设施经常要作为避难设施来使用，应当预想到多种灾害，来设置设施形态、选定位置。

在中山间地区，避难地点的到达距离是一个课题。一般来说，到达距离为500 m左右是比较合适的，但在中山间地区要和都市做相同的配置是很困难的。以距离条件为基础就需要很多小规模设施，但以设施规模为基础则到达距离又太大。对于中山间地区来说，在受灾当天首先以确保安全为最优先的事项，其后再讨论选定二次避难的场所，确定移动方法。当然也要有效活用公共设施，但同时也要和满足确保安全必要条件的民宅缔结契约，探讨加强抗震强度等对策。只要在灾害时给契约居民支付费用即可，所以维护设施的财政负担也会较小。

地区社区对灾害初期应对的作用很大。但是，中山间地区农村人口减少且正在迅速老龄化，现在有大半村落无法发挥传统的自助、互助机能。在中越地震的当天，大多老人都不能在恐怖中做出决定，只能等待救援。能够对抗灾害的地区不仅需要行政和地区社会构筑起新的关系，还需要构建起能够解决居民“难以做出决定，作出决定缓慢”等问题的防灾体制。

14.2 符合受灾地区个别性的复旧

1）战略性复旧

中越地震中强烈的地基灾害广泛发生，不仅难以弄清个别受灾情况，还有很多地区全域的地形都受到损害，难以保留原样。这样的地区仅通过个别复旧是不能复兴的，且受灾者大多难以对地区整体的复旧有所思考。解决对策是对地区进行区分，区分出在一定地区内整合生活、生产基础进行重组的复旧地区，及个别复旧地区，同时必须要有《地区复兴基本规划（暂称）》来决定复旧对策的方针。基本方针是要着眼于制定实现地区复兴的宏观战略。在发生大规模灾害时，首先要判断制定这类规划的必要程度，要编制能将日后对策组织化的体制。

在中越地震中，虽然以整合了若干聚落的地区作为单位，讨论并制定了综合复旧规划，但并没有实施。此外，直到个别灾害复旧开始后，一部分地区才引入了“农地灾害关联区划建设事业”，来统一建设地区的农地。这一事业只以农地为对象，其综合性还是一个遗留的课题，但当地评价这一事业说，如果早期讨论引入，那么可能会有更多的对应措施。

2）农地的复旧、建设

灾害复旧的原则是“原型复旧”。所谓原型复旧，就是指复原成受灾前的状态。小规模、分散的受灾地区用这种复旧方式，就能和周边环境相协调，稳妥性很高。但是像中越地震这样，地区内的农地大半受灾的案例中，是否要使用原型复旧还有待讨论。如果严密地实施原型复旧，恢复到从前农地尚未完备的状态，那么不仅会再次大量出现生产条件差的农地，且随后要实施田圃建设等土地改良时也会非常困难。农民一旦对农地进行了投资，就会暂时失去再投资的动机，所以即使在受灾后有必要进行土地改良，进行了原型复旧的农地所有者就有可能拒绝参加该事业。如果因为原型复旧阻碍了后续事业，那么基础条件恶劣的地区农业就将直面存亡的危机。

从长期的农地保护、地区振兴观点来看，灾害复旧时应当超越原型复旧的限制，应当考虑进行有关地区形成的改良复旧。对此，建议在复旧时采用基于“技术最小”的建设。所谓技术最小是指，在当今技术使用中寻求最低限度建设水准的指导方针，可以在必要的范围内改善农地生产条件。

3）考虑到长期受灾的支援

起源于大规模地震的地基灾害与其他自然灾害不同，会带来多年的长期灾害。即使中越地震已经过去4年，但地震引起的受灾事件数量却达到了平时的几倍。阪神淡路大地震的追踪调查指出，这些是“看不见的受灾”，现今以短期支援为基础的复旧体制，不能充分应对需要长期发现的灾害。

就现状而言，针对看不见的灾害的对策，大半只能由农民的自力复旧。中越地震后，虽然用新潟县灾害复兴基金作为本金，创立了“亲自修复农田等支援事业”，为地震后3年内新增的部分受灾提供支援，但还是不够充分。这是因为历来的制度框架中，从来没有考虑过长期发现的受灾的情境。由于自力复旧的投入需全部由农民承担，所以即使是很小的灾害也会对农民的经济造成很大的打击，甚至可能成为继续农业经营的巨大障碍。灾害复旧对策必须认识到，根据灾害的种类会发现多样的损害，且具有很多固有特性，必须在此基础上计划整理支援体制。

14.3 复兴过程中的地区形成

1）广域的土地利用调整

灾害会成为暴露出平时注意不到的问题的契机。在中越地震中，锦鲤的死亡灾害成为一个热点话题。地震发生当天（10月23日）多数鲤鱼从野池被转移到了过冬用水池中，由于停电导致曝气泵停止，鲤鱼死亡。另一方面，这也限制了养鲤池决堤的水害。因为将鲤鱼转移入水池中时降低了水位，大半池塘中都没有水。如果地震时水池中是满水的，那么受到的损害可能会扩大。

部分水池决堤引起了泥石流，给下游的住宅造成了损害。虽然养鲤池的所有者中，有人认识到了个人的责任，但仅靠个别对策能降低的地区灾害风险是有限的。这可以说是土地使用所带来的外部不经济的问题，日本仅将此限定于接壤土地所有者之间的相邻关系等。但土地使用的外部不经济问题大多都超越了相邻关系，必须将其作为以地区为单位的课题来解决。

这一课题，只能以流域为单位制定综合土地利用调整和防灾对策，通过以此为基础的地区形成来解决。如果想把中越地区变成能强有力地应对灾害的地区，必不可少的是对居住用地和水池群进行恰当的大土地使用区分，对其进行秩序化。要制定成体系的流域体长期防灾土地利用规划，其中包括阻止、清除在洪水流域建设住宅等对策。要以此为基础，使用调整用途及组织性地构建防洪防沙堰堤等防灾对策，开展长期的地区形成。

2）地区社区再编

大规模灾害后，也有不少情况是，大多受灾居民要离开已经住习惯了的聚落。中越地震中，有的聚落人口减少到从前的半数左右，地区的社区机能受到了巨大的损害。在一部分受灾地区，神乐、祭典等一年中的惯例活动难以举行，必须多个聚落一起摸索新的形式。此外，地区的幼儿园、小学等基础公共服务设施因为幼儿、儿童的减少而要进行再编。作为地区再编的手段，人们很容易想到聚落转移，但需要以地区的社区复兴规划为基础，慎重应对地区再编。受灾后的人口减少是因为居民目睹了严重的损害，感到悲观而离开聚落搬去别处，但也有不少居民在一定时期以后回到村子的案例。为了回避这种情况，解决这一问题的关键之一是，不能让受灾者一味感到悲观，要尽快制定复兴计划，让受灾者有共同的目标意识。

14.4 结语

为了在灾害的紧急应对时，在复旧复兴时，做出符合受灾特征的组织性应对，平时的准备、体制建设有着支配性的作用。近年来多数市町村都制作了灾害应对手册，但灾害的固有特性很多，要通过手册来应对各种状况还不够充分。想要改善这种情况，很重要的是要把受灾地区的现场经验及思考作为“经验知识”记录下来，并且活用。经验知识是在满足实际必要需求的基础上构思、构建的包含了实践的智慧，有助于为新技术的形成提供启发。但是现实情况是，这些经验知识有很大一部分没有记录，都散失了，被忘却了。日本缺乏行政现场记录、收集、整理信息的体制，但这是让下一代人继承这些稀有经验的不可或缺的条件，在这里提议将这些内容纳入体制建设。《农业农村・震灾应对指南 2009》[①]

① 新潟震災復興研究会編：農業農村・震災対応ガイドブック 2009，新潟震災復興研究会（2009）

中总结了中越地震中的一部分经验知识，将这些情报共享，将对预防新的灾害做出贡献。

（有田博之）

【参考文献】

1. 有田博之，樋山和恵，福与徳文，橋本　禅，武山絵美：中越大震災時に集会施設が果たした避難機能.農業土木学会誌，75（4），17-20，2007
2. 有田博之，玉井英一，飯田茂敏：復旧段階における中越震災地域自治体の対応課題.水土の知，76（5），35-38，2008
3. 有田博之：中越震災復興過程における自治体の計画課題.水土の知，76（6），531-534，2008
4. 有田博之，湯澤顕太：2004年新潟県中越地震における農業生産基盤の小規模被災と復旧対策.農業農村工学会論文集，262，89-94，2009
5. 木村和弘，森下一男，内川義行ほか：淡路島農村における震災後5年間の農業的土地利用の変化，農業土木学会誌，72（10），875-880，2004
6. 島　尚士：大規模災害時における迅速かつ的確な災害対応に向けての取り組み.農業土木学会誌，75（4），297-299，2007
7. 内川義行，木村和弘，有田博之，森下一男：中越大震災における梯田の被害と復旧対応および課題.農業土木学会誌，75（3），7-10，2007

15　外来者参与规划的内生型地区活性化——其优点和课题

“外来者”也被称为“旁人”，就是与该地区没有地缘或血缘关系，新来到这个地区的人，是“本地居民”的反义词。外来者有以下几种模式：(1) 定居在该地区的人；(2) 不在该地区定居但参加该地区的市民活动及经济活动，而持续与该地发生关联的人；(3) 因旅游等原因临时造访的人等等。本文主要以上述（2）的模式为主，介绍外来者参与规划正在过疏・高龄化的农山村地区建设的优点和课题。

15.1　外来者参与规划的社会背景

在讨论农村规划领域的地区建设时，以居民为主体的地区建设非常重要，可以说这一点现在已经成为了共识。以居民从历史上继承下来的地区共同性为主轴，一边开展主体活动一边时不时构建新的共同性，而自治体行政等公共机关必须对这些活动进行促进、支援，这种形式被称为是居民主体地区建设的一种范式。

根据以上论述，一直以来人们都认为主体是“本地居民”。但近年在农山村地区出现了“极限聚落”，由于极度的过疏/高龄化，仅靠本地居民难以维持地区的共同性，不仅不能开始新的地区建设活动，甚至连维持现状都很困难。另一方面，自治体行政一直以来位于支援地区居民的主体位置，但由于财政困难、人员削减、广域合并等原因，不能细致地应对各种属于“周边地区”的农山村地区建设。也就是说，人们印象中地区建设的主体是本地居民和自治体行政，但双方都境况不佳，很难采取行动。

在这种情况下，可以期待外来者成为新的主体。在这背景下，尤其在都市地区，开始出现外来者参与规划并广泛传播的巨大可能性。一个原因是，都市居民对农业、农村的关心程度正在不断提高。另一个原因是，进入20世纪90年代后，日本各地的市民发起的公益活动越来越活跃[①]，人们对于保护农业、农村公益性机能的关心程度也在提高。同时，农山村本地居民以外的市民也开始参与该地区的建设规划。近几年，国家也出台政策开始支援这种活动。

20世纪80年代后期到90年代前期的度假村开发，从外部移植资本、人才、方法等，并以依存于此为目标，但需要留意的是，在这提出的外来者参与规划范式，不是指这种模式，而是指外来者和本地居民共同成为本地区建设的当事人，综合性地活用各种地区资源，激活本地的力量，并以此为基本，同时也吸引外来者的力量共同前进，这是基于内生性发展的地区建设。

15.2 外来者参与规划的优点

1）通过引入新的视点、知识、技能、人脉而带来的地区资源再发现

现在想要追求农山村地区的持续性，最迫切需要的是，创造人们能在当地赖以生活的工作。这不能依赖外部资本，而是应该以新的方式来活用地区资源，从而创造工作岗位。为此，首先必须要调查出地区到底存在哪些资源[②]。这时，外来者的“视角”就会显得非常有效。有些东西在本地居民眼中毫无特点，但从外来者的视点看，就可能赋予其新的价

---

① 神野直彦，澤井安勇：ソーシャルガバナンス，東洋経済新報社，2004

② 関原　剛：集落支援の先行現場から—NPO「かみえちご山里ファン倶楽部」—.農業と経済，76(11)，62，2010

值（参考本书第3篇第20章《创造町村活力的本地学》）。然后再由本地居民对这些本来被忽视的地区资源，提出活用方法。现在也有这样的情况，通过这种形式来实际活用被再发现的地区资源，再由外来者带来创造工作所需要的“知识”“技术”和“人脉”，比如，成为老龄化发展的地区短板的IT技术，能生动表现地区及商品魅力的设计力量，卖出商品和服务以及募集到志愿者时发挥作用的地区外的人脉。

2）通过补充人手实现地区资源的维护管理、继承

仅当本地居民继承下来的地区资源受到恰当的维护管理时，上述的地区资源再创造才可能实现。但因为本地居民的人手不足，使得地区资源的维护管理越来越困难。比如农业用水路清淤等地区空间的维护管理工作，盂兰盆大会的会场设置等地区活动的运营等工作，可以通过外来志愿者来填补本地的人手不足。另外，为了让地区建设有组织且持续地进行，必须要有“事务局”来管理活动。比如引入上述志愿者活动时，需要事务局来完成发布志愿者募集的消息，协调与本地的联络，活动当天引导志愿者等工作。外来者可以作为事务局的一员参与规划。

3）形成本地居民的“自豪感”

农山村地区问题中，一个深层次的方面就是“自豪感空洞化”。也就是本地居民对在地区继续居住这件事，渐渐丧失了意义及自豪感[①]。在这种情况下，即使外来者参与规划，地区建设也难以取得进展。过去，农业、农村在现代化中，一直被外界用“臭、脏、累”等来否定。但通过外来者参与规划再发现地区资源的过程，从外部重新评价地区，本地居民们能认识到自己长期生活的地区的价值，形成地区的“自豪感”。如果像这样让本地居民转变了认识，那么能更加容易地推进地区资源的活用。因为只有拥有地区资源的本地居民产生自信，做出积极的姿态，才能使地区资源不被埋没地表现出来。

4）行动不受地区人际关系束缚

在地区建设的实践过程中，即使是应该做的建设，也有可能因为内容等原因，让地区没有办法采取行动。很多情况是由于人手或资金等不足，但也有很多情况是由于地区内人际关系产生的“阻碍”。很多居民都有这样的心理，“互相之间因为各种原因，每天都会见面，而且不仅是这个人的一生，他们一家世世代代都在相同的地方居住，在这样的聚落里，要是以后留下隔阂的话就非常不好”[②]。因此，地区内的决议基本都是全员一致通过，有新的活动时

---

① 小田切徳美：農山村再生，p.7，岩波書店，2009

② 鳥越皓之：家と村の社会学 増補版，p.114，世界思想社，1993

会变得非常慎重。此外，家庭和家庭之间的力量关系也会由于过去的摩擦等而产生阻碍。而外来者因为到达这里的时间比较短，还没有定居，既存的阻碍就比较小，所以能采取行动，在不得不被既存阻碍束缚的本地居民之间保持平衡的关系。但也并不是说外来者可以完全不考虑地区的人际关系，而盲目采取行动。从结果来看，很多情况下活用地区资源还是要基于本地慎重的判断来采取行动更好一些，在本地居民无法采取行动时，通过外来者的加入，可以让情况转向更好的局面。

15.3 外来者参与规划的课题和方法

1）创建能让外来者持续参与的体制

以内生式发展为基础的地区建设需要时间。因此有必要创建新的体制，让外来者一旦参与规划，就可以持续参与。也就是说，要创建一种新的对策，来持续对活动资源（人、物、财、信息）的供给进行适当的分配。如果不这样，那么外来者即使参与了规划，最后也只能半途而废，不得不切断与地区的联系。而且更要避免的是，只根据外来者的情况，而且是在本地居民不知道的情况下决定终止计划。比如说，以前发生过这种情况，因为外来者的提议而开始规划地区建设，同时本地居民方面也接受了，行政也发出补助金作为活动资金，但一段时间后补助金用完，外来者的生活情况突然发生变化，在地区居民不知道的时候，外来者突然消失了。这样的情况可能会给本地居民的心里留下“本地被都市人利用了”的负面记忆。而且这种影响不会停留在当时的感情上。比如说，后来别的外来者有了参与规划的机会，但有了负面记忆的本地居民，会对外来者持有拒绝的态度，甚至可能将外来者扫地出门，但有可能这个被拒绝的外来者会持续与本地发生联系，且会对本地居民带来益处。尤其是在近几年，外来者参与规划恰逢其时，前文所说的情况会剥夺重塑地区未来的机会。

外来者本来就是“漂泊者”，是非常不稳定的。应该认真创建新的体制，让不稳定的外来者也能发挥他们的优势。在这里虽然没有足够篇幅来具体说明创建体制的具体方法，但应当注重外来者参与规划的持续性，应当慎重地、有策略地推进。

2）本地居民—外来者之间的关系构建和态度形成

外来者参与规划的地区建设中，最重要的是构建本地居民和外来者的关系。关于这种关系的存在形式及构建，一律参照手册的提示是一个不可取的方法。因为，如后文所述，本地多元个性和外来者多元的个性的结合是很重要的。过去的地区开发政策排斥个性，进行均质化开发，这可以说是现在农山村荒废的原因之一。两者多元化的个性相叠加的关系性也必然是多元的，这里就不针对个别案例分析了。

在这里想探讨本地居民和外来者互相产生关系时应该有的根本态度。首先，外来者不应该抱着支配本地的态度，而是应该抱着谦虚和敬意，贯彻学习的姿态。这样的话，才能让本地居民“形成自豪感”，才能对地区资源进行再评价。但是如果外来者过于重视本地，而从属于本地的话，那么就不能产生契机让地区泛起新风。所以外来者既不能对本地抱有支配的态度，也不能过度从属于本地，应该报以中庸的态度，以对本地的尊敬和谦虚为基础，去摸索活用自己个性的证据。

接下来探讨本地居民的态度。过去本地居民依赖外来者进行地区开发，结果破坏了农山村的自然、文化、社区，这样的事在全国都发生过。为了不重复这样的失败，本地居民不应当依赖外来者，应当对自己生活的地区抱有自豪感，确定地区中自己的责任意识。他们的责任就是要将地区的资源和记忆广泛、长远地继承并传播下去。但是如果畏惧变化而排除外来者的话，就不太可能进行与时俱进的创新了。所以本地居民既不能依赖外来者，也不能排除他们，应当抱以中庸的态度，以对地区的自豪感和自己的责任意识为基础，去摸索创造性的地区传承。

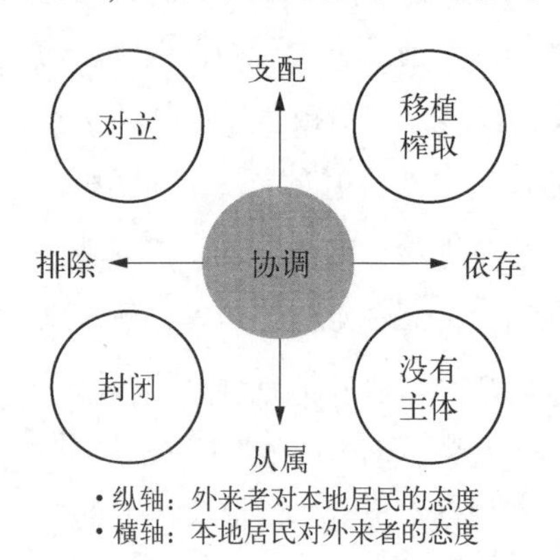

图1 居民和外来者的态度

这种态度不是心里理解了就能获得的。需要外来者通过自己与地区的身体接触来切身感受农山村，也需要本地居民通过直接接触被地区吸引的外来者，来发现外来者支援农山村的可能性，在这样持续发生交流的过程中，能形成彼此的关于合作开发的态度。

如上所述，本地居民和外来者互相的态度交织时，就能产生和谐程度高的被称为“协调”的关系性，才能开始地区资源再创造的真正对策（图1）。

（弘重穰）

【参考文献】

1. 弘重　穣，坂本達俊，中島正裕，千賀裕太郎：農山村地域における外来者参画型地域づくりのための体制構築プロセス.共生社会システム研究，3（1），63-85，2009

2. 坂本達俊，弘重　穣，中島正裕，千賀裕太郎：地域資源を活用した農山村地域づくりにおける外来者と地域住民の協同に関する研究—新潟県上越市 NPO 法人かみえちご山里ファン倶楽部を事例として—.農村計画学会誌，27（論文特集号），299-304，2009

16 促进中山间地区活性化的非营利组织（NPO）法人活动

NPO有各种各样的活动，都市的NPO活动和中山间地区的NPO活动的区别主要是其专门性和综合性。实际情况是，都市在各自的专门领域中有很多活动；与此相对，中山间地区的活动总是需要很强的综合性。

更具体地来看，中山间地区的NPO不像都市的NPO那样拥有明确的任务（使命），其目的是维持社区本身，并且使社区活性化。城市NPO的运行模式是要有强有力且明确的解决问题的使命，就好像针对某种病需要投入强力的抗生素一样。反过来说，中山间地区的NPO运行模式就好似要提高身体本身的免疫力。中山间地区NPO的目的是，让免疫力高的社区自身可以治愈（解决）一般的疾病（问题），实现“良好状态的创造与维持”。

另一个区别是，都市NPO是根据已经明确的“使命”来召集人们，属于“统一性”的境况。与此相对，中山间地区NPO的主体是“已在这片地区生活的多姿多彩的居民”。也就是说，中山间地区NPO是在“不统一性”的境况下进行活动的。在“不统一性的境况”下，首要的是推动和维持不统一性境况下的合作和整合。在不统一性的境况下，在完成个别“使命”前，最重要的“使命”是合作社区本身的维持和发展，如果能够很好地达成这个使命，那么就能解决发生的各种问题，这是最基本的要求。

现在中山间地区问题的核心不是没有对症疗法一样的对策，而是社区本就应该是所有活动的核心，但社区本身的活力低下，主要的原因是人口流失和高龄化，所以现状是近郊聚落之间的合作和整合开始消失，甚至单个聚落内部的“联系”也开始逐渐稀薄。

在这种现状下，要让活动的社区再生，必不可少的是“连接”的机能。聚落和聚落，个人和个人之间的“连接”，或者都市等“外”和“内”的“连接”，还有聚落和行政的“连接”，聚落和大学的“连接”等，“连接”的多样性和必要性是无穷无尽的。可以期待“外来的”20～30岁的NPO年轻人们发挥这种“连接”的机能。

这些“外来”年轻人的重要性，实际上体现了和“连接”机能本身性质相关的重要因素。“连接”要是不能保持中立和公平，那么就不能称之为“连接”。在现存聚落，因为在狭小的地区内村民们共有历史，很多情况下难以保持“中立和公平”。而外来的年轻人有无限可能，他们“没有对村子做出什么好的贡献，但也没有做出损害村子的事”，他们之前与聚落和村民并无瓜葛，能保持中立性。他们就像“绳索”，能有效发挥作用，把实际正在分离的聚落联系起来。

说到底，村落的特征就是“不依赖外界的能力（自给力）”。村落的生存技术就是其为了生存的全部综合能力。换个说法就是，聚落或是聚落集合体的盛衰，是与让聚落综合化的“连接力”的有无、强弱有很大的关系。在NPO工作的年轻人作为“绳索”开始发挥机能的聚落，快要成为一盘散沙的聚落开始连接，再次结合成为念珠一般的形状。一旦开始构建出这种结构，地区居民自身看地区的眼光就会发生变化。居民历来的视线仅聚集在单独的聚落，现在则放眼山谷全体，从鸟瞰的角度去看，视野就变宽广了。接下来就会自然地认识到“聚落的事情聚落来做，山谷全体的事情NPO来做”，这种自治的双重结构。这种再综合化带来的“连接”起到的作用是，让无论多么细的“绳索”都能有效发挥作用。如果把中山间地区NPO的使命说成是要成为对“连接”有所贡献的“绳索”，这也毫不夸张。对这样产生的中山间地区NPO的基础机能进行整理后，可以总结出以下五个“连接的机能”，即由内至内、由外至内、由内至外的流向中的“媒体性、媒介性、编辑性、翻译性、意译性”这五个“连接”。

（关原刚）

【参考文献】
1. 関原剛：集落支援の先行現場から—NPO「かみえちご山里ファンクラブ」—.農業と経済，76(11)，62，2010

17　以都市农村交流为中心的山村农地再生活动

17.1　关于极限聚落增富

现在非营利组织“微笑连接”正在山梨县北杜市须玉町一个叫作增富的山间聚落开展活动。增富地区远望日本百座名山中的“瑞墙山”，是一个海拔超过1 000 m的高原地带，气候寒冷、农业兴盛。此外，在增富地区还有日本有名的镭元素温泉的源头，有很多从全国来泡温泉的游客。这片地区过去的林业和农业等产业非常发达，但因为第一产业的衰退以及山间聚落交通不便的原因，高龄化很严重，高龄化程度达到约62%（2007年）。随着高龄化的发展，农业、林业也开始衰退，弃耕地每年都在增加。以前这片地区生产特色花豆、作为啤酒原材料的啤酒花等，地区充满活力，但现在弃耕率超过62.3%，维持聚落自身都开始变得越来越困难，也就是说，增富成为了极限聚落。

17.2 增富的开垦志愿活动

随着增富地区农业的衰退，弃耕的旱田和水田越来越多。“微笑连接”以这种现状为基础着手重新复兴增富地区，“微笑连接”在2003年认定该地区为第1号结构改革特区，租借农地，开始在极限聚落增富开展活动。被长时间放置的农地不仅长出了杂草，甚至还长出了树木，很难进行种植。于是，“微笑连接”开始呼吁都市地区的年轻人们通过农村志愿活动的形式来开垦农地。农村志愿者的大多都是来自东京、神奈川等市中心的人们，大半都是二十多岁的年轻人。全国各地来的志愿者每年的累计人数约为500人，大约能开垦3 ha的空闲农地。现在这些开垦的农地正在种植花豆、青大豆等地区特产。

17.3 关于增富空闲农地的活用

有的农地通过志愿活动进行开垦，有的空闲农地至今还不能种植，当地正在摸索活用这些土地的活动，正在考虑让企业也来利用这些农地。提案将这些农地以“企业田地/企业农场”的形式，让企业来进行社会贡献活动（CSR，即corporate social responsibility，企业社会责任。——译注）或是员工教育（建设公司内社区）、供应原材料、提供顾客服务等。

活动事例1 社员教育和原材料供给/山梨点心制造商[清月]

清月是以山梨县为活动中心，制造销售日式点心和西式点心的制造商。清月把空闲农地开垦作为员工教育的一个环节，以此为首，在开垦的农地种植青大豆并收获。清月从员工教育开始参加农业，并想对收获的青大豆进行商品化，于是开发了使用青大豆的豆大福，现在已经成为清月的热门商品。另外，清月还开始栽培增富地区特产的花豆，已经成功实现了花豆制作的奶油和使用一整颗花豆的蒙布朗的商品化，也成为清月的代表商品。原本作为员工教育的一个环节而开始的活动，现在还能提供原材料，并且还发展出了商品开发、销售等环节。现在清月公司每个月至少要去一次增富，自己进行除草等工作。

活动事例2 CSR活动、顾客服务、开展工作/三菱地产股份有限公司“空气和土壤项目”

该公司是东京丸之内地区从事不动产行业的公司，通过社会贡献这一形式参加了增富地区的地区活性化活动。CSR活动“空气和土壤项目”最开始是由开垦增富地区梯田的三菱地皮的员工们和地区志愿者们开展的。用开垦好的梯田，进行从插秧到割稻等各种活动。此外，以在丸之内地区工作的员工和家属作为对象，作为顾客服务的一环，开展了“酒米之旅”活动，在开垦好的梯田种植酒米。这个项目不仅包括“微笑连接”“三菱地皮（顾客）”和“地区居民”，还包括了“山梨的酿造厂商万屋酿造店”，计划不仅在空闲农地种植稻米，还要进行后续的商品开发和销售。

因为和山梨县有着密切的关系，在东京丸之内新丸大厦7楼餐厅层开展了使用山梨食材的“品尝山梨”活动。各个餐厅租用下了新丸大厦7楼，用了大约两周时间，用山梨县出产的食材来开发菜品，并在各自的餐厅销售。该活动由三菱地皮、山梨县商工业联合会和“微笑连接”联合举办，期间吸引了大量人流。

此外，还举行了森林体验活动等，在缺乏管理、弃置不用的树林中进行间伐（间伐是指为促进主要林的生长发育，砍伐一部分过密的不要树木，以空开间隔。——译注）、修枝等工作，以此开展森林的保护活动。然后都市人们和地区居民组成一个团体，使用间伐的木材建设供人休息的“社区之家”，来让增富地区的人们和都市的人们更好地交流。举行的各种活动不仅包括农地开垦、插秧、森林体验，还有以都市农村交流为目的的地区社区建设活动。此外，通过森林的间伐工作，后续还利用山梨县出产的木材，将建材产品化。

17.4 关于山梨县空闲农地的活用

现在，山梨县有个不好的名声，就是其空闲农地率为全国第二。在这种情况下，开始向山梨县全县推广在北杜市增富地区开展的“企业农场”活动。这就是“山梨企业农场联盟”，将山梨分为“峡中、峡南、峡北、峡东、富山山麓东部”五个区块，分地区进行NPO及务农者、农业生产法人之间的合作，有“微笑连接”担任事务局的工作，支援企业参与，并进行运营。以企业为对象进行巴士环游，视察各个区域的空闲农地、地区资源等。其后，通过作为社员教育的割稻体验、原材料提供等方式活用山梨县的空闲农地。由“微笑连接”来负责联络协调企业和当地接纳团体。

图1　在放弃耕作的东北进行的再开垦志愿活动“企业农场”

“微笑连接”通过这种方式将活动从增富地区扩展到山梨县全县，进行资源挖掘、空闲农地开发等活动。

（曾根原久司）

【参考文献】
1. 曽根原久司：日本の田舎は宝の山—農村起業のすすめ，日本経済新聞社，2011

18　通过流域等级的循环型经济使湖泊再生

18.1　起到一石多鸟效果的市民型公共项目·霞之浦荇菜项目

在国内面积第二大的湖泊霞之浦，NPO及企业、地区居民、农林水产业、本地产业、教育机关、行政机构合作开展了市民型公共项目——荇菜项目。这个项目从1995年开始，累计20万市民及200多所中小学校参加。这是一个新的公共实物大社会模型，引起了广泛的关注。

霞之浦的流域面积约为2 200 km^2。如此广大的流域包含了28个市町村，跨越了茨城县、千叶县和栃木县三个县。流域同时被各种不同等级的社会系统覆盖，很难开展以流域整体为对象的综合规划。即使有流域管理这一说法，历来行政和研究机关开展的公共项目等规划，大多都只能在自己等级的社会系统中实施，难以超越这种自我完成型的规划，且大部分环境规划都采取了部分最优的处理，其项目的实施效果非常有限。既然已经明确霞之浦水质污染的原因在于流域全体的社会系统，只要不能实现再构社会系统的规划对策，水质就不可能发生根本性的改善。为了实现社会系统的再构建，必须要提出超越既往框架的新思路。而新思路就是，将自我完成型的规划对策转换为连锁的循环性规划对策（图1）。

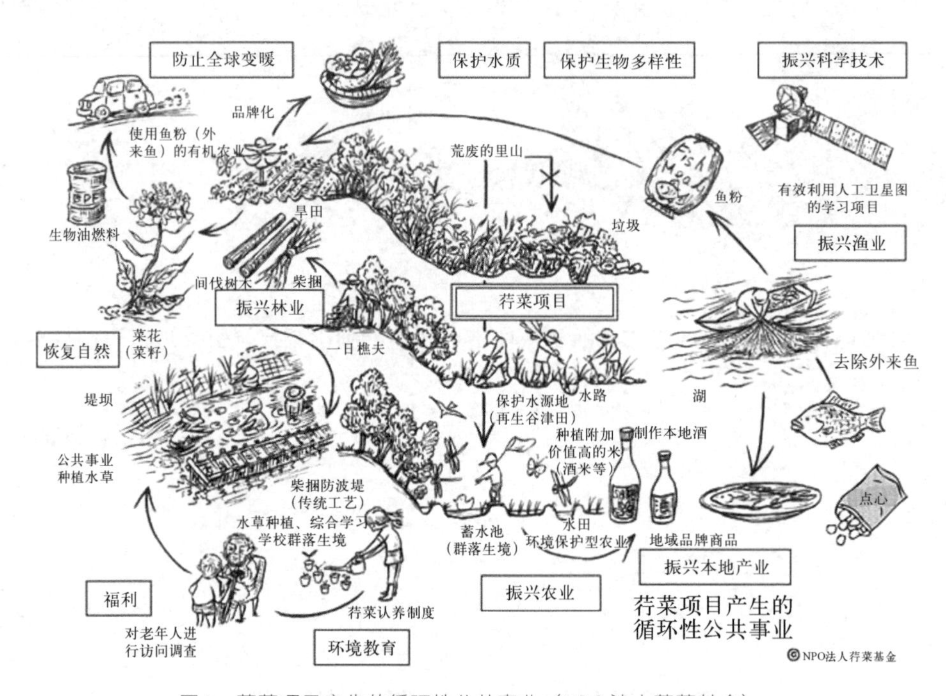

图1 荇菜项目产生的循环性公共事业（NPO法人荇菜基金）

18.2 发明“范式”来催生附加价值的连锁

荇菜项目规划涉及多个方面，在这里就不针对个别的项目进行一一介绍了。本节中主要介绍其思维方式。各个具体的对策请参考相关书籍。

荇菜项目如图1所示，跨越环境及福利、产业、教育等各传统领域间的壁垒，在广大的霞之浦流域开展项目。以每一个小事件为契机，其波及效果会在地区内成网络状扩散。可以期待，这种市民型公共项目的设想，用较少的花费产生出最大的效果。通过附加价值的连锁，在地区创造出新的人、物和金钱的流动，比如荒废耕地的再生，以超越农业自身框架的与多元领域的联系（文脉），来发挥作用（图1）。

将历来在每个等级中自我完成的各个项目重新设计成连锁型的项目，可以将一个项目产生的效果固定在跨越多领域的新文脉中，在地区内积累起来。这样的方法，和中央制定的“形式”“制度”及“手册”不同，是让各个地区浮现潜力，创造新文脉，从而产生的地区固有的“模式”。发明这样的范式是地区可持续发展必不可少的。从这种样式中也可以看出社会创业的设想。后文所说的将地区及流域整体纳入视野的“综合智慧”，这也可以从地区的范式中看出。

18.3 谋求从问题解决型向价值创造型的大转换的“物语”

在荇菜项目中，如果试图通过分析性的解决方案来化解一个个的问题，其效果是有限的；应该把重点放在创建结合若干问题群的新脉络，应该通过这样的故事性（原文直译是“物语”，但为便于理解，本段局部也翻译为“故事”。——译注）的解决方法来创造价值，并化解问题。

荇菜项目的中心，是没有组织的网络。其中心是“合作场所”和“价值创造场所”。汉娜·阿伦特将“共享个人故事的场所”定位为公共空间[①]。这里说的“场所”是指共享各种人或组织的故事的公共场所（“新共识”）。在这个场所集中的故事都是每人生活中培育的“小故事”，没有必要引导人们构思宏伟理想的“宏大叙事”。

多元的主体以“新共识”为基础，一起谈论具体的物语（项目及商业模型），由此能织出新的联系。“能够共有故事的场所”是指能够临时结合各种领域知识及专门知识的新思考模式，也就是指“综合智慧的现场”。多元主体所追求的理想应该在这个基础上建立起来。

18.4 从市民参与到行政参与

公共项目历来主要由专门分工的行政组织来推行，其不能跨越缺乏整体感的不同等级型项目的界限。所以，市民型公共项目将专门分工的组织（行政）重新定位成“无中心网络中的一员”，以进一步发挥机能，更好地发挥其专门性。必须将金字塔形社会中的“市民参与”设想转变为网络型社会中的“行政参与”行动。

---

① アレント，ハンナ（志水速雄訳）：人間の条件，ちくま学芸文庫，筑摩書房，1994

18.5 溶“墙”成“膜”，让社会发生改变

行政开始在网络中发挥作用，可以将超越历来不同等级壁垒的非正式联系（网络）转变为多元组织所共享。这样可以催生与早前组织改革（破坏、构建、改编等）所完全不同的改变。此改变就是，用网络来溶解分割组织的“墙”，把它变成“膜”。让NPO等非盈利民间团体起到触媒和激素的作用，用新的文脉（故事）来缔结不同的组织间关系，由此来溶解隔离组织的墙，将其变化成膜，这种活动可以向全社会推广。

当今社会，很多专家在各自的“领域知识”中，通过把综合化交给电脑等接口来处理的方式来推进分业化。如果像这样，在各自领域之中感到自我满足，那么以农村、地区及流域全体为对象的研究和规划，都不过是纸上谈兵。

荇菜项目没有单纯否定社会的不同等级组织和领域知识，也没有单纯地进行组织改革（对不同等级进行改编或再构建），而是以“综合智慧”（网络型、同等级的智慧）为方向，改变社会及组织自身。

人们开展以霞之浦为模型的规划，来建设环境保护循环型的社会，该规划在秋田县八郎湖流域、原宿等东京都内、北九州市、松户市等的都市地区、三重县及冲绳县等过疏地区等各种各样的地区及领域有所运用，渐渐和农林水产业及本地产业、商业街、学校教育的活性化融为一体。

（饭岛博）

【参考文献】

1. 鷲谷いづみ，飯島博：よみがえれアサザ咲く水辺—霞ケ浦からの挑戦—，文一総合出版，1999
2. 野中郁次郎，勝見明：イノベーションの知恵　日経BP 社，2010

19 地域环境改善活动带来的地区活性化

19.1 脱离行政依赖——英国地域环境改善活动的先见性

现在，在日本各地的中心商业街中，空置店铺开始增加，让人感受不到往日的热闹。同时，农村地区的年轻人流出，留下老年人，极限聚落迅速增加。国家的贷款也超过了1 000兆日元，仅关注讨论“增税”。今后“高负担、低服务”的社会结构将会增长，对

行政的依赖逼近极限，行政产生破绽甚至破产的可能性增大。

日本的现状和20世纪80年代的英国非常相似。当时，大胆提倡行政财政改革的撒切尔政权诞生，对超级福利国家、依赖社会保障的体制进行改革，将NPO引导的合作规划作为“新共识”，活用于国家建设中。其中之一就是地域环境改善活动。行政、NPO、企业各自承担起自己的社会责任和担当，由地域环境改善活动负责三者之间的协调、调停任务，在其协调下，三者各自发挥特长和专业性，结成合作关系来实施地区活性化以解决课题。这是一个有效的地区系统。

后来，布莱尔政权继承了这个规划，开展了“福利新政（原文为new deal，此处译为新政。——译注）”，在政府解决不过来居民关注的细微公益服务时，让NPO等中间支援组织负责提供这些公益服务，这一政策在发展停滞、环境恶化的地方都市发挥了巨大的效果，通过具体的环境改善活动，培养了市民的自立性和内生性。近来，卡梅伦政权中，NPO的作用也越发被肯定，引导承担私益性和公益性的“社会企业”创业，开展新商业，活用多元的社会需求，由此确保地方都市年轻人、女性及老人的“工作场所”。

现在，英国多达20万个团体的NPO正在活动，他们存在于行政和企业之间，起到了“中间劳动市场”的作用，据说其为多达700万人创造了就业。在NPO工作的职员，全都有工资并以此自立，可以持续提供多元的服务。在日本，为了让发展停滞的地方都市活性化，要有新的政策及规划，首先必不可少的是要确保工作场所，其次要吸引创建地区的“人力资源”，让更多的年轻人定居在本地。

19.2　从环境再生到地区再生/Groundwork三岛规划

在“水之都/三岛”的河岸自然环境一直恶化的情况下，“Groundwork三岛”了解了英国地域环境改善活动的益处，在日本三岛最早引入该方法。当初由8个市民团体参与规划［现在（指到文章完成时。——译注）有20个］，开始策定居民主导的具体工作规划。

首先，Groundwork三岛最先开展的是“源兵卫川”（图1，图2）的水岸再生，使用地域环境改善活动的方法，来解决这个错综复杂的课题。为此，从平成三年（1991年）开始花了约3年时间，每周组织所有地区居民参加定期的河道清扫。

之后，根据居民的设想计划，实施了独特又多彩的一系列活动，开设了水岸观察会，设立了爱源兵卫川协会、三岛萤火虫会等各种环境改善团体，实施自然环境调查，以东京人为对象实施水岸捡垃圾之旅，实施环境监控调查等。

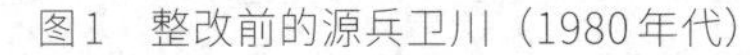

图1　整改前的源兵卫川（1980年代）

图2　整改后的源兵卫川

在“源兵卫川亲水绿岛工程”中，静冈县是工程主体，“Groundwork三岛”负责利害相关者之间的调整和协调，推进居民参与的规划制定，在3年内召开了多达180次以上的讨论会。结果，制定了以再生源兵卫川的原风景、原体验为目的的自然程度很高的水岸再生整改规划。现在成了绝佳的游玩、钓鱼场所，一到夏天就回响着孩子们的欢声笑语。清流中栖息的八须泥鳅和韩氏溪蟹也增加了，到了5月数百只的萤火虫在水面飞舞，以前从三岛消失的水中花三岛梅花藻也复活了。

源兵卫川水岸再生的过程提高了市民对河川的爱及对城市建设的问题意识，培养了孩子们对河川的关心及热爱自然的心。在重视机能的建设中，由市民、NPO、行政、企业间的合作关系而产生的倾注了心血的建设，可以说是引导地区活性化的关键。

19.3　Groundwork三岛——迈向成功的脚步

第一步，“继续实践和积累成果”。“右手拿铲子，左手喝啤酒”这个口号的信条是，要在环境恶化现场开展实践性的具体市民活动。其实施办法是让各种地区主体之间进行深入的讨论，明确地区的课题，不一味依赖行政及政治家，自立自主地思考解决方案，借此提高政策立案及工程实施的能力，提高“市民力”和“地区力”。

第二步，“形成合作关系”。如果不有机组织市民、NPO、行政、企业来进行新的地区建设，就不能叫作地域环境改善活动。

Groundwork三岛深入地区，对最新的地区情报进行收集、整理、分析、评价，提出了解决的处方。尤其是，重视构建地缘团体的信赖关系，召开数量众多的说明会，用心营造地区居民的共有意识和整体感。后来还使用行政手段，沟通有关部门的意见等，推进行政内部对工程内容的了解，构建支援体制。此外，还邀请地区企业进行材料、器材、资金、技术、人才支援等具体形式的支援。Groundwork三岛最主要的工作和作用就是要起到调整、调停的作用，将利害关系者的特长及优点最大程度地组合，构建高效的地区系统。

第三步，“构建市民团体间的网络”。Groundwork三岛的组织特征是，结成“网络组织”，让组织和人才发挥多元的力量，不干涉各团体的运营，提供参加合适项目的机会，让各个组织活用其特征（材料、施工机械、设计工作、提供志愿者），向小规模团体会员进行事务局机能的补充支援（财会、联络、会议运营、调整、建议）等。

19.4 开展多元的地域环境改善活动

源兵卫川等曾被当成是市中心的流动垃圾场，以其水岸再生为出发点，至今还开展了很多多元的环境再生活动，包括建设“三岛梅花藻之乡”来作为从市内消失了的水中花“三岛梅花藻”的保护增殖设施，建设萤火虫之乡，通过居民参与来修建戏水池，再生历史古井——被称为“水神大人”的泉水池、复活祭典，建设学校群落生境，再生珍贵河畔树林等。

19.5 地域环境改善活动的地区活性化效果

在源兵卫川和三岛梅花藻之乡等地，通过地域环境改善活动开展的多元环境改善活动，来水岸散步的到访者及在城里参观的旅游游客数量大幅增加。旅游指引手册“三岛图”的发行数量在平成十年（1998年）达到4.7万册，近几年增加到了40万册。

源兵卫川和城市环路的“线”连接了Groundwork三岛开展的小型环境改善地区的“点”，引出了“水之都/三岛”的魅力，并与以鳗鱼为中心的饮食文化开拓一起，发挥了两者相乘的作用，创建了一个悠闲在水岸散步的愉快城市。

这些活动之后，顾客回到了大路的中心商业街，而此商业街12年前还有40%的空置店铺。随着游客数量增加，店铺以餐饮店为主，现在已经没有空置了。像这样，从水岸环境再生开始的地域环境改善活动与众多相关人员的智慧有机结合，引发了相关活动，并且从环境再生扩展到了地区再生、旅游振兴和地区活性化。

（渡边丰博）

20 创造町村活力的本地学

20.1 整理三种活力、三种经济

本地学主要研究本地，以在本地居住的人为当事人进行调查、思考、重复有用的工作、自己建设有活力的町村。人有活力了，自然就有活力，经济也就有活力了。

但是，经济有三种，即钱的经济也就是货币经济，互相支持的共同经济以及自己种植蔬菜、米、供奉祖先的花来吃、来使用的自给自足的经济。

不知道什么时候起，我们将买东西用的钱作为富裕的衡量标准。但是富裕不仅仅指钱，如果山海河川富裕的话，食物就会根据季节不断生长。估计在昭和三十年代（1955年）后期开始的高速经济增长之前，农山渔村的生活中还存在着共同经济和自给自足的经济，这两种经济使人们即使没有太多钱，也可以富足地生活。

20.2 好的町村的10个条件

同一时期，结城登美雄在宫城县仙台市提倡本地学并且进行实践，他提出只要满足下列7个条件，就是好的町村。这些条件为“拥有美好的自然，拥有美好的工作，拥有美好的习惯，住得很舒服，有地方学习生活技术，有三个朋友，还有良好的行政”。笔者认为，应当将良好的行政换成“良好的自治”，并且还要加上“拥有好吃的家庭美食，享受地区的生活，非常喜欢地区”。最重要的是要调查地区。通过调查就会喜欢上该地区，这就是本地学的实践。还有一点就是要享受地区的生活。享受种植、交谈、饮用、食用蔬菜等作物。如果没有这些，就很难有活力。

20.3 不强求没有的东西，探寻已有的东西

汤布院的木匠时松辰夫说过“自然、生产和生活都是联系在一起的，总是有能力创造新东西的町村是好町村”。那么，什么是“创造新东西的能力”。笔者认为“新东西就是已有东西的新组合”。所以必须“不强求没有的东西，探寻已有的东西”。笔者认为，创造的能力就是组合的能力，（笔者）很想拥有创造的能力。

20.4 把握地区特性是很重要的

要能够说明自己住的地方，也就是说把握特性是很重要的。我们总是一边说着“这也没有，那也没有”，一边生活。但“这”和“那”不会变成“有”。想要没有的东西，不想要有的东西，结果就是虽然货币经济上变得富裕了，不知何时起，河里不能游泳，鱼也少了，地区变得不能让人享受了。

如果不对已有的东西进行确认，只强求没有的东西就会成为地区变坏的原因。去先进地区考察的人们当中，有的人受了影响表示“好厉害！”。也有的人全部否定，表示“很无聊！”。这两种人都得了身份闭塞症这种病。这是由于对自己和地区不完全了解而产生的极端反应。如果不把握地区的个性和特征，就有可能因为变化过度而损坏，或是不能应对变化，只能原地打转。

20.5 案例介绍：全村生活博物馆·头石

2002年开始的水俣“全村生活博物馆”在头石（KAGUMEISI）地区和其他3个地区展开，让村庄变得富有活力。

头石聚落位于水俣的源头。这是一个有40个家庭的山间农村，是一个随处可见的聚落，但又有些不同。这就是水俣独自组成的“全村生活博物馆”。该村于2002年接受水俣市的指派，开展活动（图1）。以馆长胜目丰为首的8名生活学艺员向外人介绍自己的生活，另外还有勤于采摘野菜、种植蔬菜的15名生活匠人。即使是得到了市里的生活学艺员认定的人，想要获取资格，必须做到“不说这里什么都没有”。生活学艺员们还要接

图1 参加者们正在听取讲话

受研修，这是探寻自己的家及聚落拥有的东西并进行确认与活用的本地学实践。

胜目辰夫将有的东西拍成照片，询问“这种草木叫什么？怎么用?”，绘制了名为“森林头头儿”的地图。他一直以山中工作为生，这张图是表现他的世界的力作。此外，还有种植无农药蔬菜的森下宽、在庭院中饲养地蜂的小岛利春、被称赞说红烧料理味道与众不同的村里的女人们，他们都展示了头石生活的潜力。

生活学艺员们用自己绘制的地图，笑着向到访者们介绍。村里人感受到“自从变成生活博物馆，并向人们介绍以后，自己看山里的眼光就变了，开始发现山里有很多食物。外面来的人会告诉我们，这里有多好。这种感觉很好”。这是一件非常棒的事情。住在这里的人们开始把目光转移到脚下了。人们回首过去“认为幸福在远方”的日子，为了在这里生存，开始把目光转移到自己生活的地方。

20.6 小结

有人认为脚下的世界很小，但本地学打开了这小小的世界。应当脚踏实地，倾听土地神的声音，探寻各自地区的固有风土和生活文脉，编写自己的风土记。自己就是生活的当事人，应当好好调查自己的脚下。平时生活的力量、地区拥有的力量、人拥有的力量很容易被“都是理所应当的”这种意识局限，应该跳出这种意识，引出这些力量。固有的东西之间的新组合，可以在地区建设、物品制造、生活建设中发挥作用，为町村增加活力。这要从自身开发看已有东西的视角开始。

（吉本哲郎）

【参考文献】

1. 吉本哲郎：本地学をはじめよう（岩波ジュニア新書），岩波書店，2008

21 农山村地区再生的新视点——从单业到复业

21.1 过疏聚落现状和地区再生课题

根据国土交通省的调查，全国共有62 000个过疏聚落。过疏聚落大多位于全国的离岛及中山间地区。这些聚落有几百年至几千年的历史，不仅起到了生活场所的作用，还在国土形成中负担了重要的使命。这些聚落中的居民们用双手为人们提供食物，而且在治山、治水等国土保护方面也做出了很大的贡献。但是，这些从古一直延续下来的聚落的大多数都因为生育年龄人口减少等理由，发生了聚落机能难以维持的情况。虽说生育年龄人口减少的趋势是日本全国的问题，但在中山间地区、离岛尤其显著，因为现居人口的绝对数量在减少，聚落的维持管理也变得困难起来。

那么，经历数百年形成了生产生活场所的中山间地区和离岛，其人口的绝对数量为什么会发生减少呢？正如人们所知道的那样，人们在明治以后的现代化，“二战”后的高速增长中，开始追求便利、有效的生活，也就是都市生活。其所导致的结果就是都市化的向往也波及了山村，人们认为比起这里，在城里居住更好更方便，所以很多年轻人都离开村庄前往都会。很明显，中山间地区的聚落人口密度低，生活基础设施也相对不完整，难以建设和都市地区相同的产业。此外，人们也都认为这里的生活相对不便。因此，中山间地区和离岛开始单向流出人口。

行政的政策从结果上来说也推动了这种情况。比如说鼓励高度聚集的效率化林业产业，或在中山间地区推进建设批量生产能保证品质的量产型产业。中山间地区的特性是活用本来多样的资源来生活，但这些与其特性相反，结果就是地区开始经济疲软。然后，地区本来是能让人富裕生活的场所，在人们的内心开始渐渐颓废，人们认为“这里什么都没有”，也就是没有什么东西可以变成钱。其结果就是造成了依赖大坝、道路等公共工程的地区运营，他们认为公益的项目都是行政的工作，开始慢慢产生了“强求没有的东西”的心态。

农山村地区已经发生了这种情况，想要进行农山村地区的再生，障碍有以下3点。

（1）自豪感的缺失，即“二战”后一贯给居民植入的观点，认为和都市地区相比“这里是落后的地方”。居民内心认同的再生，是一个重大的课题，要让居民摆脱深信不疑的“经济发展才是生活富裕”的思想认识。

（2）公益是行政的工作，也就是说用货币来生活已经变成一种常识，居民开始深信“因为缴纳了税金所以公益性的事情都应该由行政来做”。如果不打破这种内心深处的认识，不可能产生居民自发的内生型地区再生。

（3）再认识脚边存在的资源，也就是说改变“这里什么都没有”的想法很重要。在此之前，人们对资源能变成货币这一点深信不疑，所以会追求相对优势，会深信批量生产才是原则。重要的是舍弃这种认识，建立新的目标，通过“这里现有的东西之间的组合”来创造新的价值，并将此项目化。换一种说法，就是应该跳出培养效率优先的量产型产业的活动，创造符合中山间地区及离岛的商业模型，也就是说创造出不是单业而是复业性的项目结构。

在近来严峻的情况下，全国都开展了以农山村地区再生为目的的新活动。下面将通过对案例的讨论，来揭示农山村地区再生的新视点。

21.2 农山村地区再生案例——长崎县小值贺町

长崎县小值贺町位于五岛列岛最北部的小值贺岛。因是历史上遣唐使停泊的港口而出名，昭和三十年（1955年）代水产行业兴盛，人口约为10 000人，现在人口降到了3 000人（来源于町官网）。产业方面，主要产业是水产业，在平成元年（1989年）渔业收入达到了22亿日元，与此相对，现在急速减少到了8亿日元（来源于町里的见闻）。在这种情况下，开展了新的旅游产业化项目“小值贺町建设项目”，活用渔业和农业合作产生的地区资源。

这个项目的重点如下所示：

（1）将岛上的景观变为金钱，也就是用已经变成废屋的古民居创造新的价值，对这些古民居进行再生，接收从都会来的旅行者，并再生过去这里的富裕的渔村风景。

（2）使用水产品、农产品开发特产商品，来赚取“外资”。也就是生产以前没有考虑过的小批量产品，比如将精心种植的花生作为特产商品来销售。

（3）活用岛内的自然及生活，积极开展生态旅游和绿色旅游。

（4）扩大岛内的就业，增加收入所得等，重视地区内的经济循环。

（5）重视岛内的生活结构，与项目相关的新居民也承担公益责任的义务，比如参加消防团等。

这个项目虽然刚开始，但已经取得了一定的成果，销售额达到近1亿日元，专职工作人员16人，登记加入的兼职人员40人。预计今后5年内的销售额目标为5亿日元，以开发复合性的业态为目标（来源于小值贺町岛屿旅游相关人员所说）。

这个项目的新视点是，居民自己积极承担要花费成本的公益性工作，如防灾等，同时重视地区内的经济循环和获取来自岛外的货币，以及不以大量生产的效率性产业为目的，而是建设小批量附加值高的项目。另外还有一个重要的视点是，景观和文化生活之前被认为不能变成金钱，但这个项目找到了其价值，并通过商业交流赚取外币。

再来看一下这个项目中工作人员一天的工作。早上最先准备古民居中居住的旅行者的食物，然后提供旅行目录，引导参观岛屿；下午开发特产商品等，使用了复业性的工作形式，和以往的单业性工作方式不同。重新想一下这样的复业性工作，比如岛上的渔夫以鱼竿钓法为主，钓鰤鱼、黄尾鰤（学名：Seriola lalandi。——译注）、石鲈鱼（学名：Parapristipoma trilineatum。——译注）等，此外还捕捞贝类藻类，采用曳绳钓法、延绳钓法、刺网捕法、鲯鳅（学名：Coryphaena hippurus。——译注）钓法等捕鱼，经营渔船渔业。这不是单一的渔业，而是既钓鱼也捕捞贝类的复合性渔业。除此以外，上到陆地就是一片生产米和野菜、生活自给自足的富饶地区。可能自古以来，这片地区的人们就一直像这样过着半农半渔的生活在这里延续下来，过着一年比一年更好的生活。同时，由于这是一片交易兴盛的土地，为了降低生活的风险，人们找到了价值更高的职业，让生活变得更加富裕。

21.3 以“复业化”使地区内的经济循环最大化

“业”对于农山村地区的再生是必不可少的，但重要的是不能用单体去考虑“业”。首先很重要的是，要组合这里现有的复数生计职业，并以此生活。还有一点更重要的是，要让地区内的经济循环最大化。比如，如果销售荞麦的食堂以短期利益为优先条件，那么应当从世界各地采购更便宜的原料；如果将眼光放得长远一点，重视地区内经济循环让地区可持续发展的话，就应该从地区内的契约农民家里采购荞麦。且如果食堂不是购入原料，而是购买加工好的荞麦粉的话，那么农民的收入中还会增加加工费用。如此，地区内的所得总量就会增加，然后从中可以得知，这个食堂的使用居民也会增多，地区内便建立起了良好的经济循环。

也就是说，过去的人们承担了衣食住各方面的地区内的“业”，他们并不是承担单一的“业”，而是分担了工作，在地区内互相帮助生存了下来。地区再生需要的是，肯定这样的“地区”可持续和富裕实现的价值，开展把业态的组合最优化的经济活动。

（福井隆）

【参考文献】

1. 福井隆ほか：地域を元気にする本地学―現場からの報告.日本エコツーリズムセンター編／福井隆監修，2011

22 地区再生方法和共同体的再生力

22.1 共同体的再生

“是否要把聚落从水稻栽培转变到橘子栽培，我们大家一起考虑聚落的未来，在国家指导下，我们到了需要做决定的时候啦。最后讨论结束，大家决定要去巴西移民。这大概是昭和三十七（1962年）、三十八年（1963年）的时候。

“从那以后，大家再也不一起讨论地区的未来了。然后正在大家还没回过神的时候，村里人“一点一点地”开始变成员工，去外面工作了。”

这是和歌山县有田川町畔田地区的人们说的。日本不论哪个地区的农山渔村都在发生同样的情况，导致了今日的少子化、高龄化和过疏化。这就是指居民放弃了自己居住地区的“地区经营”的“缰绳”。也就是指他们放弃了共同体的主体运营，即“地区自治”。

因此，共同体再生、地区自治再生就成为眼下地区再生的基础。需要描绘10年后、100年后的地区“梦想”，要活用地区的资源，创造符合时代需求的价值。这必须要形成居民的一致意向，明确地区现有的课题，再由地区居民大家一起找出课题的“解”。

笔者15年间一直在通过实践研究开发引导人们形成一致意见、解决问题的方法论和思考方式。有一种名为“集会研讨会”的方法，以和歌山县“村庄机能再生支援项目”为首，离岛地区和都市圈等实践案例验证了其有效性。

22.2 集会研讨会

如果要形成一致意见，一般会召开名为“居民恳谈会”或“研讨会”的活动。可以参考图1。

来参加研讨会的居民一定要把态度从“探寻没有的东西”转变为“探寻现有的东西”。而行政方面，一定要将态度从历来的“强硬型”转变为“柔软型”。

在进行态度转变以后，应当按顺序进行以下内容：

（1）根据居民的声音发现课题；

（2）探寻现有的东西；

（3）制作地区再生菜单；

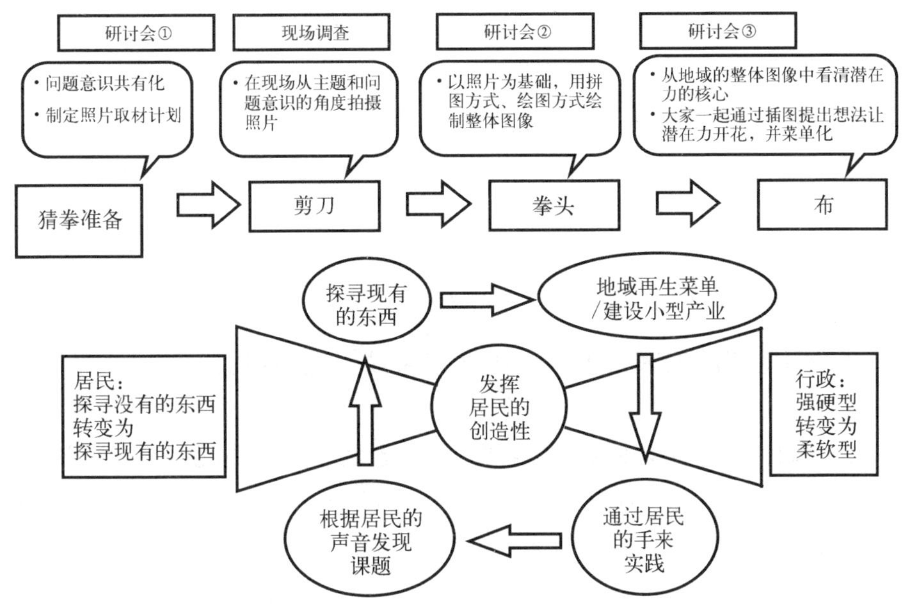

图1　集会研讨会“猜拳方式”

(4) 通过居民的手来实践。

一边发展一遍重复这个循环，可以促使村民们发挥创造性。

集会研讨会的顺序是用“猜拳方式”来推进内容。但是实际上并不会进行猜拳。是要借猜拳来想象工作。猜拳的名称通常是按照“石头”→“剪刀”→“布”的顺序来表现的。要重新组织这个顺序，根据“剪刀”→“石头”→“布”的顺序来进行工作。这些是前提，然后要进入“猜拳准备”的步骤。

研讨会根据如下的步骤推进：

(1) 第1次研讨会：猜拳准备……居民提出问题意识，寻找共识。制作“问题意识地图”，评价其中的重要程度，抽出重点课题。在此基础上，为了探寻资源制定照相取材的计划。

(2) 现场调查：剪刀……从主体和问题意识的角度在现场摄影照片。对本地的资源、宝物、改善点等能解决地区重点问题的东西进行拍摄。因为是“按下快门”，所以称之为“剪刀”。

(3) 第2次研讨会：石头……用拼图或绘图的方式描绘整体图像。制作“资源照片地图”。因为是基于照片“掌握”地区的情况，所以称之为“拳头”。

(4) 第3次研讨会：布……从地区的整体图像中看清潜在力的核心，画插图（图片、照片及漫画等）来增加说明，大家一起来想办法让潜力开花，并制成菜单。制作“设想地图”，评价其优先程度，来决定要采用哪个设想。然后对优先度高的设想项目，商量其实施的难易程度、实现目标的时间及实施主体，决定实施的顺序，制作“实施计划”。因为是把设想大幅“铺展”开来，所以称之为“布”。

接下来要接受计划的立案，建设执行组织，任命领导者。由地区和行政协商来制定实施计划，开展活动。

22.3　内生型的地区再生——将梦想和设想化为现实

和歌山县村庄机能再生支援项目在平成十七到二十一年（2005～2009年）的5年间，在38个地区实施了集会研讨会。有些地区形成了统一意见，将描绘的梦想和想法变成了实际行动，开始进行地区再生，这些地区在实施研讨会的所有地区中占2.5～3成，如果以棒球为比喻的话就是，安打率很高。从平成二十二年（2010年）开始的5年中，目标安打率是达到五成。

田边市龙神村也是开始进行地区再生的地区之一（图2）。针对在研讨会中提出的想法，根据实施优先程度进行排序，第1位是“芋头栽培和酿造烧酒”，第2位是“神龙产地直营店”，……第6位是“认真加工整个柚子”。在平成二十年（2008年）的年度末期，自己将“降霜柚子果酱（砂糖腌渍果酱）”商品化，这个商品还在伊势丹“I ONLINE”的“全国网购美食”贩卖。20家农户的老人们参加了第一设想中的芋头栽培。在平成二十二年（2010年）度将烧酒商品化，开始销售。这个项目被农水省追评为“农山渔村地区力挖掘支援项目”，但因为项目分类，仅在第一年度获得了补助。尽管如此，他们还是用自己的力量成功实现了商品化（图3）。

引导居民达成共识并解决问题，这一对策的重要性在于，能激发“内生型的地区建

图2　龙神村研讨会

图3　龙神 · 芋头烧酒（左）和降霜柚子果酱（右）

设”。“集会研讨会”这个能有效达成共识的方法，是一个不论在什么地区都能使用的地区再生的有力方法。

22.4 从3.11受灾中建立的共同体再生力——石卷市田代岛

3·11的东日本大地震引起了历史上从未有过的毁灭性的损害。笔者进行地区再生支援的宫城县石卷市田代岛也遭受了很大的损害。石卷市的本土方面受到了毁灭性的损害，田代岛仅出现了一个行踪不明的牺牲者，万幸的是，几乎全员获救。然而，基于产业竹筏牡蛎养殖全灭，码头上的渔具材料也全部流出。港口的防波堤、码头地基下沉了几乎1 m，栈桥也无法使用。电话在四月下旬完成恢复；水道还未恢复，使用井水；供气使用丙烷；电气使用发电机，限时供电。

本章介绍的恢复田代岛元气的对策是以“集会研讨会”为原型发展而来的。在1960年（昭和三十五）左右，田代岛是1 000人自给自足的岛，但笔者2003年访问时，当地仅有十分之一，即100人左右的人口。平均年龄远超高龄化指标65岁，达到了70多岁。

根据国土交通省的调查、实践项目，从2003年开始两年半内召开了七次居民恳谈会及召回在岛外的本地人进行的扩大交流恳谈会。居民讨论过后得出的愿景如下。

（1）第1阶段：建设社会基础，可以靠朋友之间互相帮助自立地过完余生；

（2）第2阶段：维持到下一批退休人口回归；

（3）第3阶段：最终成为能够生儿育女的小岛。

根据实现的优先度评价结果及岛上现有资源，得出实现这些的具体对策如下：

（1）第1位：使用三石水源的温泉和示范水田；

（2）第2位：猫神社（野猫比人口还多，禁止携带犬类进入的本地规则）；

（3）第3位：打开过疏化（闲置房屋对策，促进U/I型移居）。

以此为基础，在自治区的承认下，确定了实施组织和实施领导。这些措施的结果是，这里成为了“猫之岛”，在全国出名，地区再生开始步入正轨。2008年，旅游游客大约为3 200人，到2010年增长到近四倍，增长到了12 300人。旅游收入一年达到2 000万日元以上，但正当石卷市也想认真支援这里时，发生了大地震。

万幸是，以区长为中心推动的岛民内生型岛屿建设的设想没有中断。首先本地的渔夫们开始了复兴行动，即“田代岛一口支援基金猫咪/计划”（2011年6月10日公开主页）。

然而用于购买渔船、渔具、养殖竹筏等渔业必要资产的资金怎么都不够。年轻渔夫们完全失去了来自渔业及旅游的收入来源，他们希望能让更多人来帮助他们脱离困境，他们开始募集支援基金，虽然主旨是义捐，但没有这么简单，是以类似投资的形式来进行的。

“‘二战’中、‘二战’后，不辞辛劳过上了自给自足的生活，正因为经历过这样的生活，岛民都非常厉害。他们使用井水等，也不在意不自由以及粗糙的饮食。说实话，我认为这座小岛真是不幸中的万幸。”区长在“故乡来信”（通过传真通信每个月对岛外传递信息）中这样说道。

两个半月后的8月29日，从全国寄来了目标额1.5亿日元的支援。田代岛没有被地震摧毁信心，再次开始向地区再生前进。

田代岛人这样的内生性对策是因为建立了共同体为主体的运营才得以产生的，人们重新学习到了这一点。

还有很多受灾地区的损害比田代岛更严重，确实根本没有精力采取这样的对策，人才和物资也不足。本稿所说的“集会研讨会”的方法如果能发挥作用，让居民、行政和全国的NPO相关人员等合作，迈出地区再生的步伐，可能会提供很大的帮助。在此向已经逝去的人们表示哀悼，并希望受灾地区能够复兴。

当然与受灾地再生的意义不同，但日本无论哪个地区，现在都是急需地区再生的情况。希望这种方法能像田代岛一样发挥作用，让居民自立自强。

详细请参考下列参考文献。

（山浦晴男）

【参考文献】

1. 山浦晴男：住民・行政・NPO 協働で進める 最新□地域再生マニュアル，朝日新聞出版，2010

“提出复数未来愿景的“农村规划”——埼玉县大里郡大里村案例”

埼玉县大里郡大里村（现熊谷市）位于距东京60 km的首都圈内，在埼玉县北侧，邻接一级河川荒川，是一个有着美丽田园风景的都市近郊农村。村庄面积1 558 ha，其中94%被指定为农业振兴地区，除了南部70 ha的市区化区域，其他都被划定为市区化调整区域。值得注意的是，其第一产业就业人口明显减少，第三产业迅速增加；总人口约7 400人，人口有轻微的减少趋势。

大里村公所（当时吉原文雄担任村主任，都市规划科科长助理田所隆雄为负责人）从1994年（平成六年）4月起，委托农村规划学会进行规划制定工作，描绘大里村未来的愿景、实现该愿景的规划过程及明确应该引入的政策等。因此，农村规划学会组织了“大里村农业运行系统调查规划委员会”①。委员会所属的专家和本地行政负责人共同学习，深刻思考，形成统一意见。在此基础上，一年后向大里村提出调查计划报告书。

本委员会以公所职员和村民为对象进行问卷调查，对村内的农民、农业机械化组合等进行访谈调查，还请中小学生以“未来的大里村”为题写作，把握地域拥有的课题②和村民对未来的愿望③，以此作为规划制定的原点。

本规划的特征是展示了“将来预测与理论”的流程。该规划以预测当时正在进行的地域开发（大里村南部地域开发构思：招募企业及建设住宅组团用地）活动对地域的影响为基础，考虑现状制定了四个方案（图1，图2，

① 大里村农业运营系统调查规划会员会的成员由来自各个专业领域的8人组成：石田宪冶（农林水产省九州农业试验场）、岩隗利辉（日本工业大学建筑学科）、尾立弘史（小山工业大专建筑学科）、坚田宪弘（住友信托银行）、千贺裕太郎（委员长，东京农工大学农学部）、速水洋志（荣设计股份有限公司）、丸山直树（东京农工大学农学部）、山路永司（东京大学农学部）。

② 大里村拥有的课题包括就业者减少・高龄化、低湿地区水田地带长期排水不良、荒川泛滥带来的洪水灾害、小规模农地区划、农业机械的过剩投资、放弃耕作土地扩大、沿主干道路的无秩序开发、大规模引入公共事业、招募企业、住宅用地开发带来的社会结构突变等。

③ 我们可以从中得知，包括儿童在内的大多数村民都“不想大里村失去绿色的自然。但是想变成活力洋溢、魅力四射的地区”，他们已经认识到农地占村总面积的58%，应该避免农地的急剧减少，有秩序地转变农地。

图3）[①]，经过详细比较考察，最终决定推荐“方案四”。方案四注重农业的效率化和多元化，建议引入绿色旅游等，采取多方面的政策，为此具体提出了大里村将来的面貌，提出现状农地的未来使用规划图（图4）、以农业经营集团为首的地域农业的组织化构想图（图5）、以村内代表性的玉作聚落为对象的聚落规划构思图（图6）、根据规划结果得出的经济循环试算（表1）等。

详情请参考《农村规划学会志》的介绍[②]。

---

①“四个方案”是指：方案一“维持现在的发展”，方案二“发展成为周边都市的住宅城镇”，方案三“仅追求农业生产的效率化”，方案四“寻求农业的效率化、多元化发展，实施多方面政策，引入绿色旅游等”。

② 千賀裕太郎（1997）：複数の将来ビジョンを提示した農村計画の試み.農村計画学会誌，16（3），263-272

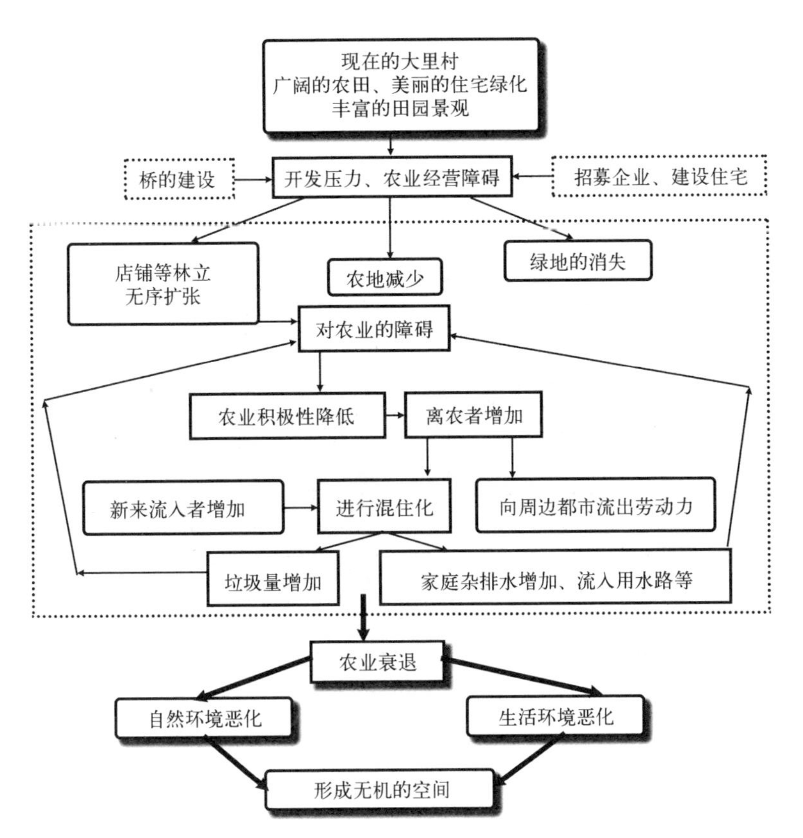

图1　方案一“维持现在的发展”的大里村的未来

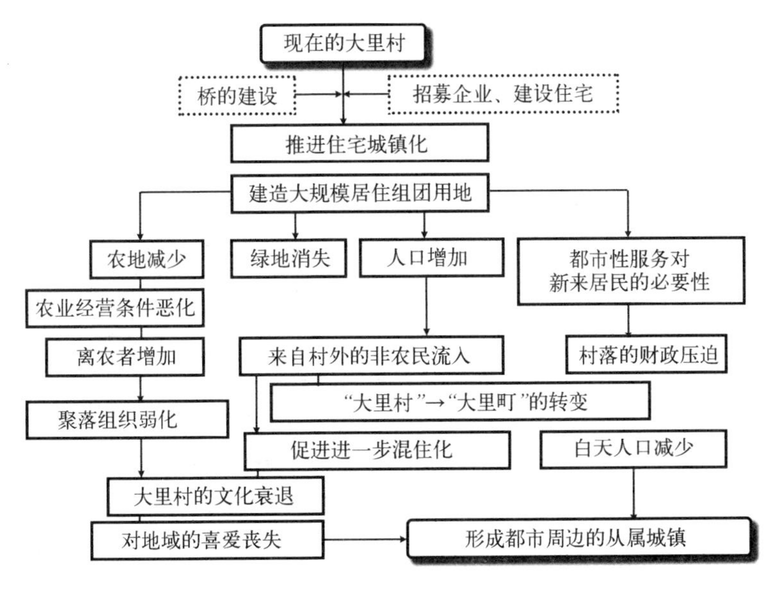

图2　方案二“发展成为周边都市的住宅城镇”的大里村的未来

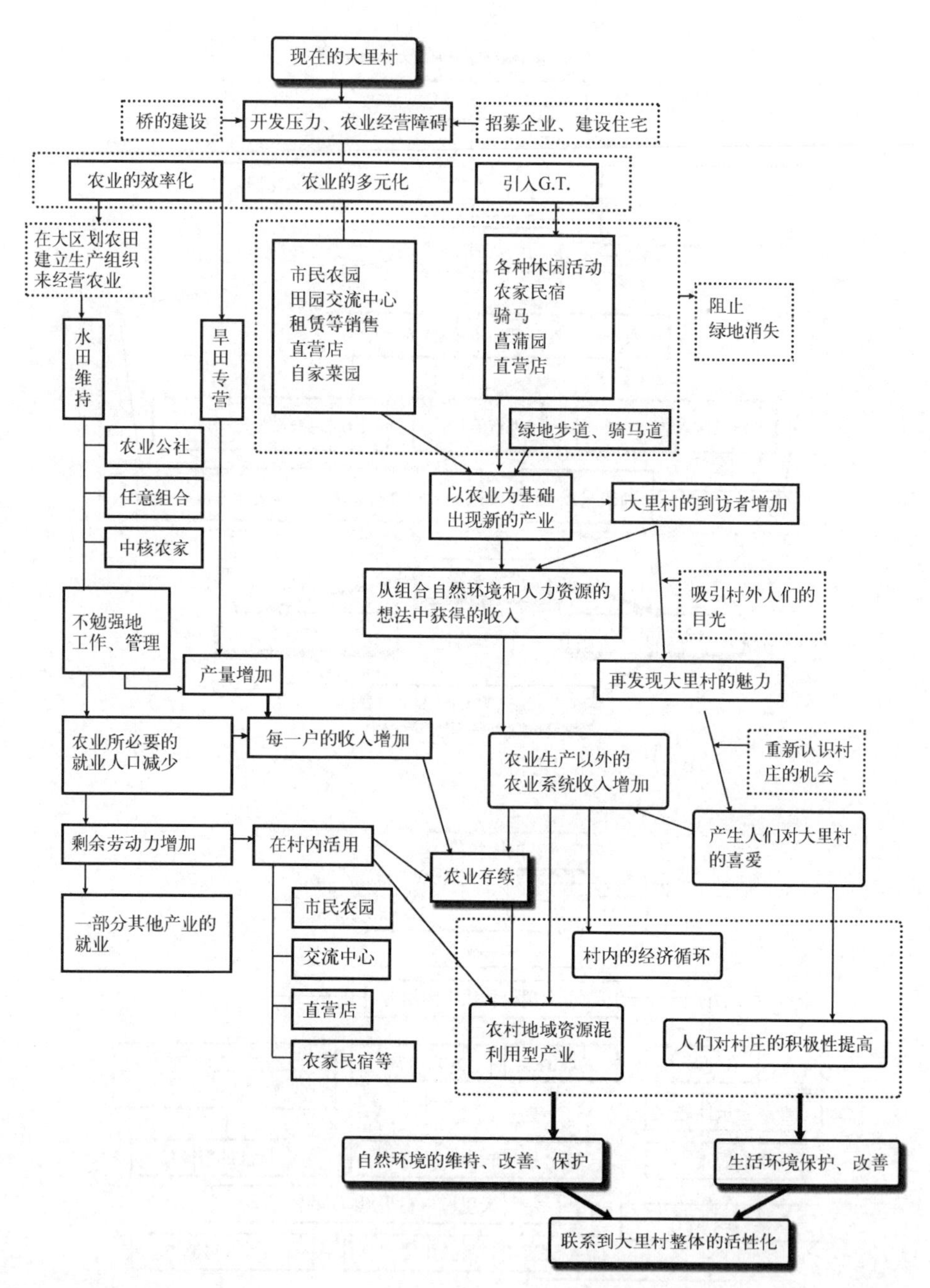

图3 方案四“寻求农业的效率化、多元化发展，实施多方面政策，引入绿色旅游等”的大里村的未来

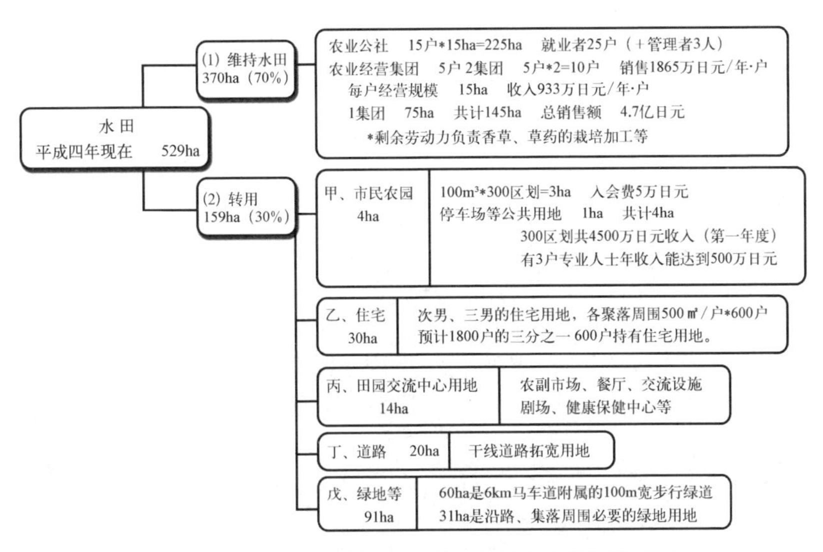

图4 选择方案四的情况下现状水田的未来使用规划图

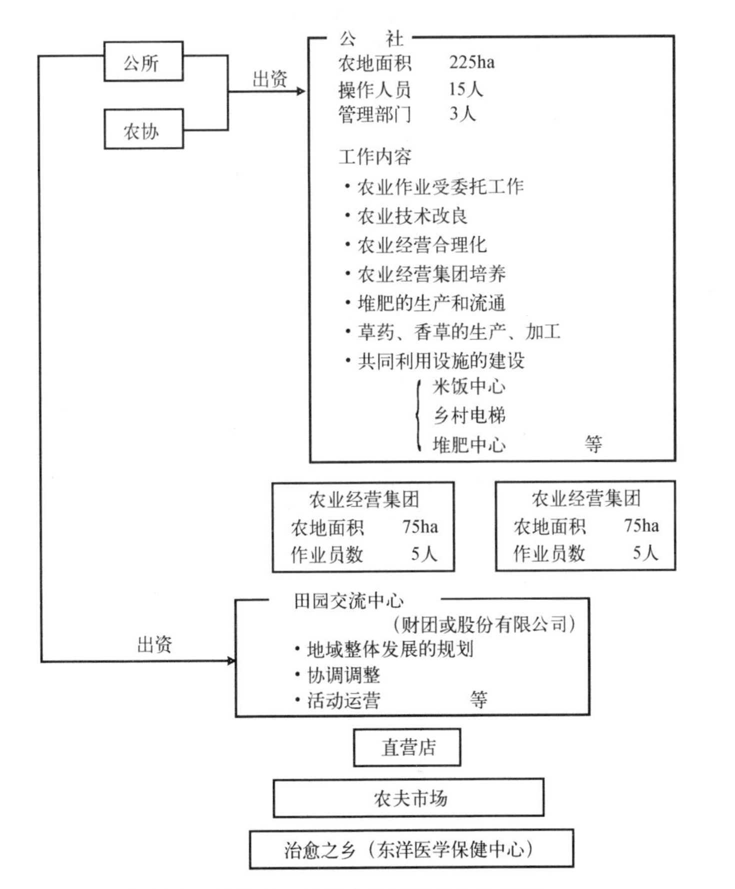

图5 选择方案四的情况下地域农业的组织化构想图

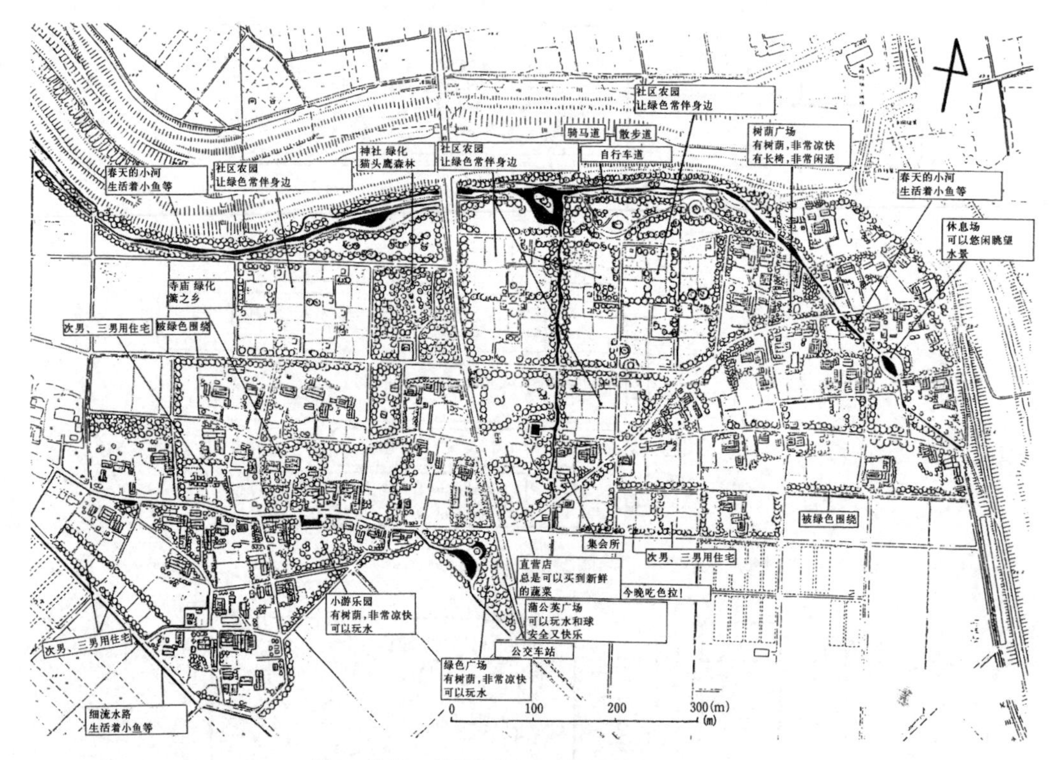

图6 选择了蓝图4的T聚落规划构思图

表1 选择方案四的情况下以“农”为起点的经济循环试算

形态	资金等估算	营业额（亿日元）
水田专营农家	1 880万日元/户 28户	5.20
市民农园	5万日元/1区划 300区划	0.15
旱田专营农家	营业额2 000万日元/ha 50户	10.00
农家民宿	5千日元×2 500人×100日	1.25
菖蒲园	（2千日元/人）×10万人	2.00
骑马等	（1万日元/组）×3.3万组	3.30
直营店		10.00
合计		31.90

索引

中文翻译	原文	

*本索引根据日文版译出，并按汉语拼音排序

后记

2016年，同济大学城市规划系研究团队赴日本进行日本乡村规划与建设的田野调查，日本大学糸长浩司教授为我们安排了行程，并全程陪同。其间，糸长教授赠送了我们由东京农工大学千贺裕太郎教授主编的专著——《農村計画学》。我们大体翻阅原著后，认为有必要将其引荐给国内同行，因为这是一本可以为我国乡村规划的研究和实践工作提供一些基础性理论启示的专著。

近年来，国内对乡村规划议题也非常关注，但相关的理论研究进展不大，亦缺乏系统性的基础理论书籍。日本的城镇化进程早于中国几十年，积累了丰富的经验。相比中国乡村，日本乡村的发展也经历了环境污染、人口流出、人口老龄化和土地破碎等问题，本书中学者们对日本乡村遇到的问题的解决措施和相关研究思考，对当下的中国乡村发展和规划建设具有十分重要的学习价值。

本书的翻译工作最初由日本大分大学的博士生牛苗推进，中途因工作繁忙等原因，牛苗不得不中止翻译。之后，恰逢宋贝君同学拟申请赴日留学，并愿意继续推进翻译工作。在译文初稿的基础上，我结合多年的中国乡村研究和日本的乡村考察经验，修订了译稿，并适当增加了“译注”。在尊重原著的注释与参考文献的版面设计的前提下，译注随正文，设计以区别于正文字体的楷体。原著名为《農村計画学》，翻译成中文为“农村计划学”，按照日语翻译成中文的习惯，可以直接使用，但是考虑到“计划”在中国语境下的多重含义，容易引起误解，故依全书的内容结合“乡村规划译丛”的丛书规划，将书名译为“农村规划学”，以更符合中国读者的理解习惯。另，本书作者众多，全书除第1篇“农村规划的基础”的第4章“日本农村规划的历史”为同一作者元杉昭男外，其他篇章均是每节一名作者，然而并非每名作者都明确标注了图文的对应关系，因此，译著未按照专著章节的图片序列编号的顺排格式重新编序，而是保留了原著的图片序列。特此说明，以免误会。

本书的顺利出版除了译者的坚持、努力之外，必须感谢华东理工大学出版社的编辑刘溱对译文的精准修正。同时感谢同济大学出版社华春荣社长对本书版权引进的支持，感谢冯慧编辑在审校中对原著体例中的一些细节错误的纠正以及为本书出版所做的大量工作。感谢牛苗女士在本书初期阶段的辛勤工作，未能将你作为共同译者，在此深表歉意。感谢日本大学糸长浩司教授、大分大学佐藤诚治教授和姬野由香教授、明治学院大学锻冶智也教授等日本学者为我们安排的多次日本乡村田野调查，让我们能够对本书的内容保持相对清晰准确的理解。也感谢贝君同学对乡村研究领域的热爱，让其能够快速地完成本书的相关工作。

张立

于同济大学

2020年12月09日